AF501998

HISTOIRE
DES
DÉCOUVERTES
ET
DES VOYAGES
FAITS DANS LE NORD.

TOME PREMIER.

Orbis situm dicere . . . . . impeditum opus & facundiæ minimè capax. . . . . verum aspici tamen cognoscique dignissimum.

Pomponius Mela in Proemio.

HISTOIRE
DES
DÉCOUVERTES
ET
DES VOYAGES
FAITS DANS LE NORD,

Par M. J. R. FORSTER:

MISE EN FRANÇAIS

Par M. BROUSSONET.

Avec trois Cartes Géographiques.

TOME PREMIER.

A PARIS,

Chez CUCHET, Libraire, rue & hôtel Serpente.

M. DCC. LXXXVIII.

Avec Approbation & Privilége du Roi.

INTRODUCTION.

M. Forster eſt avantageuſement connu par pluſieurs ouvrages, & ſur-tout par le voyage qu'il a fait avec le célèbre Cook. La relation du voyage de ce fameux navigateur a paru en français en même temps que celle de M. Forſter; on a auſſi publié dans notre langue les obſervations relatives à la phyſique que notre auteur avait faites pendant ſon ſéjour dans l'autre hémiſphère. Peu de ſavans ont été auſſi long-temps dans les régions polaires antarctiques, que M. Forſter; mais avant cette époque il paraît qu'il s'était beaucoup occupé de la géographie des contrées ſeptentrionales: on peut s'en convaincre en liſant la préface de l'Oroſe d'Alfred par M. Daines-Barrington.

L'Hiſtoire des Découvertes faites dans le Nord que nous publions actuellement a paru d'abord en allemand; elle a été bientôt traduite en anglais : perſuadés qu'elle méritait d'être plus connue, nous l'avons miſe en français. Le traducteur anglais avait jugé à propos de ſupprimer une longue note remplie de traits injurieux contre M. Daines-Barrington. Nous ne ſaurions qu'approuver ſon ſilence à cet égard, perſuadés que toute perſonnalité ne fait qu'aigrir les eſprits & jette ſur les ſavans une ſorte de ridicule qui retombe ſouvent ſur la ſcience. Nous n'avons pas cru non plus néceſſaire de donner l'Introduction telle qu'elle a paru en anglais; elle ne renferme guère que des éloges de la navigation, comme ſi cet art avait beſoin d'éloges.

On reprochera peut-être à M. Forſter d'avoir tranſcrit avec trop de confiance quelques fragmens de l'hiſtoire très-obſcure des premiers temps ; nous avons même vu cette inculpation répétée dans différens journaux étrangers ; mais nous renvoyons à la lecture de l'ouvrage même pour diſculper l'auteur de cette accuſation; on y verra que, si ses conjectures ne paraissent pas toutes également bien fondées, elles supposent toujours une érudition peu commune; & que ses erreurs même ne proviennent que du desir de vouloir tout expliquer pour tout éclaircir.

Il n'est pas surprenant que l'histoire ancienne des régions septentrionales soit mêlée d'un si grand nombre de fables; les pays du Nord ont, suivant toute apparence, été connus les derniers; non-seulement parce que rien ne pouvait y attirer les premiers hommes qui n'eurent long-temps pour se sustenter d'autres alimens que les végétaux & les fruits qui croissaient spontanément; mais que d'ailleurs, dans l'enfance de la navigation, les vaisseaux pouvaient à peine faire de grands voyages, & l'on était forcé, comme l'a très-ingénieusement remarqué Montesquieu, de découvrir les mers par terre, au lieu que de nos jours on découvre les terres par mer. Or, on sait combien les voyages de terre ont été pendant long-temps difficiles. Les connoissances géographiques des anciens étaient en général très-bornées ; du temps d'Homere on croyait la Crimée continuellement enveloppée de ténebres, parce que les nuits étaient un peu plus longues dans cette contrée qu'en Grèce. Le froid obligeait les Arimaspiens à se couvrir d'habits en hiver de manière qu'ils ne laissaient qu'une ouverture devant le visage pour y voir, & c'est ce qui engagea les Scythes du Bosphore à dire à Hérodote que ces peuples n'avaient qu'un seul œil : ils lui dirent encore qu'au-delà du pays des Arimaspiens on ne trouvait que des plumes, entendant par-là la neige qui couvrait la terre.

Les contrées que nous connaissons actuellement si bien, n'ont été découvertes que successivement & les unes long-temps après les autres. Il y a plus de 3273 ans que les Phéniciens & les Egyptiens ont eu quelques notions de *Tartessus* ;

Moyſe qui vivait vers le même temps fait mention de *Tarshish* ou *Tarteſſus*. Hérodote qui a écrit il y a au moins 2194 ans, connoiſſait, mais imparfaitement, la Grande-Bretagne & la Pruſſe. Il ſavait que l'étain venait de la première & l'ambre de la ſeconde de ces contrées. Il s'eſt écoulé environ 2109 ans depuis que Pythéas de Marſeille a viſité les mêmes pays, ainſi que *Thule* ou l'Iſlande.

Dans des temps moins éclairés on perdit beaucoup des notions qui avaient été acquiſes ſur ces différentes contrées. Sous le regne de Veſpaſien, les Romains crurent avoir fait une grande découverte lorſqu'ils ſe furent aſſurés que la Grande-Bretagne était une île. Les connaiſſances imparfaites que les anciens nous ont laiſſées ſur la géographie du Nord, ont été encore obſcurcies par les ténebres du moyen âge.

L'opinion de M. Forſter ſur quelques points de géographie diffère beaucoup de celle de plusieurs géographes ; la relation des différens voyages des frères Zeno en fournit sur-tout plusieurs exemples (*a*). Dans le même article il a rapproché avec beaucoup de soin plusieurs traits historiques qui peuvent jeter quelque jour sur une relation aussi singulière. Le sentiment de l'auteur de cet ouvrage, sur la manière dont l'Amérique méridionale a été peuplée, trouvera peut-être quelques contradicteurs. Je n'entreprendrai ici ni de le disculper, ni de le contredire ; c'est au lecteur impartial à le juger, sur un point qui n'admet guère que des conjectures. Quoi qu'il en soit, l'ouvrage actuel nous a paru pouvoir être regardé comme une des collections les plus précieuses de tout ce qui concerne la géographie & l'histoire des contrées septentrionales.

M. Forster a donné trois cartes géo-

(*a*) Voyez à ce sujet un mémoire très-savant de M. Buache, imprimé dans le volume de 1784 de l'Académie des Sciences. Il a pour titre : *Mémoire sur l'Ile de Frislande*.

graphiques qu'il a rédigées lui-même, pour faciliter l'intelligence de son Ouvrage; la première comprend toutes les régions du Nord jusqu'au cinquantième degré & dans quelques endroits jusqu'au quarante-cinquième; la seconde qu'il avait faite conjointement avec son fils en 1772, sert à éclaircir la traduction anglo-saxone d'Orose : elle a été publiée en 1773, par M. Daines-Barrington qui paraît avoir voulu se l'approprier; M. Forster révendique ses droits sur cette carte à laquelle il a fait d'ailleurs plusieurs corrections; la troisième carte qui n'avait pas encore paru, renferme le résultat de beaucoup de recherches critiques trop nombreuses pour pouvoir être détaillées dans le corps de l'Ouvrage; elle a été faite dans l'intention de montrer l'état de quelques pays & sur-tout de la Tartarie dans le moyen âge. On y trouve quelquefois les noms des villes bâties dans des temps plus modernes, mais ils sont marqués en petits caractères, & placés uniquement pour donner un point de ralliement au lecteur & le mettre mieux à portée de déterminer la vraie position de ces pays & de plusieurs nations.

Il est inutile de rappeler que la concordance d'un grand nombre de noms propres appartenans à différentes langues a dû donner beaucoup de peine à M. Forster, & on doit d'autant plus lui en savoir gré, que ce travail épargne au Lecteur des recherches toujours désagréables & souvent infructueuses.

TABLE DES CHAPITRES

Contenus dans le Tome premier.

LIVRE I.

LIVRE II.

HISTOIRE

HISTOIRE
DES
DÉCOUVERTES
ET DES VOYAGES
FAITS DANS LE NORD.

LIVRE PREMIER.
Des Découvertes faites par les Anciens dans le Nord.

CHAPITRE PREMIER.
Des Découvertes & des Voyages des Phéniciens.

AUCUN peuple, ſuivant toute apparence, n'a été tenté de s'établir dans les régions du nord, tant qu'il a pu trouver place dans celles du midi pour établir de nouvelles Colonies. La famine, les dissentions entre les habitans d'un même canton, & d'autres causes également puissantes, ont seules pu forcer plusieurs familles, ou tribus à surmonter la répugnance qu'elles devaient naturellement avoir pour un pays où les hivers sont très-rigoureux, les plantes alimentaires très-rares, & dont le sol est durci par le froid pendant plusieurs mois de l'année.

L'histoire nous apprend cependant que ces contrées étaient très-anciennement habitées; il est encore certain que les notions des anciens sur ces pays & sur leurs habitans, que les Grecs appelaient ordinairement *Hyperboréens*, ont été différentes à diverses époques. C'est d'après cette observation que nous nous sommes proposés dans cet ouvrage, de faire connaître quelle a été la marche de nos connaissances à cet égard, & comment elles se sont étendues à mesure qu'on a fait de nouvelles découvertes en géographie.

Il a été reconnu de tout temps, que les Phéniciens ont eu les premiers sur les différentes parties du Globe & sur ses habitans, de très-grandes connaissances qu'ils avaient acquises par des voyages de long cours, & un commerce très-étendu. Pour faire connaître d'une manière aussi certaine qu'il est possible, combien est reculée l'époque des premiers voyages des Phéniciens, & jusqu'à quel point ils avaient porté leurs découvertes & leur commerce, il nous paraît nécessaire de présenter d'abord l'histoire abrégée de ce peuple.

Dans des temps très-reculés, les bords de la mer Rouge, ou la partie la plus septentrionale du golfe Arabique, étaient habités par une race d'hommes, qui avaient pour retraite des cavernes formées par la nature sur le penchant des collines qui bordaient la côte de cette mer. Ils se répandirent jusques dans les déserts, où sans faire aucun établissement fixe, ils n'eurent d'autre retraite que des trous, ou des creux de rochers, ou même des buissons (*a*), dont les branches pouvaient à peine leur fournir quelque abri.

Ils n'avaient point de bestiaux, & l'art de l'agriculture leur était inconnu. Sur les bords de la mer, ils vivaient de poissons & d'autres animaux marins : dans les déserts, ils se nourrissaient de sauterelles, des sommités & des jeunes pousses d'abrisseaux, de quelques mauvais fruits, & d'un petit nombre de plantes, qui croissent naturellement dans ces pays. Cette manière de vivre leur a fait donner divers noms par leurs

(*a*) *Rhamnus Paliurus*, Lin. & *Nabeca*, Forskal.

voiſins, plus civiliſés qu'eux. Les Hébreux les appelaient *Horites* & enfans d'*Enak*, dénominations qui ont rapport à leur habitude de vivre dans des trous ou des cavernes.

Le mot grec *Troglodytes*, n'eſt que la traduction de la première de ces dénominations. Les Grecs ont déſigné auſſi ces peuples ſous les noms d'*Ichthyophagi*, ou mangeurs de poiſſons; d'*Acridophagi*, ou mangeurs de ſauterelles; & d'*Hylophagi*, ou mangeurs de bois. D'où l'on peut conclure que ces peuples ne ſe ſéparèrent pas bons amis des autres tribus, qui s'occupaient de l'agriculture & du ſoin des troupeaux; il eſt même vraiſemblable qu'ils n'emportèrent rien avec eux, & qu'ils furent obligés de s'enfuir précipitamment dans les déſerts, pour ſe mettre à l'abri du reſſentiment de leurs compatriotes. Ils regardaient les peuples voiſins comme autant d'ennemis, & ils dépouillaient quiconque venait ſans armes dans ces déſerts.

Par repréſailles auſſi, lorſque quelqu'un de cette race venait dans les habitations des tribus policées, on faiſait de ſi grandes huées après lui, qu'il était obligé de regagner les déſerts. La néceſſité cependant les rendit hardis & inventifs; ils osèrent les premiers, pour ſoutenir leur vie au moyen de la pêche, s'aventurer ſur la mer Rouge, ſur de mauvais radeaux faits de menues branches d'arbres liées enfemble (*a*). Dans l'intérieur des terres, ils étaient obligés de parcourir fouvent feuls les déferts, pour fe procurer quelque nourriture ; s'ils rencontraient alors une femme de leur race, ils affouviffaient bon gré malgré avec elle leur brutale paffion : ils choififfaient indifféremment pour couche, le deffous d'un buiffon, ou le creux d'un rocher, ils ne faifaient dans ce cas aucune diftinction, pas même de leur plus proche parente. De pareilles mœurs les faifaient détefter des nations voifines. C'eft ainfi que Job a dépeint cette nation (*b*), Diodore en fait la même defcription (*c*).

Une partie de ce peuple habitait déjà *la terre promife* (*d*), avant la vocation d'Abraham. Ils prirent dans cette contrée, de *Canaan* le père de leur tribu, le nom de *Cananéens*, qu'ils ont confervé dans les monumens publics (*), même

(*a*) *Plin. Lib. VII, c.* 56.

(*b*) Job, chap. 30, v. 1, 8.

(*c*) *Diodor. Sicul. Biblioth. Lib. III, & Strab. geograph. Lib. XIV.*

(*d*) Genèfe, chap. 12, v. 6, 13, v. 7.

(*e*) Le célèbre M. John Swinton dans le *Gentlem. magazine*, Décembre 1760, page 560, a donné une defcription, accompagnée d'une figure, d'une pièce de monnoie frappée par la ville de *Laodicée*, & portant

après la victoire d'Alexandre le Grand, & sous le règne d'*Antiochus Epiphanes*, ce qui fait un laps de temps de plus de 1742 ans.

L'intérieur de cette contrée était habité par des peuples pasteurs ; celle qu'occupaient les Cananéens, s'étendait depuis le lac de Génésareth, jusqu'à la Méditerranée : ces nations n'avaient d'autre occupation ni d'autre moyen de subsister, qu'un petit nombre de manufactures, & un commerce qui se réduisait à la vente d'un petit nombre d'objets de luxe & de curiosité ; ils s'y adonnèrent par la suite avec tant d'ardeur, que les mots de *Cananéen* & de *Marchand* devinrent synonimes. Ils furent connus des Grecs sous le nom de Phéniciens, qui dérive de celui de (φοινιξ), mot grec qui signifie Palmier, parce que cet arbre croissait en abondance dans ces pays-là.

La forme de leur gouvernement & leurs mœurs se ressentaient beaucoup de leur état primitif, sauvage & grossier. Chaque tribu, quelque peu nombreuse qu'elle fût, avait son Roi ou Prince. Ils conservèrent même sous le gouvernement d'un seul, & dans des villes fortifiées, ce même esprit d'indépendance qui les animait ancienne-

---

une inscription espagnole, ou phénicienne ; Laodicée y est appellée *Capitale*, *ou Metropole de Canaan*.

ment dans leurs déserts, & lorsqu'ils étaient répandus sur les bords de la mer Rouge.

Mille ans après cette époque, on leur reprochait encore leur licence, leur libertinage & la communauté des femmes, ainsi que leur avarice, leur cruauté & leur perfidie, qui passèrent presque en proverbe.

Les guerres des princes *Élamites* (*a*), & le tremblement de terre (*b*) qui les suivit de près, déterminèrent le petit nombre de Horites, qui étaient encore dispersés sur les bords de la mer Rouge, à aller joindre leurs frères dans la *Palestine*, où ils s'adonnèrent bientôt au commerce & à la navigation (*c*). Ils transportaient sur la Méditerranée les marchandises d'Egypte & d'Assyrie en différens endroits ; ils se servaient de longs vaisseaux dès les premiers temps de leur navigation ; & ils firent de si grands progrès dans cet art, à une époque qu'on pouvait regarder encore comme le premier âge du monde, qu'ils étonnèrent par leurs connaissances nautiques tous les autres peuples.

Six cents ans après le déluge, la navigation

(*a*) Genèse, chap. 14, v. 1, 4.

(*b*) Genèse, chap. 19, v. 24, 25, 28. *Herodot. Lib. I*, *c.* 1, & *Justin. Lib. XVIII*, *c.* 3.

(*c*) *Herodot*, *Lib. C.*

& le commerce des *Sidoniens* étaient dans un état ſi floriſſant & ſi connu, que le patriarche Jacob (*a*) en dit quelque choſe au moment de ſa mort.

Il eſt fait mention dans la Genèſe (*b*) *des Tarshish*, (*le Tarteſſus des Eſpagnols*) comme d'un peuple européen; ce qui ſuppoſe que Moïſe avait appris des Phéniciens, qu'il exiſtait dans cette partie du monde, une nation qu'ils avaient viſitée. Il avait appris ce fait à la fleur de ſon âge, avant qu'il eût atteint ſa quarantiéme année, & dans le temps où il accompagna Séſoſtris, Roi d'Egypte, dans la grande expédition que celui-ci fit en Aſie & en Europe, environ 730 ans après le déluge (*c*); d'où il réſulte que les Phéniciens avaient déjà étendu leur navigation juſqu'en Eſpagne, & même au-delà du détroit de Gibraltar, & qu'ils connaiſſaient toutes les côtes de la Méditerranée; car les navigateurs ne perdaient point alors de vue les rivages de la mer dans tous leurs voyages, ou ils s'en éloignaient le moins qu'il

(*a*) Genèſe, chap. 49, v. 13.

(*b*) Genèſe, chap. 10, v. 4.

(*c*) Vide *J. R. Forſteri Epiſtolæ ad Jo. Dav. Michael, hujus ſpicilegium Geographiæ Hebræorum exteræ jam confirmantes, jam caſtigantes*, *p.* 1, 7, & *p.* 19, 24.

leur était possible. Après avoir passé le détroit de Gibraltar, ils prenaient soit à gauche le long de la côte d'Afrique, en suivant vers le sud; soit à droite & vers le nord, en suivant les côtes de l'Espagne & des Gaules, jusqu'en Angleterre, où ils trouvèrent du plomb & de l'étain; métaux connus déjà du temps de Moïse (*a*), & qui, d'après le témoignage des anciens, ne se trouvaient que dans les îles Britanniques (*b*); ce qui leur valut la dénomination d'îles *Sorling*, ou *Scilly*, ou bien encore *Cassitérides*, c'est-à-dire îles *d'Etain*, expression qui dans la langue du pays, se rend par les mots *Bro-tain*, ou *Bræ-tain*, termes qui étaient encore en usage parmi ces peuples, du temps des Romains, & qui le sont encore de nos jours. Pline dit expressément que le plomb & l'étain furent apportés pour la première fois des îles Cassitérides, par un certain *Midacritus*, dont le nom a sans doute été corrompu, car nous pouvons dire positivement, qu'il est d'origine phénicienne (*c*). Outre le plomb &

(*a*) Nombres, chap. 31, v. 24.

(*b*) *Herodot. Lib. III, cap.* 115, où il est dit que ces métaux étaient apportés depuis long-temps, de l'extrémité la plus reculée de l'Europe.

(*c*) *Plin. Hist. Nat. Lib. VII, cap.* 56. En effet le nom de ΜΗΔΑΚΡΙΤΟΣ, paraît originairement avoir été ΜΕΛΚΑΡΤΟΣ qui est proprement un des

l'étain, que les seuls Phéniciens apportaient de là Grande-Bretagne (*a*), ils allaient encore chercher l'ambre dans les pays de l'Europe les plus reculés. L'ambre a été très-anciennement connu des Grecs, il l'était du temps d'Hérodote, peut-être même de celui d'Homère; & comme nous sommes très-certains qu'on ne pouvait se procurer cette substance, que sur les côtes de la mer d'Allemagne, & que les vaisseaux grecs n'allaient pas au-delà de Cadix, où était alors établie une Colonie Phénicienne; nous croyons pouvoir assurer que les Phéniciens avaient étendu leur commerce jusques dans la Prusse; voyage étonnant, pour le temps auquel il a été fait.

Si l'on objecte contre ce que nous avançons, sur la connaissance qu'avaient les anciens, du nord de l'Europe, que plusieurs de ces pays étaient, dans des temps postérieurs, moins connus des Grecs & des Romains, que des Phéniciens, nous citerons en faveur de notre opinion, la navigation faite autour de l'Afrique. Il est démontré d'une manière incontestable (*b*), que

---

noms d'Hercule, le Phénicien ou le Tyrien; & le mot Hercule, ou *Harokel*, en langage phénicien, signifiait Marchand.

(*a*) *Strabonis Geograph. Lib. III*, *sub finem.*

(*b*) Vid. *J. Math. Gesneri*, *Prælectiones de Phœnicum extra columnas Herculis navigationibus*, à la

les Phéniciens & les Egyptiens ont fait le tour de cette partie du Monde. Les fameux voyages faits à *Ophir*, ſous le regne de Salomon, par les Phéniciens & les Hébreux, & qui conſiſtaient à faire le tour de l'Afrique, ont été long-temps entièrement oubliés; & lorſque *Vaſco de Gama* fut juſqu'aux Indes en ſuivant la même route (*a*), ce voyage fut regardé comme le premier qui eût été entrepris autour de l'Afrique.

---

fin de ſon édition d'Orphici; ainſi que l'Eſquiſſe d'Aug. Lud. Schlozer ſur l'Hiſtoire générale du Commerce & de la Navigation dans l'antiquité la plus reculée; & le *Spicilegium Geographiæ Hebræorum exteræ poſt Bochartum*, du chevalier J. Dav. Michaelis, *pars prima*, *p*. 82, 103.

(*a*) La terre d'*Ophir* me paraît être la même que celle qu'on appelait autrement Afrique. Les Phéniciens envoyés par le conquérant Séſoſtris, & par ſon père *Pamaiſis*, ou *Amaſis* premier, découvrirent peu-à-peu avec les Egyptiens qui les accompagnaient, toutes les côtes d'Afrique; c'eſt delà que ſont venues ces relations merveilleuſes, qui nous ont été tranſmiſes, ſur cette partie du Monde, & qui étaient déjà connues du temps de Moïſe, ainſi qu'on peut le voir dans le dixiéme livre de la Genèſe. Comme l'or & d'autres ſubſtances précieuſes ſe trouvaient alors dans pluſieurs endroits de l'Afrique, cette contrée nouvellement découverte devint célèbre, & on lui donna le nom d'Afrique, qui en langue égyptienne, eſt rendu par celui d'Ου-φιρι', auquel l'on a ajouté le mot *kaz*, qui ſignifie *contrée*,

Pour ſe maintenir dans la poſſeſſion du commerce avantageux qu'ils faiſaient dans ces contrées, les Phéniciens établiſſaient des colonies, & bâtiſſaient des villes dans les endroits les plus commodes, & auſſi loin qu'ils avaient étendu leurs découvertes.

Environ 80 ans après la guerre de Troye, les Phéniciens fondèrent la ville de *Gades* ou *Cadix*, dans une petite île à peu de diſtance de *Tarteſſus* en *Eſpagne*; peu de temps après ils bâtirent la Ville d'*Utique* en *Afrique* (*a*); ils faiſaient depuis long-temps le commerce dans ces différens pays, ils avaient même déjà parcouru la Grèce, la Thrace & l'Italie, & avaient peuplé & fondé les villes de Citium, de Thera, d'Argos, de Thebes, de Samothrace & de Thaſus. Leur commerce s'était étendu juſqu'à la mer Noire, la Bythinie & la Colchide. Les gains immenſes

---

(c'eſt-à-dire) *contrée célèbre d'Ophiri* & *Ophirikah*. 500 ans après ce ſecond voyage, il s'en fit un troiſième. Du temps de *Salomon*, 380 ans après ce dernier, *Necho* donna des ordres pour qu'on fît le tour de l'Afrique; & ſous le regne de *Ptolomée Evergete II*, 450 ans après l'expédition de *Necho*, un certain *Eudoxe* ſuivit la même route, & pluſieurs perſonnes doutaient, encore du temps de Strabon, de la poſſibilité de faire par mer le tour de l'Afrique.

(*a*) *Vell. Paterc. Hiſt. Lib.* 1, *cap.* 2.

qu'ils avaient faits en Afrique & ſur-tout en Eſpagne, les engagèrent à conſtruire une place forte, qui pût ſervir en même temps d'entrepôt pour les marchandiſes qu'ils apportaient dans ce royaume, ou pour celles qu'ils en exportaient. Ils furent delà juſqu'en Angleterre & en Pruſſe, où ils échangeaient leurs verres, leur pourpre, leurs draps & les autres produits de leur induſtrie, contre des marchandiſes qu'ils vendaient à leur retour & ordinairement avec un nouveau profit, en Phénicie ainſi que dans les différentes contrées & les villes qui ſe trouvaient ſur les bords de la Méditerranée.

Bientôt après cette époque, il n'y avait dans cette mer, aucune île où les Phéniciens n'euſſent établi quelques colonies. Ils en avaient dans les îles Baléares, en Sardaigne, en Corſe, en Sicile, à Malthe, & dans pluſieurs endroits des côtes ſeptentrionales de l'Afrique.

Celui de ces établiſſemens qui nous paraît le plus digne de remarque, fut fondé ſur les côtes d'Afrique, environ 140 ans après la fondation du Temple de Salomon à Jéruſalem, par *Eliſſe* ou *Didon*, lorſque pour éviter les ſollicitations & les perſécutions de ſon frère, roi de Tyr, elle ſ'enfuit de cette ville, & aborda d'abord dans l'île de Chypre, où les Phéniciens avaient en leur poſſeſſion des villes commerçantes, que le père de Didon avait réduites depuis peu sous sa domination (*a*). Un prêtre accompagnait Didon dans cette île, où les gens de sa suite prirent des femmes. Elle fit ensuite voile pour l'Afrique, avec son jeune frère *Barcas*, & sa sœur *Anne*; d'abord après y être arrivée, elle acheta des Africains, dans le dessein d'y bâtir une forteresse, une portion de terrain qu'elle appella *Byrsa*, du nom d'un cuir de bœuf, sur lequel elle était assise, comme sur un tapis, à la manière des Orientaux, lorsqu'elle conclut ce marché. Environ vingt-cinq ans après cette époque, Didon jeta les fondements d'une ville, au-dessous d'une éminence, sur laquelle les Phéniciens avaient construit un fort, où ils se rendaient tous les jours plus fréquemment. Cette ville reçut le nom de *Cartha-Chadta*, ou de *Nouvelle Ville*, que les Grecs par abréviation, ont appellée *Karchedon*, & les Latins *Carthago*. La fertilité du sol, la sûreté du port, l'heureuse position de la ville entre plusieurs îles où les richesses abondaient & des pays que leur situation rendait favorables au commerce, l'industrie des habitans, tout, en un mot, concourait à l'accroissement de la Colonie, & à la rendre florissante. Bientôt cette ville agrandit son territoire, & forma d'abord un

(*a*) *Virg. Æneid. Lib. I, v.* 621, 622.

petit état, ensuite un royaume considérable, qui, dans l'espace de 700 ans, avait étendu sa domination sur une partie considérable de l'Afrique, de l'Espagne, de la Corse, de la Sardaigne, & sur les îles Baléares. Cet état dut son agrandissement & ses richesses, à une politique des mieux entendues, & dont il s'est rarement départi; aux guerres nombreuses qu'il a entreprises pour l'extension de son commerce; à sa navigation qui s'étendait jusqu'aux pays les plus reculés; aux mines d'argent qu'il possédait en Espagne, & à l'activité industrieuse de ses habitans.

Le grand nombre d'arts & de professions qu'on exerçait à Carthage, lorsque cette ville était dans l'état le plus florissant; l'excellente construction de ses vaisseaux, le courage entreprenant quoique réglé par la prudence, que les Carthaginois montraient dans toutes leurs entreprises, les mirent bientôt en état de commercer avec les nations chez lesquelles les Phéniciens avaient fait jusqu'alors un commerce exclusif. A peine Carthage eut acquis un certain degré de puissance, que celle des Phéniciens commença à décheoir. Environ 120 ans après la fondation de cette ville, *Salmanasar*, roi d'Assyrie, porta la guerre dans les états-unis de Phénicie; & les villes de Cypre, d'Akra, de Sidon & l'ancienne Tyr secouèrent le joug des Tyriens. Ces troubles, ceux qui s'élevèrent parmi les Phéniciens eux-mêmes, & les victoires des Assyriens, affaiblirent considérablement la puissance phénicienne. L'état de Tyr après avoir fleuri pendant plus de 150 ans, tomba, au bout d'un siége de treize ans, sous la domination de Nabuchodonosor, roi de Chaldée ; le reste de la Phénicie ayant été conquis par les Chaldéens, le commerce de cet état fut entièrement anéanti. Cet événement contribua beaucoup à le faire passer dans les mains des Cathaginois, dont le crédit & les richesses augmentèrent en conséquence considérablement. Ces succès inspirèrent à ce peuple, qui était à cette époque très-florissant, le desir de donner une nouvelle extension à son commerce, de le porter jusques aux contrées les plus reculées, & d'entreprendre dans ce dessein, de nouveaux voyages pour faire de nouvelles découvertes. Ils mirent alors deux flottes en mer : l'une sous les ordres d'*Hannon*, qui après avoir passé le détroit de Gibraltar, fit voile vers le sud, le long des côtes d'Afrique ; l'autre sous les ordres d'*Imilcon*, ou *Himilcon*, qui parvenu au-delà du détroit, prit sa route vers le nord, en côtoyant l'Espagne & les Gaules, jusques à la Grande-Bretagne (*a*).

(*a*) *Rufus Festus Avienus oræ maritimæ*, *versu* 17, 415. Avienus dit expressément, qu'il parle ici d'a-

L'histoire

L'hiſtoire de ces deux voyages était conſervée avec ſoin, & elle a reſté long-temps dans les archives de Carthage. La relation du voyage du Sud, ſe trouve dans un fragment grec ; il ne reſte ſur celui du Nord, que quelque vers latins obſcurs & tronqués. D'après ce qu'on vient de

près le rapport qu'avait laiſſé de ſon voyage, le carthaginois Himilcon ; il ajoute qu'il a vu lui-même ce rapport ; qu'il l'a extrait des Annales ſecrettes de Carthage, & l'a rendu public pour faire plaiſir à ſon ami Probus ; malgré cela, ce fragment de géographie paraît être très-mutilé & ſans ſuite. Il y parle beaucoup de plomb, d'étain & de vaiſſeaux faits avec des cuirs, qu'on appelle à préſent au Kamtchatka, *Baidars*, & dans le pays de Gales, *Coracles* ; il dit que les pays dont il parle, étaient habités par les *Rymni* de l'eſt, avec leſquels les Carthaginois & le peuple de Tarteſſus commerçaient. Cependant je ne nierai pas qu'on ne puiſſe, d'après ce qu'a dit *Avienus* des pays où ſe trouvait l'étain, être quelquefois induit à croire qu'ils étaient tous ſitués en Eſpagne ; ce qui me fait regarder le fragment de cet auteur, comme très-imparfait. Il n'en eſt pas moins conſtant, qu'à cette même époque, *Hannon* fit voile vers le midi, & qu'*Himilcon* dirigea ſa route vers le nord ; qu'il aborda dans les contrées où ſe trouvait l'étain, & que la relation de ſon voyage conſervée dans les Annales de Carthage, exiſtait encore au milieu du cinquième ſiècle, temps auquel Avienus a écrit, c'eſt-à-dire vers l'an 450 ; peut-être que ces *Rymni* habitaient le promontoire d'*Ocrinum*, dans la Grande-Bretagne.

voir, il eſt toujours certain que la deſtruction de Tyr, & la ſervitude à laquelle les Phéniciens furent réduits par les conquêtes des Aſſyriens & des Chaldéens, firent tomber entièrement leur commerce, & que les Carthaginois profitèrent de cette circonſtance, pour ſe mettre à portée de connaître les mêmes contrées, d'où les Phéniciens leurs parens & leurs alliés, avaient tiré toutes leurs richeſſes; & qu'après s'être procuré les mêmes avantages, ils mirent tout en uſage pour faire ce commerce excluſivement à tout autre peuple.

Les Phéniciens & enſuite les Carthaginois ayant tant d'intérêt, & ayant ſur-tout affecté de laiſſer ignorer la ſituation des différens pays, d'où ils tiraient l'étain & l'ambre, il n'eſt pas étonnant qu'ils ayent été long-temps inconnus aux autres nations; quoiqu'on sût que la première de ces ſubſtances ſe trouvait dans le *Braetein*, & l'autre à *Baltia*, ſur la rivière de *Rhodun*, où étaient les *Œſti*, non loin des *Guttoni.*

Dans des temps poſtérieurs, les Romains ayant autant de deſir de découvrir les ſources de ces richeſſes, que les Carthaginois en avaient de les leur cacher, mirent en mer un vaiſſeau, avec ordre à celui qui le commandait, de ſuivre un navire phénicien deſtiné pour la Grande-Bretagne; mais le capitaine Carthaginois s'appercevant qu'il était ſuivi, dirigea, ſur des rochers & des bancs de ſable, ſon bâtiment qui y périt & entraîna dans ſa perte le vaiſſeau romain qui le ſuivait. Ce dévouement patriotique fut récompenſé par la République de Carthage, qui indemniſa ce digne capitaine de la perte qu'il avait faite dans cette circonſtance. Ainſi la route de la Grande-Bretagne & de toute la partie ſeptentrionale de l'Europe reſta encore quelque temps inconnue aux Romains (*a*), ce qui ſuivant toute apparence, retarda les progrès des connaiſſances, & de la civiliſation parmi les hommes.

CHAPITRE II.

Des Voyages & des Découvertes des Grecs.

LES Grecs tiraient leur origine d'un peuple qui, dans des temps reculés, paſſa de l'*Aſie mineure* dans la Grèce proprement dite. Ce pays fut dans la ſuite, civiliſé par de nouveaux colons qui s'y rendirent de l'Aſie mineure, de la Phénicie & de l'Egypte. Ce peuple reçut de l'Aſie pluſieurs arts, entr'autres celui de l'agriculture, & ſur-tout la manière de cultiver la vigne ; il paraît avoir été redevable aux Egyptiens de tout ce

(*a*) *Strabo, Lib. 3, ſub finem.*

qui était relatif à l'économie civile, aux mariages, à la légiflation, & à plufieurs pratiques du culte religieux. Les Phéniciens lui montrèrent la navigation, l'aftronomie, le commerce & l'ufage des lettres.

Lorfque cette nation eut acquis un certain degré de confiftance, qui fe réduifait à l'établiffement de quelques états indépendans, elle s'adonna à la navigation ; la vie dure que les Grecs menaient, leur inconftance, leurs diffentions mutuelles & leur efprit guerrier, les difposèrent d'abord au métier de pirate ; mais, parvenus à un plus haut degré de civilifation, ils s'adonnèrent entièrement au commerce. Ils firent dans un temps très-reculé, une expédition vers le Nord, & paffant par les détroits qui féparent l'Afie de l'Europe, ils naviguèrent fur la mer Noire jufqu'au *Phafe*, célèbre par fes fables d'or ; ils remontèrent quelques rivières, firent route vers le Nord, & après un très-long voyage, ils revinrent enfin dans leur pays.

Quelque fabuleufe que la relation de cette expédition paraiffe, il y a cependant quelque chofe de vrai ; on ne peut douter que les Argonautes n'ayent abordé dans plufieurs contrées du Nord ; quoiqu'il ne nous foit pas poffible de déterminer l'époque de leur voyage, ni la route qu'ils prirent à leur retour, fuivant toute apparence ; ils furent jusques dans les pays des *Hyperboréens*, nom dont la signification variait cependant chez les Grecs suivant les différentes époques, & qu'ils donnaient à tous les pays situés vers le nord, ou qui se trouvaient par une exposition particulière, à l'abri des vents septentrionaux.

Ainsi les Grecs regardèrent d'abord comme Hyperboréens, les peuples qui habitaient au-delà de la Thrace, qui était située au nord de la Grèce; car, suivant eux, Borée le ravisseur d'Orithie, vivait dans la terre des Cicones (*a*); mais à mesure que les contrées septentrionales furent mieux connues, les Grecs appellèrent *Hyperboréens*, des pays plus reculés vers le Nord, que ceux à qui ils avaient d'abord donné ce nom; transportant en quelque sorte cette nation de l'autre côté de la mer Noire, du Danube & de la mer Adriatique, où vivaient les *Sauromates*, les *Arimaspiens* & les *Celtes* (*b*). Long-temps après, le nom d'Hyperboréens fut donné à des peuples qui habitaient les contrées au-delà des monts *Riphées*, où ils avaient sans interruption six mois de jour & six mois de nuit. Là, sans disputes ni dissentions, ils passaient, dans une con-

(*a*) *Hymnus Orphicus 79. in Boream, v. 2, & Ovid. Metam. VI, 709.*

(*b*) *Strabo, Lib. II.*

trée tempérée & extraordinairement fertile, leurs jours dans le repos & le bonheur ; jusqu'à ce que las de la vie, leurs têtes couronnées de fleurs, ils se précipitaient du haut d'un certain rocher dans la mer (*a*). Il est aisé de s'appercevoir que ces relations ne sont que des faits différens & rapprochés sans ordre. Dès les premiers temps où l'on s'adonnait à la navigation, le bruit courut parmi les Grecs, qu'il existait à une distance très-éloignée & au couchant de la Grèce, des îles qu'ils appelaient *Fortunées*, (probablement les mêmes que les îles Canaries, ou de Madère) ; que ces îles chaudes & fertiles étaient habitées par une race d'hommes, qui vivaient long-temps dans un état de repos & de bonheur (*b*). Quant à ce qu'ils ajoutaient, que les jours y étaient de six mois consécutifs ainsi que les nuits, cela doit s'appliquer à *Thule*, comme nous aurons occasion de le dire par la suite. Ce dernier pays & les îles Fortunées étaient regardés comme Hyperboréens par les Grecs, quoiqu'il n'y eût entre eux d'autre rapport, que celui d'être situés au-delà du détroit de Gibraltar ; les îles Fortunées

(*a*) *Mela. Lib. III*, 5. *Plin. Hist. nat. Lib. IV*, 12, & *Lib. VI*, 13. *Solin. XXI.*

(*b*) Μακαρων νησος, *Strabo*, *Lib. I*, & *Plin. Lib. VI*, c. 32, & *Plutarch. in Sertorio.*

au ſud-oueſt de ce détroit, & *Thule*, preſque directement au nord.

Dans des temps très-anciens, & avant qu'on eût donné aux îles Fortunées le nom d'Hyperboréens, les Grecs avaient regardé les peuples d'Eſpagne comme Hyperboréens : car, ſuivant quelques relations, les préſens que ces peuples envoyaient au temple d'Apollon à Délos, étaient apportés par les Scytes (ou Celtes) juſqu'au golfe Adriatique, d'où on les faiſait paſſer chez les Dodoniens, enſuite par le golfe *Maliacus*, pour être tranſportés à *Caryſtus*, à Tenos & enfin à Délos (*a*). Si l'on fait attention aux endroits par où le tranſport de ces préſens avait lieu, on voit clairement qu'ils venaient du côté du couchant, & comme il ne ſe trouvait au-delà des Celtes Adriatiques, & dans cette même direction, d'autre contrée que l'Eſpagne, il eſt à préſumer que les Hyperboréens & les Eſpagnols n'ont été regardés pendant un certain temps que comme un même peuple. Il eſt même très-probable que ce qu'on a dit de l'uſage où l'on était d'offrir des ânes en ſacrifice dans les contrées appelées alors Hyperboréennes, peut s'appliquer à l'Eſpagne, où ces animaux étaient très-beaux ; & qu'on peut également rapporter à ce pays (*b*), l'habitude où

(*a* *Herodot. Lib. IV*, 32.

(*b*) *Pindar. Pyth. Od. X*, 46, *& ſeq.*

l'on dit qu'étaient le Hyperboréens d'entourer leurs temples de laurier, qui croît très-abondamment en Espagne, ainsi que l'olivier qu'Hercule transplanta de ce pays à *Piza* (*a*).

Ces divers changemens dans l'idée qu'on se formait de la situation des pays Hyperboréens, peut servir à faire connaître la marche progressive des événemens & des connaissances en ce genre. Les Grecs à des époques très-reculées, ont pu croire que leur pays n'était pas loin de l'extrémité du nord; mais à mesure que les contrées septentrionales leur ont été mieux connues, ils ont regardé la Grèce comme plus éloignée de ce point. Il n'est pas étonnant que dans un temps où l'art de la navigation était encore dans son enfance, on n'ait pu se faire une idée aussi juste de la situation des divers pays, qu'on a pu l'avoir depuis par l'inspection des astres.

La Pologne & la Bohême étaient, suivant eux, au nord de la Grèce, tandis qu'ils supposaient en même-temps que les monts Riphées, les Gaules, l'Espagne & les îles Canaries y étaient aussi.

Homère est le premier écrivain célébre qui ait eu parmi les Grecs quelque connaissance du nord, quoique très-imparfaite : il parle dans son

(*a*) *Pindar. Olymp. III*, 55.

Odiſſée, des Cimmériens qui vivaient toujours dans l'obſcurité de la nuit (*a*), erreur manifeſte : les Cimmériens n'habitaient pas l'Italie, mais la Crimée & la Ruſſie, où les nuits ſont très-longues en hiver.

Homère ayant affecté de faire entrer dans ſon poëme les connaiſſances en tout genre qu'il avait acquiſes, & en ayant acquis pluſieurs ſur la géographie, ſoit par ſes voyages en Phénicie & en Egypte, ſoit par les relations de quelques voyageurs, on ne doit point être ſurpris qu'il ſe ſoit quelquefois trompé à cet égard ; ce qui ne lui eſt jamais arrivé lorſqu'il a parlé d'après lui-même ; tout ce qu'il avait une fois connu, était toujours préſent à ſa mémoire. Les Grecs étaient ſi perſuadés de ſon exactitude pour ce qui concernait la géographie de leur pays, qu'ils s'en rapportaient à ſon poëme, dans leurs conteſtations ſur les limites reſpectives de leurs différens territoires, & qu'ils regardaient ce qu'il en diſait comme un jugement déciſif.

En faiſant la deſcription de ce que Télemaque avait vu chez Ménélas, Homère fait mention de l'*electrum*, ou *ambre* ; il parle encore de colliers d'or garnis d'ambre. Ces matières avaient vraiſemblablement été apportées dans la Grèce par

(*a*) *Hom. Odiſſ.* Λ. 14-19.

les Phéniciens, ou bien Ménélas les avait peut-être reçues en présent du roi de Sidon (*a*). Cette matière dont les anciens faisaient beaucoup de cas, leur venait de la Prusse ; ce qui prouve que ce minéral & le pays d'où on le tirait, n'étaient pas plus inconnus aux Grecs, que l'étain dont Homère a fait aussi mention (*b*), & qui, suivant toute apparence, leur venait de l'Angleterre. Quoi qu'il en soit, on ne peut tirer que de bien faibles lumières de pareilles relations.

Hérodote qui vivait 408 ans avant la naissance de Jesus-Christ, connaissait la mer Caspienne, la mer Noire, le Wolga, le Don, une grande partie de la Russie, la Pologne, la Crimée, la Bessarabie, la rivière de Moldau & le Danube. Ce qu'il en dit, ainsi que des usages & des mœurs des peuples qui habitaient auprès de ces rivières & dans ces différens pays, est très-exact ; il le tenait des Scythes, qu'il avait beaucoup fréquentés. La contrée des Celtes lui était moins bien connue, puisqu'il assure que l'Ister prend sa source dans la contrée *des Chinois* & des *Pirrheni.* Il savait le nom des îles *Cassitérides*, d'où l'on tirait l'étain. Il avait appris par tradition que le pays où se trouvait l'ambre, était à l'extrémité de

(*a*) *Hom. Odyss.* Δ 73, Ο 459 *&* Σ 295.

(*b*) *Hom. Iliad.* Σ 474.

l'Europe, quoiqu'il ignorât sa véritable situation.

Environ 70 ans après Hérodote, Marseille, colonie Phocéenne, paraît avoir formé le dessein de participer aux richesses que les Phéniciens & les Carthaginois avaient acquises par le commerce. Les expéditions d'Hannon & d'Himilcon avaient fait beaucoup de bruit; mais on ignorait encore la route qu'ils avaient tenue l'un & l'autre. Les Marseillois dans le dessein de la découvrir, envoyèrent *Euthimenes* à la recherche de celle qu'avait suivie Hannon vers le sud; & *Pythéas* reçut ordre de faire voile vers le nord, comme l'avait fait Himilcon & dans le même dessein que lui. Quant à la première expédition, il ne nous en est guère parvenu, que le nom d'Euthimenes (*a*), qui en avait été chargé. Pythéas nous est mieux connu, divers écrivains en font mention (*b*): il était très-versé dans la connaissance des phénomènes de la nature & de l'astronomie, il était doué d'un grand courage, il possédait le véritable esprit d'observation & une bonne philosophie.

(*a*) *Senec. Nat. quæst. Lib. IV*, *cap.* 2, & *Marcian Heracleota*, *p.* 63, *ed. Hudsoni*, *inter Geogr. Græcos minores*, *Tom. I.*

(*b*) *Plutarch. de Placitis Philosop. Lib. III*, *art.* 18. *Strab. Lib. II. Hipparchus Comment. in Arat. Lib. II*, *cap.* 5. *Cleomedes de Sphæra. Geminus Isagoges cap.* 5. *Plin. Hist. nat. Lib. II*, 75, *IV*, 16, *VI*, 34.

C'eſt le premier d'entre les Grecs, qui ait attribué à l'influence de la lune, le flux & le reflux de la mer. Ce phénomène eſt ſi peu apparent dans la Méditerranée, qu'il n'y avait point été remarqué, jusqu'à ce que des obſervations faites de nos jours à Toulon, ayent appris qu'il s'y fait ſentir trois heures quinze minutes après que la lune a paſſé par le méridien, & que l'eau y monte d'un pied, & quelquefois de deux, lorſque d'autres cauſes concourent avec celle-ci à produire le même effet; mais, nous le répétons, c'eſt encore trop peu de choſe pour que les anciens s'en ſoient apperçus. Dès que les Marſeillois furent parvenus dans l'Océan, au-delà du détroit de Gibraltar, la marée leur parut un phénomène ſi extraordinaire, & ils en furent ſi frappés, qu'ils la regardèrent comme un prodige; elle parut telle à Lœlius, lorſque celui-ci ſoutint dans le détroit un combat contre la flotte carthaginoiſe, commandée par Adruſbal. Les navires des Carthaginois plus légers que ceux des Romains, furent entraînés par la marée, & il y en eut deux qui furent coulés à fond par un vaiſſeau romain (*a*). La flotte d'Alexandre ſouffrit beaucoup à l'embouchure de l'Indus (*b*), & Jules-Céſar ne connaiſ-

(*a*) *Livii Hiſt. Lib. XXVIII*, *cap.* 30.

(*b*) *Q. Curt. Lib. IX*, *cap.* 9. *Arrian. exped. Alexand. Lib.* [illegible]

ſait pas mieux les courans occaſionnés par la marée, lorſqu'il arriva dans la mer Britannique, ce qui fut cauſe qu'il perdit pluſieurs de ſes vaiſſeaux (*a*). Les ſavans de l'antiquité ont, comme on le penſe bien, formé différentes conjectures ſur ce phénomène. Cicéron, Strabon, Sénèque & Pline ont tous parlé du flux & reflux de la mer, qu'ils attribuaient à l'action de la lune (*b*). Mais ces écrivains vivaient trois ſiècles après la mort de *Pythéas*, & l'on ſe ſouvenait encore qu'il avait aſſuré que le flux dépendait de l'accroiſſement de la lune, & le reflux de ſon décours (*c*). Il ſerait à deſirer que les ouvrages de *Pythéas*, qui exiſtaient encore dans le cinquième ſiècle, fuſſent parvenus juſqu'à nous : cela nous mettrait à portée de ſavoir ſi l'auteur qui nous a tranſmis le ſentiment de ce navigateur ſur ce phénomène, le rapporte tel qu'il l'avait donné ; car il y a quelques raiſons de douter qu'on en ait ſaiſi le vrai ſens. Ce n'eſt pas le flux qui dépend de la nouvelle ou pleine lune, mais la plus grande & la moindre hauteur de la marée, comme on peut

---

(*a*) *Cæſar, de bello Gall. Lib. IV, parag.* 85 - 86. *edit. Elzev.*

(*b*) *Cicero de Nat. Deor. Lib. II, cap.* 7. *Strabo, Lib. III. Seneca de Providentia, cap.* 1. *Plin. Hiſt. nat. Lib. II, cap.* 97.

(*c*) *Plutarch. de Placitis & Dictis Philoſoph. Lib. III, art.* 17.

l'obſerver dans le premier & le dernier quartier de la lune. Une pareille obſervation ne peut avoir échappé à Pythéas, qui a navigué ſi loin ſur cette mer, & toujours le long des côtes, conformément à la manière de voyager ſur mer uſitée dans ce temps-là. On peut donc préſumer que ce qui a été rapporté, comme le ſentiment de Pythéas, n'eſt que la rêverie de quelque auteur, qui ſans être ſorti de ſon cabinet, aura voulu diſſerter ſur la navigation, & qui n'ayant pu comprendre le paſſage en queſtion, l'aura mal rendu.

Il paraît que Pythéas avait étudié l'aſtronomie avant de commencer ſes voyages. On croyait, par exemple, avant lui que l'étoile polaire, c'eſt-à-dire, la plus éloignée du milieu de la queue de l'Ourſe, était directement au-deſſus du pôle; mais il aſſigna trois étoiles avec leſquelles celle du nord formait un carré, au milieu duquel le pôle correſpondait exactement (*a*). Il éleva encore à Marſeille, lieu de ſa naiſſance, une colonne, ou *gnomon*, & par la proportion qui ſe trouvait entre la hauteur du gnomon, & la projection de ſon ombre dans le ſolſtice d'été, il trouva avec beaucoup d'exactitude, la latitude-nord de la ville de Marſeille, ou ſa diſtance à l'équateur.

(*a*) *Hipparchi, Comment. in Arat. Lib. II, cap. 5.*

Eratosthènes & Hipparque en ont très-justement conclu, que cette latitude était de 34 degrés 17 minutes, précision dont il était difficile de croire quelqu'un capable, dans le premier âge de l'astronomie, au point que Wendelin ayant engagé Gassendi à examiner cette observation, celui-ci reconnut qu'il se trouvait à peine une minute de différence, entre le calcul d'Eratosthènes & d'Hipparque, & la véritable latitude (*a*) de Marseille.

Pythéas doué comme on le voit, de connaissances aussi profondes qu'étendues, était très-propre à la grande entreprise dont l'exécution lui avait été confiée. Sorti du détroit, il côtoya le Portugal, l'Espagne, les Gaules; parvenu à la Grande-Bretagne, il en suivit les côtes jusqu'à la pointe la plus au nord : d'où il fit voile pendant six jours, au bout desquels il découvrit *Thule* (*b*), où, pendant le solstice d'été, il vit le soleil sur l'horison pendant 24 heures. On a cru d'après cette observation, que Thule n'était autre chose que l'Islande; mais si nous faisons attention à la manière de naviguer de ce temps-

(*a*) *Gassendi proportio Gnomonis, ad solstitialem umbram observata Massiliæ, anno* 1638, *Oper. Tomo IV, p.* 565 *& seq.*

(*b*) *Plin. Hist. nat. Lib. II, cap.* 75, *& IV, cap.* 16.

là, nous verrons qu'il était impossible, en partant de l'endroit le plus au nord de la Grande-Bretagne, d'aller en Islande dans l'espace de six jours ; & nous serons plutôt portés à supposer que l'île dans laquelle Pythéas aborda, est celle de *Shetland*. Car, quoique les jours dans le solstice d'été, ne soient de 24 heures que sous le cercle arctique, ou au soixante-sixième degré & demi de latitude, on ne saurait disconvenir qu'on ne puisse, dans une latitude de soixante degrés, lire, écrire, faire enfin tout ce qu'on juge à propos pendant la nuit, sans autre lumière que la réfraction des rayons du soleil. Les grandes connaissances en astronomie qu'avait Pythéas, le mirent en état de déterminer au juste, la plus haute élevation du soleil au-dessus de l'horison. A chaque endroit où il aborda, il demanda aux habitans de quelle partie du ciel le soleil se levait & se couchait ; & il conclut d'après leurs différentes réponses, que les points du lever & du coucher du soleil se rapprochaient à mesure qu'il s'avançait vers le nord ; d'où il a pu aisément conclure, qu'environ au soixante-sixième degré de latitude & au-delà, le soleil ne se couche jamais pendant le solstice d'été.

Pline[*] dit encore, que Pythéas avait vu la marée s'élever sur les côtes de la Grande-Bretagne, de 80 coudées, (ou 120 pieds) : nous savons cependant

cependant que même dans les détroits, tels entr'autres que celui de la Manche, où la marée est plus haute que dans d'autres endroits, elle ne parvient pas à 120 pieds; qu'elle ne monte à Brest que de 23 pieds; à Bristol de 42, & à S. Malo de 48. Ainsi le texte de Pline est certainement fautif (*a*).

Suivant Pythéas, il y avait à une journée de navigation, de l'autre côté de Thule, une mer glacée appelée par quelques-uns *Cronium* (*b*).

(*a*) Plin. Hist. nat. Lib. II, cap. 97. *Octogenis cubitis supra Britanniam intumescere æstus, Pytheas Massiliensis auctor est.* Peut-être la syllabe *vi* a-t-elle été omise par les copistes, après le mot *octo*; dans cette supposition on lirait ainsi ce passage : *octo vicenis cubitis, &c.*, ce qui serait égal à 42 pieds, c'est-à-dire, à la plus grande hauteur de la marée à Bristol.

(*b*) Plin. Hist. nat. Lib. IV, cap. 16. *A Thule unius diei navigatione* mare concretum, *à nonnullis* Cronium *appellatum* : Et cap. 13 : *septentrionalis Oceanus*; amalchium *eum Hecateus appellat, à Paropamiso amne, quà Scythiam alluit, quod nomen ejus gentis lingua significat* congelatum. *Philemon*, Morimorusam *à Cimbris vocari, hoc est*, mortuum mare, *usque ad promontorium Rubeas : ultra deinde Cronium.* Tacitus de moribus Germ. cap 45. *Trans Suionas aliud* mare pigrum *ac prope* IMMOTUM, *quòd extremus cadentis jam solis fulgor in ortus edurat, adeo clarus, ut sidera hebetet.* Dionys. Periegetes, v. 32, 33.

Ce navigateur avait en effet appris des habitans des pays qu'il avait visités, que la mer du Nord était en partie couverte de glaces, & que dans les hivers rigoureux, au moment du plus grand froid, elle se gelait entièrement en une seule nuit.

Non content d'avoir fait ces découvertes, Pythéas desirait encore connaître le pays d'où les

---

Πουλον μεν ακλευσι ΠΕΠΗΓΟΤΑ τε ΚΡΟΝΙΟΝ τε
Αλλοι δ'αυ και ΝΕΚΡΟΝ εφημισαν, εινεκ αφαυρου
Ηελιου.

Et Orph. Argonaut. v. 1079, 1080.

Εμιτεσε δ'Ωκεανω, ΚΡΟΝΙΟΝ δε εκικλεσκουσι
Παυλον ΥΠΕΡΒΟΡΕΗΝ μεροπες ΝΕΚΡΗΝ τε θαλασσαν.

Strabon, *Lib. II*, observe d'après Pythéas, que dans le voisinage de Thule vers le nord, la mer n'était ni terre, ni eau, ni air, mais un mélange de tous.

On s'apperçoit évidemment que tous les auteurs cités ci-dessus, ont puisé ce qu'ils disent de *la mer Glaciale*, dans une seule & même source, c'est-à-dire, dans ce qu'en a rapporté Pythéas de Marseille, qui le tenait lui-même des *Celtic*, ou *Gaëlic*, qui habitaient des régions voisines de la mer Glaciale; car les noms qu'il rapporte sont des mots *Gallois*. L'expression *Mori-marusa*, vient indubitablement de *Mor*, en Gallois, *mer*, & *Marw*, *dead*, que Pline a heureusement rendu « par mer morte ». *Muri-croinn* signifie en Irlandois, une mer épaisse & coagulée; par conséquent l'épithète *Mare Cronium*, ne dérive en aucune manière de Κρονος, ou Saturne.

Phéniciens tiraient ordinairement l'ambre ; & il faut qu'il ait reçu quelques instructions, soit verbales, soit par écrit, qui l'aient dirigé dans ses recherches, car il paraît impossible qu'il eût pu sans cela, pénétrer dans la partie la plus reculée de la mer Baltique & qu'il eût abordé précisément dans la contrée où l'ambre se trouvait le plus abondamment. Il y a cependant tout lieu de croire, comme cela peut se voir dans les fragmens de Pythéas, conservés dans les écrits des derniers géographes, qu'il a parfaitement bien connu ce pays, sa vraie situation, les rivières qui l'arrosaient, les nations voisines, & les noms même donnés par les habitans de ces contrées, à ces différens objets.

Voici ce qu'il nous apprend à ce sujet. « Sur » les bords d'une certaine baye (*Aestuarium* ou » *Firth*,) appellée *Mentonomon*, il y a un peuple » nommé *Guttoni*, & à une journée de distance » se trouve l'île *Abalus*, (appelée *Baltia* par » Timœus,) sur les bords de laquelle se trouve » l'ambre, substance coagulée que la mer y jette. » Les habitans s'en servent en place de bois pour » se chauffer ; ils en vendent encore aux Teutons » leurs voisins (*a*) ». Tout ce que rapporte ici Pythéas, est de la plus grande exactitude.

(*a*) *Plin. Lib. XXXVII*, *cap.* 2.

Nous trouvons plus de 1700 ans après cette époque, des preuves de sa véracité. Les provinces de *Nadrauen* & l'*Esclavonie* sont encore aujourd'hui appelées *Gudde* & les habitans *Guddai*, dans langue de *Lithuanie*, dans celle des *Sudaviens*, des *Galindiens* & des *Natangiens* (*a*); la baye est celle de *Frish* & *Curih Haf*, ou mer. Elle a de 8 à 16 milles de large, & il ne fallait qu'une petite journée pour la traverser. L'île, ou les îles qui se trouvaient vis-à-vis, étaient donc alors dans la même position où elles se trouvent encore aujourd'hui. Quant au nom de *Mentonomon*, il signifie *promontoire des Pins* (*Mendaniemi*), & l'on trouve en effet sur les deux péninsules ou isthmes de grandes forêts de pins. L'endroit sur le Samland où l'ambre se trouvait le plus abondamment, portait encore du temps des croisades le nom de *Wittland*, ou *Wittlandes Ort*, qui signifie terre blanche; il porte aujourd'hui le nom lithuanien, *Baltikka*, de *Baltos*, qui veut dire blanc : ainsi je croirais qu'il faut lire dans Pline *Abaltica*, ou *Baltia*, au lieu d'*Abalus*. Les habitans de l'île dont parle Pythéas, n'avaient pas coutume de brûler l'ambre pour se chauffer, mais seulement ils en faisaient suivant toute apparence, des fumigations

(*a*) *Prætorius act. Borussic. II, p. 900.*

odoriférantes : & ils en vendaient aux Teutons, ou Germains, les peuples les plus voisins de leur pays.

On prétendait encore d'après Pythéas, ou d'après quelques anciennes relations grecques, que l'ambre venait de la rivière de *Raduhn*, nom que les Grecs ont changé, tantôt en celui d'*Eridanus* (le Pô), & tantôt en celui de *Rhodanus* (le Rhône). *Les Wends* ou *Vandales*, qui vivaient au couchant de la Vistule, ont été également confondus, sans aucune espèce de raison, avec les Vénitiens qui habitaient les rives de la mer Adriatique. Ce qui a été cause que parmi les anciens, Eschyle, Euripide & Appollonius ont indiqué l'ambre, le premier dans l'Ibérie, ou l'Espagne; les autres sur les côtes de la mer Adriatique.

Tel est le précis des relations qui nous ont été transmises du voyage de Pythéas, dont on reconnaît l'importance & l'exactitude, malgré les fautes qui ont été faites par ceux qui l'ont copié. Nous ignorons quelle influence les découvertes de Pythéas ont eue sur les affaires de sa patrie. La décadence des républiques de la Grèce étant survenue, nous ne savons plus rien de leurs découvertes dans le Nord, la puissance de ce peuple étant passée dans les mains des nations étrangères.

CHAPITRE III.

Voyages & Découvertes des Romains dans le Nord.

DANS les premières années qui ſe ſont écoulées après la fondation de leur État, les Romains ſe ſont très-peu adonnés aux ſciences, ils ont même négligé d'acquérir aucune eſpèce de connaiſſance ; ils faiſaient leur unique occupation de la guerre & de l'agriculture ; leurs généraux quittaient ſouvent la charrue, pour ſe mettre à la tête de l'armée, en ſorte qu'ils n'ont guère connu que les peuples qui ſe trouvaient dans leur voiſinage.

Les Phéniciens avaient fréquenté les côtes d'Eſpagne & celles d'Angleterre, & les Grecs avaient parcouru toute la Méditerranée long-temps avant que les Romains euſſent la moindre teinture du commerce & de la navigation. Les Grecs, en portant leurs arts dans l'Etrurie, ſe répandirent juſques dans Rome ; ils firent connnaître la Grèce aux Romains ; ils leur apprirent auſſi ce qui avait rapport au fameux Oracle de Delphes, & aux lois de Dracon & de Solon. Cependant, lorſque le commerce eut attiré les Carthaginois ſur les côtes d'Italie, les Romains firent, peu de temps après l'expulsion des Tarquins, un traité avec ce peuple. Ils avaient encore si peu de rapports avec les Nations voisines, que 364 ans après la fondation de Rome, ils ne connaissaient pas les grandes peuplades des Gaules, dont ils n'étaient cependant éloignés que d'environ quarante milles. Ils conquirent, il est vrai, ce pays peu de temps après, mais ils ne furent point en état de conserver cette conquête. Environ 107 ans, à compter de cette époque, les Romains firent continuellement la guerre à ces mêmes Gaulois. On peut avancer que l'Espagne leur était connue en quelque manière 64 ans après, puisqu'ils avaient fait une ligue avec Sagonte. Il se passa encore deux années jusqu'au temps où les Scipions conduisirent en Espagne la premiere armée romaine qui ait été dans ce Royaume, d'où les Carthaginois ayant été entièrement chassés au bout de dix ans par les Romains, ceux-ci demeurèrent seuls en possession de cette riche contrée. Toute l'Italie leur était déjà entièrement soumise, ainsi que les Gaulois qui en occupaient la partie haute. 156 ans avant l'ére chrétienne, les Romains portèrent, pour la première fois, la guerre au-delà des Alpes; & 33 ans après ils avaient réduit en Province Romaine la partie des Gaules bornée au sud par la mer Méditerranée, à l'est par les Alpes, à l'ouest par les Pyrénées, & qui s'étend au nord depuis

Genève, le long du Rhône, jusqu'aux Cévènes, & en suivant les Cévènes à l'ouest jusqu'à la Garonne & aux Pyrénées. Quant aux autres parties des Gaules, les Romains n'en avaient que des idées confuses : mais ils les connurent un peu mieux au moyen de leurs marchands qui portaient leurs vins dans toutes les parties de la Gaule, comme les Anglais portent aujourd'hui le rhum chez les peuples de l'Amérique septentrionale ; & les marchands Européens leur eau-de-vie aux Nègres, sur les côtes à l'ouest de l'Afrique & à la Guinée. Huit ans étaient à peine révolus depuis la conquête de la Gaule Narbonnaise par les Romains, que ceux-ci apprirent l'approche de deux nations du Nord, les *Cimbres* & les *Teutons*. Le premier de ces noms dérive probablement du mot *Kæmpfen*, qui signifie combattre, d'où l'on a fait celui de *Kæmpers*, c'est-à-dire, combattans, nom que les Héros du Nord prenaient encore pour se distinguer, long-temps après cette époque. Quant à celui de *Teuton*, il paraît avoir signifié *Alliés*, & venir de *Theodan*, c'est-à-dire, *Campagnons des Kæmpers* (*a*). Suivant les

(*a*) Quelques-uns aiment peut-être mieux faire dériver ce nom de *Thiod* (gens ou peuple), que de *Theodan* (Campagnon) ; mais j'avoue que je ne vois point pourquoi le nom de *peuple* aurait été donné aux Theutons, préférablement aux autres nations de la Germanie, puis-

relations qui nous ont été transmises sur ces peuples, ils parurent pour la première fois à *Noricum*, dans la partie méridionale de l'Allemagne, où est aujourd'hui l'Autriche, la Stirie, la Carinthie & l'Ukraine. C'est là qu'ils battirent Papirius Carbo. Bientôt après cet événement, nous apprenons qu'ils étaient déjà dans les Gaules, dans

---

qu'il est notoire que les anciens Germains lorsqu'ils se trouvaient plusieurs ensemble, avaient accoutumé de s'appeller *Thiod*, c'est-à-dire peuple, dénomination que les Romains ont prise mal-à-propos pour le nom propre de cette nation. D'ailleurs, ils ne sont point appelés *Thiod*, *Thiaud*, ou *Thiud*, c'est-à-dire *Teutsche*, *Dutch*, ou Allemans; mais *Theodan*, ou Teutons; le mot *Thiod* peut lui-même être dérivé de *Theodan*. Par l'expression de gens, ou peuple, on doit entendre une société d'hommes unis ensemble, soit parce qu'ils ont une même origine, soit par un intérêt commun. Les noms donnés à plusieurs tribus d'Allemagne, tels qu'ils nous ont été transmis, semblent ne dériver que de cette dénomination, ou d'une autre dans ce même genre, que les Romains auront mal interprétée. Il est clair, par exemple, que, quand les différentes hordes sont entrées dans les Gaules sous le commandement d'Ariovistus, ceux qui les composaient ont dû répondre, lorsque les Romains leur ont demandé qui ils étaient, *Wehrmœnnen*, *Guermans*, ou *Germains*, c'est-à-dire guerriers; dénomination qui ne leur convenait, qu'autant qu'ils étaient plusieurs ensemble, & qu'ils composaient une grande armée. Cette confédération des nations Allemandes sur les rives

le pays des Allobroges, & qu'ils ſe trouvaient auprès de Toulouſe l'année ſuivante. Alors, après avoir vaincu Mallius & Cœpio, ils s'avancèrent juſqu'en Eſpagne, où ils demeurèrent près de deux ans. Enfin, dans le cours de la troiſième année, ils retournèrent vers l'eſt, mais ils ſe ſéparèrent d'avec les *Teutons* & les *Ambrones*,

---

du haut Rhin, qui a ſubſiſté juſques vers le temps de Conſtantin & de Julien, & en vertu de laquelle tout homme en état de porter les armes, était obligé de ſe mettre en campagne, eſt cauſe qu'ils ont été appelés *Allemans*, c'eſt-à-dire, *All Men* (tout homme). Les peuples confédérés de la Baſſe-Allemagne, dont l'ame était exaltée par l'amour de la liberté, & le beſoin de ſe défendre, étaient braves & courageux; ils étaient appelés *Freaks*, ou *Francs*; pluſieurs ont cependant douté que les Cimbres fuſſent réellement Germains. Il eſt toujours certain qu'ils habitaient l'extrémité la plus au nord de la Germanie, où les Jutlandais ſe ſont établis dans la ſuite. Les Cimbres même ſelon Strabon, *lib.* 7, occupaient le pays qui ſe trouve entre le Rhin & l'Elbe. Ils étaient encore de ſon temps dans le même endroit où ils s'étaient établis la première fois; ils firent alors préſent à Auguſte d'une grande chaudière, & de deux hommes vigoureux, qui avaient, comme tous les Germains de ce temps-là, les cheveux rouges & les yeux bleus. Plutarque, dans la vie de Marius, dit que c'était la coutume parmi les Germains d'appeler tous les maraudeurs, ou ceux qui s'adonnaient à la guerre & au pillage, *Kimbers*, ou *Kæmpers*, c'eſt-à-dire combattans.

(peuples venus de la Suisse) pour aller au-devant de Marius, tandis que les Cimbres, prenant à travers la partie la plus haute de la Germanie, furent jusqu'à Trente sur les rivages de *l'Etsch*, où Catulus s'était posté. Les Teutons & les Ambrones furent défaits les premiers par Marius, qui défit encore les Cimbres lorsque les deux armées

---

Il est donc très-évident, que ces peuples étaient les mêmes que les Goths & les Saxons, qui ont habité dans la péninsule, située au nord de l'Elbe. Une très-grande inondation ayant fait périr tout leur bétail, plusieurs d'entr'eux furent forcés d'abandonner leur pays & de vivre de pillage. Ils devinrent donc *Kæmpers*, de même que les descendans de leurs voisins du nord, devinrent *Wickingers*. Leur armée jointe à celle des Teutons qui étaient leurs compagnons & Germains comme eux, fit route le long de l'Elbe jusqu'en Bohême, où ils furent repoussés par les Boïens. Alors ils se portèrent vers l'est, marchant le long des monts Carpathes, jusqu'à la mer Noire & au Danube; ils dirigèrent ensuite leur marche vers l'ouest, ils furent jusques chez les *Scordisques* & les *Taurisques*, deux nations gauloises d'origine. Ce fut alors qu'ils rencontrèrent pour la première fois, le Consul Romain près de *Noreja*. De même les nouvelles connaissances qu'on a acquises sur ces peuples dans les siècles suivans, nous ont appris qu'il n'a existé aucune nation particulière sous le nom de *Germains*. La dénomination de *Kæmpers* & Kimbers, ou Cimbres, ne convient également à aucun peuple en particulier; ceux qu'on appelait ainsi, n'étant que les Saxons & les habitans de Jutland.

ſe furent réunies près de Vercelly, environ 101 an avant la naiſſance de Jeſus-Chriſt. Cette action donna cependant aux Romains une haute idée de la valeur des Germains : ils apprirent alors que ceux-ci formaient une Nation nombreuſe qui occupait une contrée qui s'étendait juſqu'à la mer du Nord.

Cinquante-neuf ans avant l'ére chrétienne, Céſar fut créé conſul, & entreprit immédiatement après la guerre des Gaules, qui dura à-peu-près dix ans. Les Romains, pendant cet intervalle, furent à portée de connaître parfaitement les Gaules & le pays des Belges ; ils traversèrent même le Rhin & ſe frayèrent un chemin à travers la Germanie. Céſar fit conſtruire une flotte, avec laquelle il traverſa la Manche, & débarqua deux fois dans la Grande-Bretagne.

Les victoires que les Romains remportèrent ſur Mithridate, & la mort de ce Roi, leur fournirent une occaſion également favorable pour connaître le Boſphore & les environs de la Crimée ; occaſion qui ſe renouvella encore lorſque, environ 37 ans avant Jeſus-Chriſt, Aſander qui s'était rendu maître du Boſphore à la mort de Pharnace, fut nommé roi par Auguſte Céſar. Les Romains acquirent, ſous le même Empereur, une connaiſſance plus exacte des bords de la mer Noire, à l'oueſt, ou de la Thrace, des environs du Mont

Caucase, & d'un grand nombre de petits peuples qui habitaient ces contrées, dont les armes victorieuses de Pompée leur avaient ouvert le chemin.

Dix ans avant la naissance de Jesus-Christ, Drusus fut avec son armée jusqu'à l'Elbe. Il est probable que Domitien, aïeul de Néron, traversa ce fleuve six ans après. La huitième année, à compter de cette époque, Tibère parut aussi sur les bords de l'Elbe. L'armée de Varus fut ensuite taillée en pièces par les Germains, entre l'*Ems* & la *Lippe*, où Germanicus se rendit peu de temps après, pour reconnaître ce pays qui avait été si fatal à Varus. L'an 17 de l'ére chrétienne, ce Prince fut jusqu'au Wesel par la mer du Nord; il découvrit dans ce voyage, près de l'embouchure de cette rivière & de l'Elbe, plusieurs îles, dans quelques-unes desquelles il y avait une grande quantité d'ambre, matière que les Germains appelaient *verre*, & les îles où elle se trouvait, *Iles de Verre*. Ce fut à cette époque que les Romains commencèrent à mieux connaître l'ambre, déja très-estimé parmi eux.

La quarante-unième année après la naissance de Jesus-Christ, Claude fit une expédition dans la Grande-Bretagne; depuis ce moment les Romains étendirent leurs conquêtes dans ce Royaume; & quoique les Bretons eussent mis en usage tous les moyens possibles pour défendre leur liberté &

pour secouer le joug des Romains, ceux-ci portèrent successivement leurs armes victorieuses jusqu'aux Monts Grampiens, & soumirent enfin ce peuple à leur domination. Agricola envoya la flotte romaine aux Orcades, dont il se rendit maître, & d'où on pouvait appercevoir Thule à une certaine distance. Cette même flotte fit, par un beau temps & un vent favorable, le tour de la Grande-Bretagne, & s'assura que cette vaste contrée était une île. Agricola profita de cette occasion pour se procurer, par le moyen des marchands de la Grande-Bretagne, qui commerçaient avec l'Hibernie (Irlande), une connaissance exacte de la situation, de l'étendue, & de la population de ce dernier pays, ainsi que des mœurs de ses habitans. Ce Général, d'après ces renseignemens, jugea qu'il suffirait d'une légion romaine & de ses vaisseaux pour soumettre cette île. Ceci est une nouvelle preuve de cette assertion, que les anciens ne doivent point toutes leurs découvertes aux seules expéditions militaires; mais que, très-souvent, ils ont été redevables à la navigation, de la connaissance de divers pays & de différens peuples. En effet, on ne peut douter que l'appas du gain n'ait fait courir les marchands à la recherche des contrées inconnues, avec plus d'ardeur que les armées victorieuses n'en ont mis à pousser plus loin leurs conquêtes : tant il est vrai que les résolutions les plus hardies, les entreprises les plus difficiles, ne coûtent rien aux hommes lorsqu'ils sont excités par l'appat du gain l'ambition, ou quelqu'autre passion violente. C'est ainsi que le Créateur bienfaisant fait servir nos passion mêmes à l'accomplissement du dessein que sa sagesse a formé d'introduire dans toutes les parties du monde, la civilisation, la pureté des mœurs, & la connaissance du vrai Dieu.

Les victoires comme les défaites des Romains, dans les parties à l'est & au nord de la Germanie, leur fournirent encore l'occasion de connaître, en partie, la grande étendue de pays qu'occupaient les Germains, nation nombreuse & belliqueuse, qu'ils ne soumirent jamais entièrement, & dont ils empruntèrent même plusieurs fois les armes, tant ils avaient une idée avantageuse de sa valeur. Enervés par le luxe, le despotisme, & par toutes sortes d'excès, les Romains devinrent incapables d'exercer l'art militaire, à une époque sur-tout où cet art exigeait, pour s'y distinguer, la force du corps, une valeur personnelle, une exacte discipline, une connaissance profonde de la tactique, & une grande présence d'esprit. Et, en effet, pouvait-on s'attendre que la jeunesse romaine osât braver le danger, & s'exposer volontairement à la mort, dans un temps où l'on faisait consister le mérite dans une figure avantageuse, &

où les jeunes gens, remplis de préſomption, ne cherchaient qu'à ſe rendre agréables aux Grands, par un eſprit frivole, par la parure, & par la flatterie. L'eſprit de diſſipation & de licence était porté à tel point parmi les Romains, qu'ils répugnaient à toute eſpèce de contrainte & de ſubordination, & avaient en conſéquence le plus grand éloignement pour le métier de la guerre; incapables de prendre promptement un parti dans des conjonctures difficiles qui leur étaient totalement inconnues. Auſſi leurs armées étaient levées parmi les Bataves, les Germains, les Pannoniens, & d'autres nations ſur leſquelles le luxe n'avait pas encore répandu ſa funeſte influence. La fidélité & la valeur des Germains en particulier, leur valut, préférablement aux autres peuples, l'honneur d'être les gardes des Empereurs (*a*); circonſtance qui fournit aux Romains une nouvelle occaſion de connaître la ſituation & la nature du pays des Germains, ainſi que leurs mœurs & leurs uſages.

Néron deſirant avoir une grande quantité d'ambre, envoya aux côtes où cette ſubſtance ſe trouvait, Julianus, Chevalier Romain qui aborda heureuſement en Pruſſe, ayant compté environ 600 milles

(*a*) *Tacit. Annal. Lib. I, parag.* 17, *edit. Elzevir.* 1640.

depuis

depuis *Carnuntum* en Pannonie, jufqu'à cet endroit. Il en rapporta une immenfe quantité d'ambre, qui fut confommée en un feul jour, pour la pompe d'un fpectacle de gladiateurs que l'Empereur donna. Quoique Julianus ait eu principalement pour but, dans ce voyage, d'acheter de l'ambre, on ne peut douter qu'il n'ait acquis bien des connaiffances fur le pays où il avait été trafiquer, & fur les habitans. Mais Pline qui nous a tranfmis l'hiftoire de cet événement (*a*), paraît n'avoir connu lui-même qu'imparfaitement la vraie fituation de cette côte. Ce qui le prouve, c'eft que quoique de fon temps l'ambre fe trouvât en abondance le long des côtes de Frife à l'embouchure de l'Ems, Pline paraît avoit regardé l'île *Burchana* (aujourd'hui *Bor Kum*), comme le pays d'où l'ambre provenait naturellement, tandis qu'il n'était jeté fur ces côtes que par les vagues de la mer; preuve que les Romains n'avaient pas fur les contrées du Nord, des idées bien exactes. En général, Pline fuppofe que la mer Baltique fe joignait avec la mer Cafpienne & les grandes mers des Indes (*b*), quoique Hérodote eût déjà fait voir que la mer Cafpienne ne communiquait à aucune autre mer du côté du Nord. Il eft donc certain que la mer qui eft

(*a*) *Plin. Hift. nat. Lib. XXXVII, cap.* 3.

(*b*) *Plin. Hift. nat. Lib. VI, cap.* 13.

au-delà de la Germanie & de la Prusse, était moins connue du temps de Pline, qu'elle ne l'avait été long-temps auparavant, à l'époque des voyages des Phéniciens.

La conquête de la Dacie, faite sous Trajan, en reculant de ce côté les bornes de l'Empire, fournit aux Romains les moyens de se procurer une connaissance plus exacte des parties du Nord; mais ils n'eurent pas le temps de profiter de cette circonstance, parce qu'Adrien successeur de Trajan, rappela toutes les légions Romaines de cette Province. Une nouvelle occasion se présenta d'avoir des renseignemens plus exacts sur ces pays, lorsque Marc-Aurèle fut obligé de faire la guerre appelée Marcomanienne; mais ce siècle manquait d'Historiens, de ceux du moins sur l'exactitude & sur les lumières desquels on peut compter. Le luxe & la dépravation des mœurs préparaient, de loin, ces révolutions qui renversèrent entièrement l'Empire Romain divisé. Ce fut dans le sein même de Rome, que les Nations du Nord apprirent l'art de vaincre les Romains chez lesquels l'ignorance, un goût corrompu, la mollesse & le luxe faisaient toujours plus de progrès, tandis que le véritable savoir dégénérait de jour en jour.

Quant aux *Finlandais*, aux *Esthoniens* ou *Aestiers*, & à toutes les tribus des Esclavons, connues alors sous la dénomination générale de *Sauromates* ou *Mèdes* ſeptentrionaux, dont ils prétendaient deſcendre ainſi que les *Goths*, les Romains ne connaiſſaient guère que leurs noms. La *Norwège*, (Nerigon) *Sconen* (Scandia), *Dunney* (a), & *Voeroe* étaient ſuivant eux des îles ſituées près de la mer Glaciale. Ils ſe trompaient également ſur la ſituation de Thule, où ils avaient accoutumé de ſe rendre de la Norwège, ainſi que de la pointe la plus au nord de l'Ecoſſe. De pareilles notions ſont trop imparfaites pour qu'on puiſſe en faire aucun uſage.

(a) Pline dit *Lib. IV*, *cap.* 16 : *Sunt qui & alias* (*inſulas*) *prodant*, Scandiam, Dumnam, Bergos : *maximamque omnium* Nerigon, *ex qua in* Thulen *navigetur. A Thule unius diei navigatione*, *mare concretum*, *à nonnullis* Cronium *appellatum*. Il eſt évident qu'il veut parler ici de toute la côte. Le ſavant Schlotzer, dans ſon excellent ouvrage ayant pour titre *Introduction à l'Hiſtoire Univerſelle du Nord*, aime mieux entendre par *Bergos*, un des deux fils d'Hercule, dont Mela fait mention; ſavoir, *Albion* & *Bergion*, qui donnèrent leurs noms, (ou Ουεργα, *Juverna*, *Hibernia*) aux îles Britanniques. Je ne puis, quelque cas que je faſſe du ſentiment de cet auteur ſur une pareille matière, être à cet égard du même avis que lui ; & il me paraît plus probable que les dénominations de *Dumna* & de *Bergos* appartenaient aux îles *Dumnoe*, ou *Dumney* près Halgoland, & à *Voeroe* près Malſtrom ; car la ſituation reſpective de ces pays paraît rendre cette ſuppoſition, en quelque ſorte, néceſſaire. Par la même raiſon, je ne ſaurais me réſoudre à prendre Thule pour l'Iſlande, mais plutôt pour les îles Schetland.

LIVRE II.

Decouvertes faites dans le Nord dans le moyen âge.

CHAPITRE PREMIER.

Voyages & Découvertes des Arabes dans le Nord.

Les richesses, le luxe, l'indiscipline militaire, la division de l'Empire Romain en celui d'Orient & en celui d'Occident, l'ambition d'un grand nombre de particuliers qui prétendaient à la Couronne Impériale, la corruption des mœurs, les disputes théologiques, &c., ayant affaibli Rome, les nations voisines s'en apperçurent bientôt, & réunirent leurs forces pour attaquer l'Empire. Avant même qu'il eût été partagé, les Marcomans & leurs alliés avaient, depuis l'an 166 à 180, mis Marc-Aurèle dans une telle détresse, que cet Empereur avait été obligé d'exposer en vente la magnifique garde-robe impériale, pour subvenir aux frais de la guerre; tant était déplorable l'état dans lequel se trouvait alors l'Empire. L'an 240, les Francs avaient formé une confédération avec les nations intrépides des Pays-Bas, & ils avaient déjà, dans le cinquième siècle (l'an 486 de Jesus-Christ) jeté les fondemens du royaume des *Francs* ou Français. Les *Goths*, dès l'an 244, n'étaient pas restés oisifs dans la Dacie; nous voyons, peu de temps après, Rome pillée par le Roi Alaric, à la tête des Goths d'occident, ou *Visigoths*; & un nouvel Empire fondé par ses successeurs, dans les parties méridionales des Gaules & de l'Espagne. Les Goths d'Orient ou *Ostrogoths*, conduits en Italie par *Dietrick* de Berne, reprirent cet Empire sur les Hérules, qui s'en étaient rendus maîtres vingt ans après la destruction de l'Empire d'Occident; les nouveaux conquérans se maintinrent en Italie pendant environ 60 ans, c'est-à-dire, jusqu'en 554. Il se forma, en 268, une confédération entre les Allemands, qui subsista long-temps. Bientôt après (en 286) on voit les *Anglo-Saxons* & les *Francs* exercer le métier de pirate sur les côtes de la Grande-Bretagne, jusqu'à ce que les Bretons opprimés par les Pictes & les Ecossais, appelèrent à leur secours les Saxons, qui, arrivés dans la Grande-Bretagne, en 449, sous la conduite de leurs Rois *Hengist & Horsa*, s'emparèrent du pays qu'ils étaient venus défendre. Ils y fondèrent plusieurs petits états, qui dans la suite furent réunis en un seul. Les *Vandales*, les *Suèves*, & les *Alans* ravagèrent, en 407, les possessions

Romaines jusqu'en Espagne. Les Vandales passèrent même en Afrique, où ils formèrent un nouvel état. Dès le commencement du cinquième siècle, les Bourguignons avaient quitté leur ancienne habitation pour s'avancer vers les bords de la mer Baltique, jusqu'à la rivière du Mein ; & ils prirent possession d'une partie des Gaules, pour les secours qu'ils avaient fournis aux Romains contre les *Vestro-Goths*. Les Lombards (*Longobardi*) qui habitaient la contrée de *Rugen* sur la mer Baltique & une partie de la Germanie, aujourd'hui le Brandebourg, se rendirent, en 548, dans la Pannonie, où ils furent accueillis par Justinien ; & de concert avec les Avares, renversèrent l'Empire des Gépides, & établirent, en 568, dans la Haute-Italie, un royaume qui subsista plus de 200 ans. Ainsi l'Empire Romain fut démembré par des armées nombreuses, composées de différentes nations de la Germanie ; & toute la partie d'Occident tomba sous le pouvoir des princes descendans des Germains. Cependant l'Empire d'Orient était ravagé par les Esclavons, les Huns, les Avares, les Bulgares, & par une infinité d'autres nations ; & les Perses s'étaient déjà frayé un chemin jusques sur les bords de l'Hellespont ; tandis que les chrétiens de l'Empire, oubliant les principes de leur divin fondateur, qui avait toujours prêché la concorde & excité les hommes à la bienveillance par ses leçons & par ses exemples, se querellaient, se persécutaient, & s'entretuaient sans cesse pour quelque différence qui se trouvait dans leurs opinions en matière de religion.

Dans le moment où l'Empire Romain, si vaste; si long-temps le centre des sciences, du bon goût, & de la civilisation; déchu alors de son ancienne grandeur, tombait dans l'état le plus déplorable d'avilissement, de corruption & de faiblesse; un ignorant, mais doué d'une grande intelligence & d'une imagination vive, d'un caractère sombre & mélancolique, & très-sensible aux plaisirs de l'amour, *Mahomet* enfin, parut en Arabie. Quoique issu de la noble famille des Koreischites, il était pauvre, mais devenu amoureux de Cadidscha, veuve d'un marchand opulent, il l'épousa; & se trouva dans un état d'aisance qui le dispensa de mener une vie aussi active que par le passé. Il eut ainsi le loisir de se livrer entièrement à ses rêveries, & de mûrir les projets extraordinaires qu'il avait conçus pendant sa jeunesse, dans les déserts qui se trouvent entre la Mecque & Damas. Le défaut d'exercice auquel il avait été accoutumé dans ses premières années, une excellente nourriture, l'excès dans les plaisirs du sixième sens, exaltèrent encore davantage son imagination. Ayant rassemblé différentes maximes de religion qu'il avait apprises des Juifs & de quelques moines superstitieux, il en composa un système religieux mal digéré, & où il n'y avait rien de supportable, que la partie qui traite de l'unité de Dieu & de ses grands attributs. Il n'était pas absolument étranger au langage & aux expressions de la poësie; art qui de son temps, était très-cultivé en Arabie, puisque les poëtes Arabes se rendaient alors à la foire qui se tenait, tous les ans, à Okad, pour y lire publiquement les vers qu'ils avaient composés, & les auteurs des sept meilleurs poëmes obtenaient, pour prix, l'honneur d'avoir leurs ouvrages suspendus dans le *Kaaba*, à la Mecque. Ce fut avec de pareils moyens que Mahomet s'annonça tout-à-coup comme un prophète qui avait des visions & de fréquentes apparitions, & qui prêchait une nouvelle religion. Sa doctrine, dans les commencemens, ne lui valut qu'un petit nombre de prosélytes : il fut même, ainsi que ses partisans, tourné en ridicule, persécuté à la *Mecque* sa patrie, & enfin en 622, obligé de s'enfuir à *Médine*, dont les habitans, ennemis de ceux de la Mecque, prirent son parti. Le nouveau prophète, enhardi par un si puissant appui, devint persécuteur, d'enthousiaste qu'il avait été. Il fit, de ses nouveaux partisans, l'instrument de sa vengeance. Il prit la Mecque, ce qui augmenta sa puissance, & lui valut une nouvelle armée de prosélytes. L'épée une fois tirée, Mahomet étendit ses victoires & sa nouvelle croyance dans toute l'Arabie. Les tribus Arabes, dès long-temps accoutumées au pillage, alors réunies par les liens puiſſans de la religion, & excitées par le zèle fanatique des nouveaux ſectaires, ſubjuguèrent tout le pays, depuis l'Indus juſqu'aux Pyrénées, & étendirent ainſi le mahométiſme & l'empire des Califes ſucceſſeurs de Mahomet.

Ce fut alors que les ſciences commencèrent à fleurir parmi ces peuples, auparavant groſſiers & ignorans, & qu'on vit paraître, parmi eux, une foule de poëtes, de médecins, de philoſophes, de phyſiciens, d'hiſtoriens & de géographes. Ces derniers ſont peu connus en Europe, ſoit parce qu'on s'y occupe peu de la langue arabe, ſoit parce que la plupart de leurs écrits ne ſe trouvent qu'à Maroc, en Egypte, en Syrie & à Conſtantinople, dans les bibliothèques des Turcs, inacceſſibles aux Chrétiens; ou dans les bibliothèques de Rome & d'Eſpagne, preſque auſſi peu acceſſibles aux gens de lettres que celles-là. Peut-être auſſi ces ouvrages ne ſont ſi peu connus que parce que le libraire ou l'éditeur, qui ſerait tenté de les livrer à l'impreſſion, craindrait qu'une pareille entrepriſe ne fût trop peu lucrative. Et l'on ne peut ſe diſſimuler qu'on n'employe actuellement plus volontiers ſes richeſſes à tout ce qui peut concourir à ſon propre avancement & qu'on n'aime mieux les partager avec de vils flatteurs, ou s'en ſervir à contenter ſes paſſions,

que de favoriser l'édition d'un ancien auteur Arabe sur la géographie. Aussi les seuls ouvrages arabes qui aient été imprimés en Europe, & qui existent actuellement, se réduisent à celui de *Scherif al Edrissi*, qui écrivit, en 1153, ses *Récréations géographiques*; à un *Système de géographie*, publié par *Abulféda*, prince de *Hamath*, en 1321; aux *Tables ilchaniennes*, sur la longitude & la latitude, composées par *Nassir Eddin*, de *Tus* en Perse & l'ami de *Holaghu Kan*, à qui il persuada de faire la conquête de Bagdad & de détruire le Califat; enfin aux Tables géographiques qu'*Ulugbek* (Tamerlan) le neveu du grand *Timur*, fit en 1437.

Les généraux Arabes avaient, long-temps avant ces différentes époques, reçu ordre des Califes de leur faire passer exactement, pendant le cours de leurs victoires, des descriptions exactes des pays qu'ils soumettraient, & des renseignemens sur les mœurs des habitans. Aucun des ouvrages que nous venons de citer, n'a certainement pas été fait d'après ces recueils originaux & authentiques de géographie : quelques auteurs se sont contentés de rassembler les opinions populaires sur la position respective des différens pays; ce qu'ils disent en particulier des régions septentrionales, mérite encore moins qu'on y ajoute foi.

L'auteur des extraits de *Scherif al Edrissi*,

eſt un chrétien ; quoiqu'il paraiſſe avoir puiſé dans l'original tout ce qu'il dit dans la ſection ſur le ſixième climat ; il y a lieu de croire que cet abréviateur , dans l'endroit de ſon ouvrage où il fait mention des pays chrétiens, parle d'après lui-même ou d'après d'autres auteurs qu'*Al Edriſſi*. Mais que ces relations ſoient originales ou empruntées , elles n'ont fourni que bien peu de connaiſſances ſur le Nord.

Les pays déſignés dans cet ouvrage, ſont la *Bretagne*, le *Poitou*, la *France*, la *Normandie*, la *Flandre*, *Hinu* (le Hainault), *la Lorraine*, *le Berry* , & quelques autres contrées des *Francs Bourguignons* & des *Allemands Bourguignons* ; la *Limania* ou Allemagne, la terre de *Bakir* (ſans doute Baſir ou Bavière) , *Carentara* ou la *Carinthie*, *Louvain*, la *Friſe*, la *Savoye*, & quelques parties de l'Angleterre. En Allemagne & en Saxe, le même auteur place les villes d'*Harbek*, *Kulozat*, *Maſchliat* & *Hallah*. Au nord ſe trouvent, ſuivant lui, la *mer Obſcure*, la *Germanie*, la *Géthulie*, la *Ruſſie*, la terre de *Bergian* ou *Bergen*, *la Ruſſie & Komanie*, *Heraclée* ſur la mer Noire, les contrées de *Wailakan* ou (Walachie) , *Chozaria* (ou Chazaria) *Bolyſaria*, *Beſegert*, *Lan* (ou Alania). Sur la terre des Turcs d'*Aſconian*, la rivière *Athel* (ou Wolga) , qui ſe jette dans le *Tabareſtan* ou la mer Caſpienne. La terre de *Samricki* ou de *Walachie*, des Turcs Walachiens ; celle de *Siſian*, le pays de *Chofsach* (c'eſt-à-dire, des Coſaques), le pays de *Torkos* & le mur *Jagog* & *Magog*, près du Caucaſe, qui avait été bâti par *Dſulcarnaini* (ou Alexandre), dans les états d'un certain *Chakan Odkos*, qui était mahométan. Des voyageurs, ajoute-t-il, envoyés par le calife, vers les villes de *Lochman*, *Araban*, de *Berſagian*, de *Turan* & de *Samarcande*, paſſèrent au-delà de ce mur ; ils allèrent enſuite à *Ray* (ou *Rages* en Médie), à *Sorramanrai*. Il y a, dans la mer Obſcure (nous empruntons toujours les paroles de l'auteur des extraits de *Scherif al Edriſſi*) des îles déſertes & des villes ruinées, où l'on allait anciennement acheter l'ambre & des pierres colorées. Il donne enſuite la deſcription de l'île *England* (Angleterre), dans la mer *Obſcure*, de l'île *Scotia* (Ecoſſe), & de celle d'*Irlanda* (Irlande). Il parle enfin des pays de *Bolonia*, *Sveda*, *Finmark*, *Iceland*, *Ruſſia*, & plus loin, de *Romania*, de *Bolghar* (ou Bulgarie), de *Beſegert* & de *Begenak*. Telle eſt, à-peu-près, l'idée que cet auteur avait de l'Europe & des régions du Nord. Le lecteur reconnaîtra ſans doute, comme nous, quelques-uns de ces pays ; mais il en eſt d'autres que nous avouons ne pouvoir aucunement reconnaître, non plus que la plus grande partie des villes dont il eſt fait mention dans cet ouvrage.

Le prince de Hamath place, dans le Nord, les contrées des *Francs* & des *Turcs*. On y trouve, ſuivant lui, l'Empire de *Buligah*, c'eſt-à-dire, Apulia, *Kallafrijah* (la Calabre), *Baſiliſſa*, (peut-être *Baſilicata*, l'ancienne Lucanie); el *Mara*, la Morée, dont une partie appartenait aux empereurs Grecs, l'autre aux *Kithalans*, c'eſt-à-dire, *Catalans*, l'une des nations des Francs. Auprès de ce pays, le même auteur place celui des *Malfaguth* ou *Amalfi;* & à l'occident, le pays des *Iklerens*. Il donne enſuite la deſcription de Rome & de l'égliſe de Saint-Pierre. Il parle du pays *Toſkan*, c'eſt-à-dire, Toſcane, & des deux *Borkans* ou Volcans, dont l'un ſe trouve en Sicile; la province *Ol-Kirm*, ou Crimée; des villes de *Solgat*, *Sudac* & de *Kafa;* du Boſphore & de Conſtantinople. Il déſigne auſſi, parmi les contrées du Nord, *Kumager* (*a*), ville ſituée dans l'em-

(*a*) *Kumager* paraît avoir été une grande ville, dont on trouve même actuellement les ruines ſur les côtes de la rivière de *Kuma*, non loin de l'endroit où elle reçoit le *Bywara*, & qui eſt encore appelée *Madſchiar*. C'eſt là ſans doute, la ville dont parle le Prince Abulféda; laquelle, à cauſe de ſa ſituation ſur le *Kuma*, peut avoir été autrefois appelée *Kumager*, de même qu'une partie des Hongrois ou *Madschari*, étaient appelés *Kumani* ou *Komani*, parce qu'ils habitaient près de cette rivière.

pire du *Tartare Borkah*, qui ſe trouve entre le port *Iron* (Derbend) & *Azok* ou *Aſoph* ; & enſuite le *Lokzi* ou *Leſgi* : au nord de la ville de *Balar* (Bulgarie), ſont les contrées des *Ruſſes*. Vient enſuite *Barthanyah*, c'eſt-à-dire, *la Grande-Bretagne*, au milieu de la mer ; *Berdil* (*Burdegala*), Bordeaux) ; *Schont Jakuh*, une ville en *Gallikijah*, c'eſt-à-dire, *Gallicie* ; & la capitale *Samurah*, la même peut-être que *Santa-Maria* ou *San-Maria* ; *Piza* ou *Piſcha*, c'eſt-à-dire, Piſe. Sur le côté oppoſé, le même auteur déſigne *l'île Sardanijah* (la Sardaigne), *Lombardy* (la Lombardie), *Ganawah* (Gènes), *Bandakijah* (Veniſe) : un des citoyens de cette ville, dit l'auteur que nous citons, gouverne ce pays, & il eſt appelé *Duk* : l'île *Nakgrapant* (Negrepont), eſt ſous la domination de ce peuple. Il fait enſuite mention de *Rumijah el Kobra*, c'eſt-à-dire, Rome la grande, bâtie ſur les deux bords de la rivière *Tefri* (le Tibre) : c'eſt le ſiège du Calife des Chrétiens, appelé *Al-Pap* ; de *Borſchan* ou *Borgan*, la capitale du pays des *Burgans* (Bourguignons), qui ont, ajoute-t-il, été conquis par les *Allemani* (Allemands) ; d'*Itschanijah*, c'eſt-à-dire, Athènes, la ville des ſages Grecs ; de *Konſtanthinijah* ou *Buzanthijah* (Conſtantinople ou Bizance) ; de *Makdunijah*, ou la ville d'Alexandre le Grand ; de *Sakgi* (*Azak* ou *Azaph*) ville ſituée à l'embouchure du *Thana* (Tanaïs ou Don) fleuve qui ſe jette dans la mer *Nithaſch* (les Palus Méotides & la mer Noire); d'*Abzu*, ville ſituée ſur le Boſphore ou détroit de Conſtantinople, du côté de l'eſt, & qui eſt probablement la même qu'*Abydus*; d'*Akga Karman* ſur la mer *Nithasch*, & actuellement *Akierman*; de *Thernau*, à trois journées de chemin de *Sakgi* ou *AZAPH*, & qui paraît être la même ville que *Taganrok*; de *Sari Karman* (probablement *Inkerman*, ſur la péninſule de Crimée) à cinq journées de *Kirm* ou *Solgat*, c'eſt-à-dire, *Eski Crimea*. Il y a, (nous tranſcrivons toujours les paroles du même auteur) ſur le ſommet d'une montagne inacceſſible, un château très-fort, appelé *Kerkri*, mot turc qui ſignifie quarante hommes. Près de là, ſe trouve *Ghater Theg*, la plus haute de toutes les montagnes, actuellement appelée Tſchettirda. *Sudac* eſt un port fortifié, qui porte encore le même nom. *Sulgat* était autrefois nommé *El Kerm*; mais ce nom, du temps de l'auteur, avait été donné ſeulement à la province où ſe trouve cette ville, & à laquelle on donne actuellement celui d'*Eski-Krim*. *Kafa* eſt dans une plaine, à l'eſt de *Sudac*; c'eſt un port & une ville d'entrepôt. A l'oppoſite, ſe trouve *Tharapezun* (Trébizonde): au nord & à l'eſt, eſt le déſert de *Kaptschiak*. *Ol-Kars* (actuellement *Kerſch*) eſt une petite ville située dans le détroit de la mer d'*Azok*, entre *Kafa* & *Azok* : cette dernière est une fameuse ville, bâtie à l'embouchure du *Thana*, dans la mer d'*Azok*, appelée, dans les anciens livres, la mer de *Manithasch* (*a*) ou *Manjetz*. *Sarai* (*b*) est une grande ville où des Tartares faisaient leur résidence ; actuellement (c'est Abulféda qui parle)

(*a*) Le nom de *Manithasch*, donné dans les anciens manuscrits, à la mer d'Azof ; & celui de *Manjetz* que portaient autrefois les petits lacs & la rivière dont les noms actuels dérivent de celui-là, peuvent servir de preuve en faveur de l'opinion de M. Pallas qui pense, que la mer Noire & la mer Caspienne se joignaient autrefois en cet endroit, & ne formaient qu'une seule mer.

(*b*) *Sarai* était la résidence d'un peuple qui habitait anciennement ces contrées; mais il est aussi difficile d'assurer par qui cette ville a été bâtie, que d'en donner la vraie situation. Sur les bords de l'*Achtuba*, ou le bras oriental du Wolga, à l'endroit où ce fleuve se divise près de *Zarizin*, on a trouvé plusieurs restes de bâtimens très-anciens, dont quelques-uns sont au nord-est de *Zarizin*, & quelques autres à l'est près de *Charachudschir* & *Zarewpod*, & même plus bas près de *Dschigit* & de *Selitrannoi-Gorodok*. Quant à ce que dit Abulféda, que cette ville est à la distance de deux journées de la mer Caspienne, cela doit s'entendre plutôt de *Selitrannoi-Gorodok*, que de *Zarewpod*. Cette ville paraît avoir été bâtie par *Batu-Kan*, entre les années 1256 & 1266.

parle) elle eſt habitée par les Usbecs; elle eſt bâtie dans une plaine au ſud-eſt, & à deux journées de chemin de la mer Caſpienne. La rivière *Athol*, c'eſt-à-dire le *Wolga* (*a*), coule du nord-oueſt au ſud eſt; ſur la rive, au nord de cette rivière, ſe trouve *Sarai*; l'on y voit encore les reſtes de cette grande ville. A l'oueſt d'*Athol* (le Wolga) & à moitié chemin de *Sarai* à *Bolar*, eſt la ville d'*Okak*. L'Empire d'*Ardu*, qui appartient au roi Tartare de *Borkah*, s'étend juſqu'à *Okak*, qui, ſuivant toute apparence, n'eſt autre choſe qu'*Uwjeck*, à 7 werſtes, au midi, de *Saratof*, & qui était, autrefois, une fameuſe ville tartare. *Bolar* ou *Bolgar* (*b*) eſt une grande

(*a*) Les Tartares Ruſſes donnent au Wolga le nom d'*Athol*, qui à proprement parler s'appelle *Idel* ou *Atel*; nom que les *Tſchuwaſchi* ont changé en celui d'*Adal*. Ce mot ſignifie rivière en général, ainſi les *Tſchuwaſchi* appellent le Wolga, *Aſli-Adal* ou grande rivière; & ils appellent la *Kama*, *Schorag-Adal*, c'eſt-à-dire rivière Blanche, parce que l'eau en eſt plus blanche que celle du Wolga. La rivière *Wiætka* eſt appelée par les Tartares *Nankred Idel*. Les Calmoucs changent le mot *Atel* en *Etſchil*. Les *Morduens*, au contraire, ont donné au Wolga le nom de *Rhau*, mot qui a le plus grand rapport à celui de *Rha*, mis en uſage par Ptolomée.

(*b*) Bolgar eſt encore de nos jours appelé *Bogari*, c'eſt-là que ſe trouvent les belles & remarquables ruines,

ville, dans la partie la plus reculée des contrées habitées du nord, à une petite distance, & sur le bord oriental d'Athol (le Wolga); il y a trois bains; les habitans en sont Mahométans, & de la secte des *Hanesites*; il n'y croît, en été, à cause de l'extrême chaleur, aucun fruit, pas même des raisins. Suivant la relation d'un habitant, on y voit à peine finir les jours, en été, & les nuits y sont très-courtes; ce qui est très-probable & conforme aux principes d'astronomie, la ville se trouvant au-delà du quarante-huitième degré de latitude nord; le crépuscule y est très-long. La capitale des *Chozars* est *Balangar* ou *Athol*.

Telles sont les connaissances que les Arabes nous ont fournies relativement à la géographie du nord jusqu'en 1321.

---

que M. Pallas a décrites & dont il a donné les dessins dans ses ouvrages, partie première, pag. 121 & suivantes. Les inscriptions arabes ont pour date : A. D. 1226, 1341. Les arméniennes sont datées de 1161 à 1578. Il est du moins probable que cette ville de *Bolgar* était connue d'Abulféda qui a écrit en 1321. Les premiers Bulgares connus des Européens étaient probablement une tribu des Turcs. Il paraît même qu'ils étaient très-civilisés à cette époque, comme on peut en juger par leurs ornemens, leurs équipages, leur parure, leurs pièces de monnoie & leurs édifices. Il y avait à la vérité parmi eux beaucoup d'Arméniens.

Dès le ſecond ſiècle, les *Huns* s'approchèrent du lac *Aral* & de la mer Caſpienne, & ils habitèrent ces régions; bientôt après ils tentèrent de plus grandes entrepriſes, qui, ſous le règne d'Attila, & depuis l'année 434 juſqu'en 454, furent couronnées des plus étonnans ſuccès. Ce prince étendit ſa domination depuis la Chine juſqu'aux Gaules. Quant à ſes fils, les uns demeurèrent maîtres du pays qui s'étend depuis la Dace juſqu'à Noricum; d'autres ſe retirèrent vers le Don, quelques-uns traversèrent cette rivière & ſe retirèrent vers le mont Caucaſe : ainſi la plupart des peuples conquis par les Huns, recouvrèrent leur liberté. Les Turcs, qui habitaient d'abord les bords du lac *Saiſſan*, ceux de la rivière *Irtiſch* & le mont *Altai*, ſe portèrent dans le ſixième ſiècle vers l'eſt du lac *Aral* & de la mer Caſpienne ; ce fut là que ſe répandirent au loin & par degrés leurs nombreuſes tribus, telles que les *Chazars*, les *Petſchenegs*, les *Uzes*, les *Polovzes*, les *Bulgares*, &c. qui s'emparèrent de toute la partie méridionale de la Ruſſie, de la Moldavie, de la Beſſarabie & de la Crimée. C'eſt de ce même peuple dont Conſtantin Porphyrogenètes décrit le pays, & parle de ſa ſituation dans ſes *Thematæ*. Ils étaient les meilleurs ſoldats des Arabes & de leurs Califes, après que ceux-ci eurent été énervés par le luxe & le deſpotisme. Ce qui contribua à leur donner d'abord un tel degré de puissance, qu'ils disposaient à volonté du trône de *Bagdat*, & qu'ils étaient même en possession de plusieurs provinces très-étendues. Quelques-uns de leurs princes fondèrent dans la suite de vastes empires qu'ils gouvernèrent en maîtres, jusqu'au temps où les Mogols sous le commandement de *Gengiskan* & de ses descendans, envahirent la plus grande partie de l'Asie & une portion considérable de l'Europe jusqu'à Breslaw. Plusieurs de ceux qui s'établirent en Asie, adoptèrent la religion de Mahomet, les lettres arabes & la langue persanne; ils acquirent ainsi beaucoup de connaissances & se policèrent peu-à-peu. En Perse & sous les auspices de *Holaghu-Kan*, *Nassir-Eddin* composa une table des longitudes & des latitudes pour rectifier ses observations astronomiques. *Ulug-Bek* neveu du grand Timur, rédigea en 1437 & dans les mêmes vues, une pareille table. Elle est si semblable à la première, qu'on ne peut douter que ce prince n'ait profité du travail de l'astronome persan.

Ces deux auteurs ont fait particulièrement mention des trois empires de *Chozar*, de *Rus*, & de *Bolgar*, au nord de la mer Caspienne & de la mer Noire. *Balangar* est la capitale de celui des *Chozars*. Abulféda avait déjà nommé cette ville

Athol & *Balangar* : les *Chozars* occupaient la Crimée & les plaines désertes de *Nogai* ; mais on ne pourrait désigner aujourd'hui l'endroit où se trouvait leur capitale. La ville que ces auteurs appellent *Kujavah* , ne peut être que *Kiew* (ou *Kiow*). On ne connaît pas *Saksin* , la seconde ville russe. Ils placent enfin dans l'empire de *Bolgar*, une ville de ce nom. Ce qu'ils disent de *Korasan*, *Choaresim* & de *Mawaralnakan*, ne mérite pas d'être transcrit ; plusieurs de ces endroits étant très-bien connus aujourd'hui. Mais nous croyons faire plaisir au lecteur de mettre sous ses yeux ce qu'on trouve dans ces ouvrages sur le *Turkestan* , appelé de nos jours la petite Buccarie , sur le pays des *Kalkas-Mongols* & sur le nord de la Chine. Dans la petite Buccarie est *Choten* ville bien connue, & la capitale d'un petit empire actuellement sous la domination des Chinois. *Almalig* est bâtie dans la contrée de *Gete*, près du mont *Arjatu*.

En 1490, lorsque *Ti mur* se préparait à porter la guerre dans le pays d e *Gete*, son armée partit de *Taschkent* près *Sihon*, & marcha vers le lac *Issikol*, non loin de *Barket* ou *Barek* ; d'où elle vint à *Gheuktopa*, delà au mont *Arjatu* & à la ville d'*Almalig* : elle passa ensuite la rivière *Ab-Eile*, se rendit à *Itschna-Butschna*, à *Uker*, *Keptadschi*, & arriva enfin sur les bords de l'*Ir*-

tisch ; où l'on apprit que le prince *Kamareddin* s'était retiré dans les forêts de *Daulas*. Il s'enſuit de cette relation qu'Almalig eſt ſitué entre *Taſchkent* & l'*Irtisch*, à côté de la rivière *Ab-Eile* qui ſe jette aujourd'hui dans le *Sihon*. L'armée de *Timur*, à ſon retour, paſſa au-deſſous du lac *Eutrakgheul*, auprès de *Haraschar* ; & comme l'hiver approchait, elle hâta ſa marche en paſſant par *Akſu* & *Samarkande*. La ville d'Almalig dont il vient d'être queſtion, ne doit pas être confondue avec *Kabalig*, *Biſchbalig*, & encore moins avec *Karacorum*, capitale des Mogols, ſur la rivière & le lac *Onghin*. Un florentin nommé *Franciſco Balducci Pegoletti*, dont les ouvrages ſeraient encore enſevelis dans un profond oubli, ſi le profeſſeur Springel ne les en eût retirés, décrivait dès l'an 1335, la route d'Azof à Pékin : dans cette route, qu'il fit ſur des ânes, il trouva, après 45 journées de chemin & au-delà d'*Otrar*, la ville d'*Armalecco* qui eſt indubitablement la même qu'*Almalig* dans le pays de *Gete*, au nord-eſt de *Taſchkent* & ſur le même côté de l'*Irtiſch*.

Les deux géographes placent d'abord *Kabalig* (endroit actuellement inconnu), plus vers l'eſt qu'*Almalig ;* & *Autan-Keluran* (qui nous eſt auſſi peu connu), plus à l'eſt que *Karakum*. Plus loin, ſuivant les mêmes auteurs, ſe trouve *Biſchbalik*, probablement la même ville que les Chinois appellent *Ilibalik*, & qui par conſéquent eſt ſituée ſur la rivière d'*Ili*. Vient enſuite *Karakum*, c'eſt-à-dire le *Sable Noir*, qui a été auſſi appelée *Karakorum* : c'était la réſidence ordinaire des empereurs du Mogol de la race de *Gengiskan*.

Les mêmes géographes font enfin mention de *Chanbalik* ou *Cambalik*, appelée aujourd'hui *Pekin*. *Pegoletti* continue enſuite la route d'*Almalig* par *Camexu*, qui ne peut être que *Cami* ou *Hamil* : nom auquel le voyageur florentin a cru devoir ajouter la ſyllabe *xu* pour rendre celle de *Tſcheu*, qui en langue chinoiſe veut dire *ville*, & que les Chinois ajoutent au nom des villes lorſqu'elles ſont un peu conſidérables. Celle - ci était connue du fameux voyageur vénitien *Marco Polo*. D'*Almalig* à Camexu, il y a 70 journées de chemin. *Pegoletti* en compte 65 de ce dernier endroit, juſqu'à une rivière dont il ne nous a pas donné le nom ; il nous apprend ſeulement qu'il eſt aiſé de venir de là à *Kaſſai* ou *Kiſſen*, qui ſe trouve ſur la grande rivière de *Kara-Muren* ou *Hoang-Ho* ; il y a de là trente journées de marche juſqu'à *Gamalecco* (*Kambalig*), capitale du pays de *Gattai* (*Katay*), qui comprend les parties nord de la Chine.

Ces pays quoique ſoumis à de grandes révolutions & ſouvent dévaſtés par les barbares, ont cependant conſervé mieux qu'on n'avait droit de s'y attendre après un laps de temps considérable, les noms de leurs villes, de leurs lacs, de leurs rivières, &c. Il est vrai que la rareté d'eau bonne à boire, est cause qu'on ne peut y bâtir des villes dans tous les endroits indifféremment, & que celles qui existaient anciennement n'ont point été détruites, & ont conservé après avoir été conquises, les noms qu'elles avaient auparavant. Ceux des rivières & des lacs n'ont pareillement pas été changés, parce qu'ils étaient peu nombreux. Les habitans y ont parlé presque toujours la même langue, ou du moins une langue dérivant de celle qui était anciennement en usage; circonstance qui a contribué à perpétuer jusqu'à présent les noms des lacs & des rivières.

Il paraît, d'après ce qu'on vient de voir, que le Nord était très-peu connu des Orientaux. Car quoiqu'ils aient fait de grandes expéditions militaires, & aient conséquemment parcouru beaucoup de pays, il y a eu parmi eux un petit nombre d'écrivains. Les plus instruits se sont d'ailleurs rarement appliqués à la géographie; & ceux qui l'ont fait ne nous ont laissé que des ouvrages très-défectueux.

Kublai-Kan est le premier empereur du Mogol qui ait équipé une grande flotte sur cette partie de l'Océan, appelée la mer de la Chine, pour aller à la conquête de *Nipon* (ou *Zipangri*), comme l'appelle *Marco Polo* : entreprise qu'une tempête violente ou quelques autres fâcheux événemens firent échouer (*a*).

(*a*) *Kublai-Kan* règna depuis l'an 1259, jusqu'en 1294 de l'ère chrétienne. Il envoya une flotte & une armée au Japon pour en faire la conquête. Cette flotte fut très-maltraitée par la tempête, & il est très-probable que quelques vaisseaux ne purent revenir à la Chine. Vers cette même époque il s'établit en Amérique presqu'en même temps deux grands empires (ceux du Mexique & du Pérou). Il y avait chez les nations qui les composaient des principes réguliers de religion, des notions de rang & de subordination, & elles étaient civilisées jusqu'à un certain point. Les mœurs de ces deux peuples se ressemblaient à quelques égards, ils pratiquaient l'un & l'autre l'agriculture ; & la polygamie était défendue parmi eux. Les Mexicains avaient, entre plusieurs autres marques de civilisation, une espèce d'écriture hiérogliphique. Ces deux empires étaient cependant environnés de tout côté de nations sauvages & grossières, qui occupaient une étendue très-considérable de pays ; ils étaient d'ailleurs à une très-grande distance l'un de l'autre. Ceci ne favorise-t-il pas la supposition qu'on pourrait faire, que ces deux colonies vinrent dans ces pays par mer, dans le douzième & le treizième siècle ; & qu'elles doivent peut-être leur origine à quelques-uns de ceux qui avaient été envoyés par *Kublai-Kan* à la conquête du Japon, & dont les vaisseaux furent poussés jusqu'en Amérique par la tempête ?

CHAPITRE II.

Des Voyages & des Découvertes faites dans le Nord par les Saxons, les Francs & les Normands.

L'EMPIRE Romain ayant été ravagé & affaibli par une multitude de nations étrangères, principalement par celles qui étaient ſorties de la Germanie ; les Romains n'étaient plus capables de faire face à ces barbares dans toutes les parties de leur empire, & quelques provinces eurent extrêmement à ſouffrir de leurs incurſions. Les Bretons étaient vivement preſſés au nord par des ennemis turbulens, les *Pictes* & les *Ecoſſais* ; au ſud ils ne l'étaient pas moins par les déprédations des *Francs* & des *Saxons*. Cette nation implora le ſecours du général des Romains *Aetius*, mais il ne ſe rendit point à leurs prières. Il ne leur reſtait plus déſormais dans cette ſituation, que d'avoir recours aux Saxons eux-mêmes. Ces peuples deſcendirent donc en 449 dans la Grande-Bretagne, non pour la délivrer de l'oppreſſion ſous laquelle elle gémiſſait, mais pour s'emparer de ce royaume. Ceux-ci furent bientôt ſuivis par une multitude d'autres, & en peu de temps la Grande-Bretagne fut diviſée, ſous les Anglo-

Saxons, en ſept petits royaumes. La plupart des infortunés Bretons ſubirent le joug de l'eſclavage ſous le nom de *Villains*; quelques-uns ſe retirèrent dans les montagnes de *Galloway*, de *Cumberland*, de *Galles* & de *Cornouailles* dans la partie occidentale de l'île; tandis que d'autres traversèrent la mer & cherchèrent un refuge dans une contrée de la terre-ferme, à laquelle ils donnèrent le nom de *Bretagne*. Mais il paraît que ces peuples étaient depuis long-temps dans l'uſage d'infeſter les côtes de France & de la Grande-Bretagne de leurs pirateries; puiſque les Romains avaient nommé *frontière des Saxons*, une aſſez grande étendue des côtes de la France & de la Grande-Bretagne, & qu'ils avaient mis ces pays ſous la protection d'un Comte (*Comes littoris Saxonici*). Les Francs que l'empereur Probus avait conquis & tranſplantés ſur les bords du Pont-Euxin, n'avaient pas oublié qu'ils avaient vécu ſur les côtes de la mer, & qu'ils avaient fait de la piraterie leur première profeſſion. Auſſi dès qu'il s'offrit une occaſion favorable, ils s'emparèrent des vaiſſeaux qu'ils rencontrèrent, & ravagèrent toutes les côtes de l'Aſie mineure & de la Grèce; de là ils ſe jetèrent ſur la Sicile, ſurprirent Syracuſe, célébre par ſon commerce, & la ſaccagèrent après qu'ils eurent pillé toute la côte d'Afrique. D'où ils furent cependant repoussés par quelques troupes envoyées contr'eux de Carthage. Ils passèrent dans l'Océan par le détroit de Gibraltar, & arrivèrent enfin chargés de riches dépouilles, dans leur ancienne patrie, entre le Rhin & le Wéser (*a*). De pareilles expéditions sont bien faites pour couvrir de gloire un peuple si entreprenant, sur-tout si nous nous rappelons la construction des vaisseaux de ce temps-là ; si nous faisons attention qu'ils n'avaient ni cartes, ni boussoles, ni la plupart des objets si nécessaires aujourd'hui à la navigation ; si nous considérons enfin leur peu de connaissances en astronomie. Il semble cependant que ces Francs transportés sur les bords de la mer Noire, devaient avoir quelque idée des pays qu'ils allaient ravager, & de la situation des lieux qui les avaient vu naître. Car il serait contraire au bon sens, d'imaginer que le pur hasard les eût mis dans le chemin qui les conduisit dans leur patrie.

Si cette expédition & d'autres semblables étaient propres à enflammer le courage des Francs, elles l'étaient aussi à augmenter leur penchant à la piraterie. En effet, ils parurent bientôt sur la

---

(*a*) *Zosim. Lib. I, paragr. 66. edit. Oxon. Eumen. in panegyr. Constantii Cæsaris, cap. 18 ; & Vopiscus in Probo.*

Tamiſe, avec une nombreuſe flotte & une armée; & la ville de Londres, déjà riche & puiſſante par ſon commerce, devint leur proie. Mais Conſtance Céſar les battit bientôt après, & délivra l'Angleterre de ces cruels pirates. Outre les Francs & les Saxons qui paraiſſent avoir bien connu la marine & les contrées du nord, nous voyons encore, vers l'an 753 de l'ère chrétienne, les Danois s'avancer, avec leurs vaiſſeaux, auſſi loin que *Thanet* ſur les côtes de *Kent*, & ravager cette contrée. Ceux-ci furent bientôt ſuivis de trois autres vaiſſeaux danois qui venaient de *Heredalande*, dont les équipages prirent terre, l'année 787, dans le royaume de *Weſtſex*, partie de l'île ſous la domination du roi *Brithrik* ou *Beorthric*. Dans l'année 793, les Danois pillèrent le couvent nommé *Lindisfarne*, ſitué dans l'île appelée aujourd'hui *Holy-Iſland*; ces barbares, attirés par le butin qu'ils avaient fait, revinrent l'année ſuivante 794, ſaccager encore un couvent à l'embouchure de la *Tyne*, que le roi *Egfrid* avait fait bâtir. C'était une action fort agréable à ces barbares, de s'emparer des riches tréſors accumulés par ces bons moines, à qui les chrétiens, perſuadés alors qu'ils faiſaient en cela une œuvre très-méritoire, apportaient leurs richeſſes de toutes parts.

La poſition, éloignée de l'Irlande, ne la mit pas à l'abri des invaſions des Danois, car dès l'année 795, ils parurent ſur les côtes de cette île; & après avoir ravagé les îles *Orcades* & *Weſtern*, ils reparurent, l'année 798, dans l'*Ulſter*, province où ils commirent les plus grands excès. Mais, long-temps auparavant, les Normands avaient fait des incurſions dans l'Irlande, comme on l'apprend par la vie de ſaint Findanus, d'une famille noble de cette île, qu'ils avaient emmené en eſclavage. Ces pirates deſcendirent enſuite dans les Orcades avec Findanus, qui s'échappa de leurs mains, & qui, après avoir couru beaucoup de dangers, avoir erré dans la France & la Lombardie, & demeuré quatre ans en Allemagne, embraſſa enfin, dans l'année 700, la vie monaſtique.

Nous pouvons avancer en général, comme un fait certain, que toutes ces différentes nations, qui furent connues, dans la ſuite, ſous les noms de Suédois, de Danois & de Norwégiens, n'étaient pas diſtinguées par ces noms, dans les premiers temps, puiſque la contrée qu'ils habitaient n'était pas diviſée alors. Chaque petit diſtrict, quelquefois même une petite île, avait ſon ſouverain particulier; conſéquemment on ne pouvait pas donner un nom général à toute une contrée priſe collectivement (*a*). Les petits ſouverains de ces con-

(*a*) Les noms de *Sueonia* dans Tacite, & de *Nerigon* dans Pline, ſemblent avoir été les noms généraux de ces contrées. Cependant il eſt douteux qu'ils aient été

trées paraissent n'avoir été que des seigneurs feudataires, ou des seigneurs de châteaux, qui faisaient des expéditions par terre ou par mer, avec leurs vassaux. Leur patrie était très-peu fertile, tant à cause du peu de troupeaux qui s'y trouvaient, qu'à cause du mauvais état de l'agriculture (*a*).

Lorsque ces barbares eurent goûté une fois les fruits de la piraterie qu'ils avaient exercée, il ne fut pas difficile à leurs souverains de les engager dans de nouvelles entreprises de cette nature. Les premiers vaisseaux dont les nations du nord firent usage, étaient des barques, faites de gros troncs d'arbres creusés, ou bien d'osier recouvertes

---

pris dans un sens aussi général, que celui qu'on leur a donné depuis. A la vérité nous trouvons le mot *Dania* dans un écrivain assez ancien, *Guido* de Ravenne, qui écrivait probablement dans le septième siècle.

(*a*) Other dit au roi *Alfred*, qu'il possédait vingt bœufs, vingt brebis & autant de cochons, & qu'il labourait avec des chevaux le peu de terre qu'il possédait. Cependant il passait pour l'homme le plus riche de son pays. Adam de Brême affirme que *Normandland* était très-stérile, sans déterminer si cette stérilité devait être attribuée à la température très-froide du climat, ou aux montagnes dont ce pays est couvert. *Adamus, de situ Daniæ, ad calcem Hist. eccles. cap.* 238, *pag.* 146, *edit. Lugd. Bat.* 1595, *in*-4°.

de cuir (*a*). Les vaisseaux longs furent appelés *Chiule*, *Cyule*, *Ceol*, d'où est dérivé le mot allemand, anglais, & français, *quille de vaisseau*, & l'expression anglaise *keelman*, c'est-à-dire, l'homme qui travaille dans les vaisseaux charbonniers. C'est avec ces deux espèces de vaisseaux, dont les plus grands contenaient à peine 200 hommes, que ces nations du nord exercèrent leurs pirateries. Mais le grand nombre de vaisseaux qu'ils employaient,

(*a*) Ces barques d'ozier recouvertes de cuir sont appelées *coracles* en Angleterre, où elles sont toujours en usage sur les rivières *Dee* & Saverne; en Irlande on les nomme *curachs*: César les trouva en Bretagne & en fit usage. *Cæsar de Bell. civili, parag.* 259, *edit. Elzev.* 1635. *Lucani Pharf. Lib. IV*, *v.* 131. *Plin. Hist. nat. Lib. IV*, *cap.* 16, *Lib. VII*, *cap.* 57. *Solin. Polyhist. cap.* 25. Les Groenlandais & les Esquimaux ainsi que les Kamtschadales ont des barques faites d'os de grands poissons, garnies de petites bandes de bois & recouvertes de peaux d'animaux marins; ce peuple les nomme *Baidars*. Les Grecs faisaient usage de barques d'ozier recouvertes de cuir; ils les portaient avec eux sur leurs grands vaisseaux, & les nommaient καραϐια & en latin *Carabi*. Les Russes ont probablement pris de là leur mot *Korabl'*, pour désigner un vaisseau. Il est certain que les vaisseaux des pirates saxons étaient d'ozier. Ce qui est exprimé dans le poëme sur Avitus.

Quin & armoricus piratam Saxona tractus
Spirabat, cui pelle salum sulcare Britannum
Ludus, & assuto glaucum mare findere lembo.

employaient, compenſait leur petiteſſe ; puiſque Tacite parle de la flotte des *Suiones*. Ces peuples paraiſſent d'abord s'être étendus dans la mer Baltique, la Finlande, l'Eſthonie & la Courlande, où il leur était aiſé de paſſer du Gothland (la Gothie). Les Normands, ou plutôt les Norwégiens, ſuivirent les côtes de leur pays, ſelon ce qu'en dit Other ; ainſi ils doublèrent la pointe la plus éloignée de leur péninſule & de toute l'Europe, c'eſt-à-dire, le Cap-Nord, ils arrivèrent à la mer Blanche, entrèrent dans la *Dwina*, vinrent chez les *Biarmiens*, qui habitaient ſur les bords de cette rivière. Les Danois ſuivirent la côte juſqu'à la Manche, & enfin deſcendirent en Angleterre.

A la fin du huitième ſiècle, les Danois & les Norwégiens, qui pris enſemble, portaient le nom de Normands, ſe jetèrent ſur l'Angleterre, l'Ecoſſe, les Orcades, les îles Schetland, Weſtern, & même l'Irlande, portant avec eux le meurtre & le ravage. Ils finirent par ſe rendre maîtres de l'Irlande, & la gardèrent depuis 807 juſqu'en 815. Les *Orcades*, les îles *Schetland* & *Weſtern*, furent auſſi peuplées par les Normands. Quelques-uns d'entr'eux prirent même la réſolution de fixer leur demeure en Irlande ; leur tentative ne réuſſit cependant pas d'abord ; ils furent obligés de remettre l'exécution de leur deſſein à un autre temps. Le riche butin qu'ils remportèrent, excita plusieurs d'entr'eux à s'avancer, avec leur flotte, le long des côtes de la Bretagne, où ils étaient descendus, comme on l'a observé, en 820, n'ayant point osé, sous le règne de Charlemagne, attaquer les côtes de son royaume. Mais l'indolence des successeurs de ce Prince, & les guerres civiles qui les divisaient, les mirent hors d'état de repousser, des côtes de France, les Normands, qui, plus irrités que découragés par la faible résistance qu'ils rencontraient, répétèrent si fréquemment leurs attaques, qu'ils se préparèrent enfin à la conquête de cette contrée.

Quoiqu'Egbert fût devenu très-puissant en Angleterre, par l'union de l'*Heptarchie Saxone*, les Normands ne furent point intimidés; car en 832, ils firent une descente sur les côtes de Kent, d'où ils revinrent chargés de butin. Mais l'année d'après, étant descendus dans le comté de Dorset, ils furent repoussés vigoureusement, & obligés de faire une prompte retraite.

Vers l'année 835, les Normands vinrent en Irlande, sous la conduite de leur chef *Turges*, & se maintinrent dans la possession de leur conquête, pendant trente ans.

En 840, une flotte de ces Normands s'approcha des côtes de France, pénétra dans l'intérieur de ce royaume, & y fit de grands ravages. Quelques-uns d'entr'eux s'avancèrent en 844 jusqu'à l'Andalousie, même jusqu'à Pise en Italie, & la ville de *Luna*, autrefois florissante, tomba en leur puissance, en l'année 857. Mais nous devons nous contenter ici d'indiquer leurs expéditions au sud, sans en faire notre objet principal.

Ils étendirent de plus en plus leurs voyages dans les pays du nord. En 859, ils se portèrent à l'est sur les côtes d'*Esthonie*, & soumirent les habitans de cette province. En 862, trois frères, Normands d'origine, fondèrent une nouvelle souveraineté à *Nowgorod* & dans les environs. Vers ce même temps, en 861, un de ces pirates, nommé *Naddodd*, fut jeté par une tempête dans une île inconnue, & la nomma *Schnee*, ou *Snow-land*, (pays de neige), à cause des neiges dont les hautes montagnes de cette île étaient couvertes.

Naddodd ne resta pas long-temps dans cette île, elle lui parut cependant fort grande. Un Suédois nommé *Gardar Suafarsson*, établi en Danemarck, entreprit en 864, de la reconnaître, il en fit le tour, & la nomma l'île de *Gardar*. Il y passa l'hiver, & le printemps suivant il vint en Norwège, & rapporta que cette nouvelle contrée était toute couverte de bois; mais qu'à d'autres égards, c'était un fort beau pays. Un autre Suédois nommé *Flocke*, qui s'était acquis une grande réputation par ses voyages & qui avait obtenu la confiance des peuples du nord, fut engagé par ce récit à visiter cette île. Il y arriva heureusement, y passa l'hiver, & vit, au nord de l'île, une grande quantité de glace flottante, ce qui fit qu'il lui donna le nom d'Iceland (Islande), qu'elle a toujours porté depuis. Il semble qu'il ne fut pas fort satisfait de ce pays, puisqu'à son retour en Norwège, il en fit une description très-peu avantageuse : quelques-uns de ses compagnons, au contraire, le représentèrent sous les couleurs les plus riantes. Ces rapports contradictoires semblaient avoir éteint le desir de le visiter. Enfin, dans l'année 874, *Ingolf* & son ami *Lief*, entreprirent de faire une nouvelle tentative pour s'y établir. Ces deux amis y abordèrent ensemble; non-seulement son sol ne leur parut pas ingrat, mais les avantages qu'ils y trouvèrent, les engagèrent à s'y fixer, ce qu'ils firent quatre ans après. Ingolf prit des hommes, des bœufs, & tous les instrumens nécessaires pour l'agriculture. Lief, qui avait été faire une incursion en Angleterre, rapporta son butin en Islande. Ceux qui découvrirent cette île, y trouvèrent quelques livres irlandais, des crosses d'évêques, &c. ce qui leur fit croire que quelques peuples d'Irlande y avaient autrefois habité. Mais il me paraît plus probable que quelques pirates Normands auront fait une descente en Irlande, d'où ils auront remporté un grand butin; & que surpris par une tempête, ils auront été pouſſés en Iſlande, comme Naddodd, & qu'ils y auront laiſſé ces différens objets.

Les rapports contradictoires qui ont été faits ſur l'Iſlande, ont certainement été également exagérés. On peut obſerver cependant, que malgré l'idée avantageuſe que donnèrent de cette terre ceux qui l'habitèrent les premiers, l'état des affaires du nord dans cette conjoncture, contribua beaucoup à les engager à former leur établiſſement dans cette contrée froide (*a*).

Vers le même temps, *Harold Schoenhaar*, un des petits ſouverains de Norwège, commença à ſoumettre les autres chefs de cette contrée, & fonda en 875 la monarchie de Norwège. *Gorm l'ancien* attaqua auſſi-tôt les princes ſes voiſins, & réunit en un ſeul Royaume tous les petits

(*a*) Lorſqu'on découvrit l'Iſlande, on y trouva des forêts d'une étendue conſidérable, & l'on voit encore dans différentes parties de cette île, des racines & des troncs de ſapins, qui confirment cette aſſertion. Quoiqu'on ne voye aujourd'hui d'autres arbres dans cette île, que quelques bouleaux rabougris & quelques taillis, il eſt prouvé par des obſervations authentiques, que le blé a été cultivé en Iſlande. Cependant il n'y croît plus. Ce qui peut provenir de ce que le détroit entre la partie orientale du Groenland & l'Iſlande, ayant été, comme on le prétend, rempli de glace, aura cauſé un grand changement dans la température de cette île.

états du Jutland & du Danemarck, comme *Ingiald Illrode* l'avait fait long-temps auparavant dans la Suède.

Il était impossible que des changemens si contraires aux anciennes formes du gouvernement, s'effectuassent sans faire un grand nombre de mécontens. Ceux-ci trouvèrent un sûr refuge dans l'Islande : enfin il passa tant de monde, même des princes du sang royal, dans ce nouvel asyle, que le roi Harold crut qu'il convenait de mettre des bornes à cette émigration. Il rendit un édit qui défendait à tout homme de ses états de passer en Islande, sans lui avoir payé auparavant un demi-marc d'argent en especes. Les grandes richesses accumulées dans ces régions par ces hardis pirates Normands, depuis l'année 516, qu'ils avaient paru pour la première fois sur les côtes de France, avaient nécessairement augmenté la puissance de leurs petits souverains, & avaient en même-temps produit un grand changement dans les mœurs, les sentimens & la politique des nations du nord. Les changemens qui arrivèrent presqu'en même-temps dans la politique des royaumes du nord, me paraissent devoir être attribués à la même cause. Dans le cours de leurs expéditions, ces peuples communiquèrent aves les différens états chrétiens du midi. Les plus zélés d'entre les moines passèrent chez ces nations, en qualité d'évêques, pour y prêcher l'évangile. On compila un code de loix, on le publia, & les mœurs ſauvages de ces peuples s'adoucirent. Le commerce, les arts, tranſplantés dans ces régions barbares, y prirent racine, l'agriculture s'y établit, enfin ces contrées ſe civilisèrent.

Pendant ce temps, les Danois envahirent de nouveau l'Angleterre, & leurs ſuccès furent ſi rapides, que le roi *Alfred* fut forcé, au commencement de ſon règne, d'abandonner ſon royaume aux ravages de ces pirates. Ils partagèrent l'Irlande en trois ſouverainetés; celle de Dublin tomba en partage à *Olaf*, celle de *Waterford* échut à *Sitrik*, & celle de Limmerick à *Ywar*. Dans l'année 868, on découvrit les îles déſertes de *Feroe*, & on les peupla; les *Orcades* & les îles *Schetland* furent auſſi peuplées par les Normands. Les *Hebrides* ou îles *Weſtern* eurent le même avantage. Ces îles étaient nommées par les Normands, qui y arrivaient du nord, îles du Sud (*a*).

(*a*) Il n'y avait que les Ecoſſais qui les nommaſſent îles *Weſtern*, à cauſe de leur ſituation à l'oueſt de ces peuples. Mais les Danois qui arrivaient du côté du nord, à ces îles, les appelaient *Soderoë*. Delà l'origine du titre d'évêque de Sodor & de Man que porte l'évêque de ces îles. *Soderoë* vient de *Soder*, en ſuedois ſud, & de *Oar* île.

Mais *Alfred* ſorti enfin de ſa retraite, raſſemble ſes ſujets, ſe montre tout-à-coup aux Danois ſurpris, tombe ſur eux avec la rapidité de la foudre, & en fait un grand carnage. Ce prince eut la bonne politique de ne pas exterminer le reſte des ennemis qu'il venait de vaincre; mais il leur donna la vie, & leur permit de ſe retirer dans le Northumberland, province que leurs compatriotes avaient ravagée. Cette conduite, pleine d'humanité, lui gagna le cœur de la plupart des Danois. Il ſe trouvait à ſa cour un Normand nommé *Other*, qui s'était rendu célébre par ſes voyages. Un autre voyageur du *Jutland*, nommé *Wulfſtan*, donna auſſi au roi la relation de ſes voyages en Ruſſie. Ce ſavant prince raſſembla avec ſoin tous ces voyages. Il fit faire une traduction en anglo-ſaxon, ſa langue naturelle, de l'*Ormeſta* d'*Oroſe*, dans laquelle il fit entrer les relations d'Other & de Wulfſtan, ainſi que le réſultat de quelques obſervations faites ailleurs ſur les trois parties du monde connu alors. Il eſt très-évident, en les comparant entr'elles, que la deſcription de l'Europe par *Alfred* n'eſt pas la même que celle d'*Oroſe*; mais que le prince Anglais nous a mis devant les yeux l'état où ſe trouvait l'Europe dans le temps où il a vécu. Nous avons ſi peu d'ouvrages ſur la géographie du moyen âge, qu'il ne peut être que très-utile de préſenter l'Europe comme on la connaiſſait alors. Je placerai donc ici cette géographie du Nord de l'Europe.

Géographie du Nord de l'Europe, *ſelon le roi Alfred, traduite littéralement de l'anglo-ſaxon.*

Je vais décrire les bornes de l'Europe, ſelon les connaiſſances que nous en avons. Elle s'étend des rives du Tanaïs jusqu'au Rhin à l'oueſt, rivière qui prend ſa ſource dans les Alpes, d'où elle coule au nord, & ſe jette dans un bras de l'Océan (*a*), qui environne la Grande-Bretagne. Au ſud, elle eſt bornée par le Danube (*b*), qui prend ſa ſource près du Rhin, coule à l'eſt dans le nord de la Grèce, & ſe jette dans le *Wendel Sea* (ou la Méditerranée) (*c*). Au

---

(*a*) Alfred appelle la grande mer ou Océan *Garſecg*, mot dont je ne puis trouver l'origine, ni dans la langue allemande, ni dans ſes dialectes. Il nomme conſtamment une petite mer, *Sae* ou *Sea*.

(*b*) Le Danube eſt toujours nommé dans l'original anglo-ſaxon, *Donua*.

(*c*) *Wendel Sea*, mer de Vandales, comme à l'entrée de la Méditerranée, & à l'endroit où elle eſt jointe à l'océan Atlantique, eſt l'Andalouſie qui tire ſon nom des Vandales qui l'habitaient, & que les Vandales allèrent vivre en Afrique ſur les bords de la Méditerranée ; il n'eſt pas étonnant qu'Alfred, prince deſcendu d'ancêtres Germains, ait nommé cette mer *Wendel Sea*, nom d'origine allemande.

nord, elle eſt bornée par l'Océan, qu'on nomme *Cwen Sea* (ou mer Blanche) (*a*). Toute cette étendue eſt nommée *Germanie* (*b*), & renferme pluſieurs nations.

(*a*) Il eſt bien connu que les anciens habitans du Nord diſtinguaient les *Cwenas* des *Laplanders* (Lapons). Ils déſignaient par le premier nom les Finlandais, de ſorte que, ſelon eux, le *Cwenland* était la *Finlande*. Delà on voit qu'Adam de Brême ſe trompe ſur la ſignification du mot *Cwenland*, lorſqu'il prend cette terre pour celle des *Amazones*, ou *terre des femmes*. *Cwen* dans les langues du nord, ſignifie une *femme*; dans celle de l'Iſlande, c'eſt *Kwinna*. Ulphilas appelle une femme *Quens*, *Quino*; dans le dialecte anglo-ſaxon, c'eſt *Kwen*; dans le germanique *Quena*, dont les Anglais ont pris leur mot *Queen*, Reine. Mais comme avant ce temps les Finlandais habitaient tout ce pays juſqu'à *Halſingeland*, *Cwenland* s'étendait conſéquemment juſqu'à cette terre. Dans la ſuite des temps les *Sweons* & les *Goths* s'avançant continuellement vers le nord, les Finlandais enfin ne gardèrent que ce qui a toujours été appelé depuis Finlande, de ſorte que le Cwenland diminua beaucoup en étendue. Adam de Brême a confondu dans tout ſon traité le nom propre de *Kwehn*, c'eſt-à-dire la contrée des *Kwehn*, avec *Kwen* ou *Quihn*. Il faut encore obſerver que la mer de *Kwehn* était ſituée dans le *Garſecg*, ou le grand Océan, & non dans une mer comme la mer Baltique, & conſéquemment que la mer de *Kwehn* eſt la mer Blanche, & non une partie de la Baltique.

(*b*) Par conſéquent tout le pays renfermé entre le Rhin, le Danube, le Don, la Dwina, la mer Blanche &

Delà au nord des ſources du Danube, & à l'eſt de celles du Rhin, ſont les *Eaſt Francan* (Francs Orientaux (*a*); au ſud, ſont les *Swaefas* (les Suèves, la Souabe) (*b*); de l'autre côté du Danube, au ſud & à l'eſt, ſont les *Baegthware* (les Bavarois) (*c*); dans cette partie, qui eſt

---

l'Océan, conſtituait alors la *Germanie. Les Waraegrians* du nord s'étaient rendus maîtres de toute la Ruſſie, c'eſt pourquoi toute la contrée juſqu'au Don ou Tanaïs était allemande; en effet, toutes les villes dans cette étendue étaient compriſes dans l'Allemagne, ſuivant Alfred.

(*a*) Les Francs Orientaux habitaient la partie de la Germanie qui s'étendait du Rhin à la Saale; au nord juſqu'au Ruhre & Caſſel; & au ſud preſque juſqu'au Necker; ou ſelon *Eginhard*, depuis la Saxe juſqu'au Danube. On les nommait Francs Orientaux pour les diſtinguer des Francs qui habitaient l'ancienne Gaule.

(*b*) Les *Suæfas* d'Alfred faiſaient partie de la confédération allemande, qui donna dans la ſuite à toute la nation & à toute la province le nom de *Souabe*. Une partie de la Souabe moderne eſt compriſe dans cette région, qui portait, dès le temps d'Alfred & de Jordan, le même nom qu'elle conſerve aujourd'hui.

(*c*) *Baegthware.* Il n'eſt point douteux que ce mot ne veuille dire Bavarois; mais d'où vient-il? C'eſt là la queſtion. Il a été déjà obſervé que tous les noms des peuples qui ſe terminent en ware ou warians, comme par exemple, *Ampſivarians*, *Angrivarians*, *Boruĉtarians*, *Chattuarians*, *&c.* indiquent les reſtes de quelque tribu ou

nommée *Regnesburgh* (Ratisbonne) (*a*), à l'est de ceux-ci, sont les *Beme* (les Bohémiens) (*b*), & au nord-est les *Thyringas* (les Thuringiens) (*c*); au nord de ceux-ci, sont les *Old - Seaxan* (les anciens Saxons, le Holstein) (*d*) ; au

de quelque peuple. Ainsi ceux d'entre les Boïens (*Boii*) qui échappèrent au massacre qu'en firent les Suèves, & qui s'établirent dans la Norique, furent appellés *Bojuvarians*. Les anciens les nommaient *Boioarii* ou *Bajoarii*; Vid. *Thunmans Nordische Volker*. pag. 40, 41.

(*a*) *Regnesburg* était, comme on peut le conjecturer d'après l'expression d'Alfred, le nom d'une province ainsi que d'une ville. C'est peut-être le district de *Regensburg* ou *Ratisbonne*.

(*b*) Les *Beme* sont, à ne pas en douter, les Bohêmiens d'aujourd'hui, dont Alfred a fait mention ci-dessus, sous le nom de *Behemas*. Cette dénomination leur venait du mot *Boierheim*, ou de la principale place des *Boii*, qui furent exterminés par les Suèves.

(*c*) Nous ne pouvons pas nous tromper sur les *Thyringas*. La situation de leur contrée est encore actuellement la même qu'elle était dans ces temps. La Thuringe ancienne était cependant plus étendue que ne l'est celle d'aujourd'hui, puisque le roi de cette contrée était assez puissant pour faire la guerre au roi des Francs.

(*d*) Par les mots *old Seaxan* & *old Seaxum*, il faut entendre le pays qui s'étend sur le bord oriental de l'Elbe. Ce pays a toujours conservé son ancien nom *Old Sassen*, ou *Holsatia* en latin, nom qui a dégénéré par degrés en celui de Holstein. Cette contrée, patrie des ancêtres d'*Alfred*, l'intéressait particulièrement.

nord-oueſt, vivent les *Fryſan* (*a*); *Aelfa* (l'Elbe) (*b*), à ſon embouchure, à l'oueſt de *Old Seaxum*; le *Fryſan* ou Frieſland eſt ſitué auſſi vers l'embouchure de cette rivière. De là, allant au nord oueſt, ſe trouve le pays nommé *Angle* (*c*),

---

(*a*) Il eſt hors de doute que les Finlandais vivaient au nord-oueſt de la Thuringe, entre l'Elbe & le Rhin, le long de la mer; & que conſéquemment ils habitaient à l'oueſt du Holſtein, comme Alfred l'indique dans la ſuite.

(*b*) La prononciation du mot *Elbe* (Aelfe) eſt toujours reſtée dans le langage ſuédois, & les noms des villes *Gothaelf*, *Dalelfen*, ſont encore en uſage. Le mot *Elf*, pris dans le ſens le plus étendu, ſignifie rivière.

(*c*) Le mot *Hence* ſe rapporte à *Old Seaxum*. *Angle* eſt, je penſe, au nord-oueſt du Holſtein, & non au nord-eſt comme l'aſſure celui qui a donné l'extrait de mes remarques ſur Alfred, dans la ſixième partie du deuxième volume de la *Bibliothèque Philologique de Gottingue*. Car les Angles accompagnèrent certainement les Saxons dans leur expédition en Angleterre, & il eſt très-probable qu'ils étaient une branche de cette nation, & qu'ils habitaient dans le Holſtein de l'autre côté de *l'Oder*. *Sillende* (ou l'île de Zélande), partie du Danemarck, avait la même ſituation. Je fais cette remarqne ſeulement pour qu'on n'imagine pas, d'après la poſition du dernier endroit qu'ont habité les *Engers*, entre Eſt-Phalie & la Weſt-Phalie, que les Engers, *Engles* ou *Angles*, ont auſſi demeuré ſur les bords occidentaux de l'Elbe. Alfred dans ſa deſcription du Holſtein, va de ſuite, de manière

Sillende (la Zélande) , & une partie du *Dena* (Danemarck) (*a*). Au nord , ſont les *Apdrede* (ou Obotrites) (*b*) ; au nord - eſt , les *Wolds*, qui ſont auſſi appelés *Aelfeldan* (Havelland) (*c*) ; de là, vers l'eſt , le *Wineda-*

---

qu'au nord ſont les Angles , enſuite le Danemarck auquel appartient l'île de Zélande. On ne peut nier cependant que quelques-uns des Angles n'aient auſſi habité les îles danoiſes , comme le roi Alfred nous le dit ſouvent dans la relation d'Other.

(*a*) *Sillende* & *Dena* ſont certainement la Zélande & le Danemarck.

(*b*) Perſonne ne peut douter que les *Apdrede* ne ſoient les mêmes peuples que les *Obotrites* , quoique les écrivains des chroniques du moyen âge aient été juſqu'à dire que ces peuples étaient les *Abdérites*. Un peu plus loin ils ſont nommés *Afdrede*. Ils ne ſont pas cependant au nord du Holſtein , mais plutôt à l'eſt. Peut-être eſt-ce une faute de copiſte qui aura inſéré le mot nord, à la place d'eſt ; & il faudrait lire : au nord-eſt ſont les Apdrede, & au nord les Wolds.

(*c*) Au nord-eſt des Obotrites ſe trouvaient les *Wilzi*, les *Rami*, &c. Alfred ne voulait pas déſigner ces peuples, mais ſeulement les *Wends* , qui vivaient ſur les bords du *Havel*, & qui étaient nommés *Hevelli* , ou *Hæveldi* & quelquefois *Heveldans*. Cette heureuſe obſervation eſt du journaliſte, ſans doute meilleure que la mienne ; ſeulement à la place de nord - eſt, nous pourrions lire ſud-eſt ; car c'eſt la ſituation du Havelland relativement au Holſtein.

land, qu'on appelle *Syſile* (le Mecklenbourg & la Poméranie) (*a*). Au ſud-eſt, à quelque

(*a*) *Winedaland*, dit Alfred, eſt à l'eſt du Holſtein, & c'eſt préciſement la ſituation du Mecklenbourg, où vivaient les *Wendian* (Sclavons). Ils étaient appelés *Wends* ou Vandales, de la ſituation de leur pays près de la mer : car *Woda* ou *Wanda* ſignifie eau ou mer ; on les nommait encore *Poméraniens*, c'eſt-à-dire, peuple qui vivait ſur le bord de la mer ; de *Po moriu*. Wulfſtan dit expreſſément que Weonodland était toujours à ſa droite dans ſon voyage de *Haethum* à *Ilſing*, & que la Viſtule coule du Weonodland dans l'*Eſtmere* ou le *Haf*.

Conſéquemment *Weonodland* ou *Winodland* doit avoir été le Mecklenbourg & la Poméranie. Le critique de mes remarques me blâme d'avoir pris les *Wends* pour les *Lettoviens*, c'eſt une erreur que je n'ai jamais commiſe, ma carte le prouve clairement. J'ai ſeulement dit, que ce peuple parlait la langue des Lettoviens ou Pruſſiens, & qu'il différait en cela des autres Sclavons, mais était uni à quelques-unes de leurs branches ; qu'il en était de même des Lettoviens & des Pruſſiens, dont les langues abondent encore en mots ſclavons. Le même critique m'accuſe d'avoir abandonné ma première opinion, & d'avoir regardé ce *Wendenland* ſur la Viſtule, comme *Funen* île danoiſe. Cependant je n'ai jamais changé de ſentiment ſur cet objet, & je ne prends point l'île de *Funen* pour ce *Wendenland*, mais je ſuis fidèlement *Wulfſtan*, qui avait, lorſqu'il ſortit du port de *Hœthum*, la contrée de *Weonothland* (& non *Weonodland*) à ſa droite, & *Langeland*, *Laeland*, *Falſter* & *Schonen* à ſa gauche. Alors il vient à *Burgendaland*, *Blecinga*, *Meore*,

distance, se trouvent *Moroaro* (la Moravie) (*a*); à l'ouest, les *Thyringas* (la Thuringe), les *Be-*

Eowland & *Gothland;* après quoi il parle de *Weonodland* qu'il nomme quelquefois *Winodland*, & qui était toujours à sa droite. Rien ne me paraît plus clair que la différence qui se trouve entre *Winodland* & *Weonothland;* celui-ci est situé près *Langeland*, l'autre à l'ouest de la Vistule le long de la mer. A l'égard de *Sysyle*, il faut avouer qu'Alfred paraît avoir fait une erreur. Il y a une petite ville *Suisli* ou *Susle*, située sur la Baltique dans le *Wagerland*, entre Travemunde & Entyn, on la nomme encore *Syssel*, elle est à l'ouest à l'entrée du pays habité par les *Wends*. Mais il y a un autre district, celui de *Siusilli*, duquel Dithmar de Merseburg fait mention; il est situé non loin de *Mulda*, au-dessous de *Eulenburg* dans la Saxe, & aujourd'hui, il y a dans ce district une paroisse appelée *Seselitz*, *Seulelitz* ou *Seusedlitz*. Comme cette terre était aussi habitée par les *Wends*, Alfred peut avoir pris l'une de ces villes pour l'autre. Car immédiatement après avoir parlé des *Wends* & de Sysyle, il passe aux *Moraviens*, ce qui en effet ne va pas de suite, mais ce Sysyle unissait les Wends sur la Baltique, (lesquels avaient aussi un Sysyle dans leur pays) avec les Moraviens, ou plutôt avec leurs voisins les *Delamensam* dont on parlera plus bas.

(*a*) Par les *Moroaro*, on doit entendre les peuples de Moravie, ainsi nommés de la rivière *Morava*. La situation que je leur donne est également juste. Ils sont situés au sud-est du Holstein, & à quelque distance de ce pays; *Ofer summe dæl*. La traduction de ce passage par *hemas*

hemas (la Bohême), & une partie de *Baegthware* du Regnesburgh. Au sud, & de l'autre côté du Danube, est le pays appellé *Carendra* (la Carinthie) (*a*).

Au sud, & le long des montagnes, appelées *Alpis* (les Alpes), sont les limites de la *Baegthware* (la Bavière) & de la *Swaeva* (la Souabe) (*b*). A l'est de *Carendra* (Carinthie); & au-delà du désert (*c*), est *Pulgaraland* (la Bul-

---

M. Barrington est très-fautive. Lorsque j'écrivis mes remarques sur l'Orose d'Alfred, je n'avais pas l'original anglo-saxon sous les yeux; j'employai seulement la traduction de M. Barrington que je supposais fort exacte, & je fus induit quelquefois en erreur.

Dire que la Moravie formait un puissant royaume sous *Swatopluk*, & conséquemment d'une beaucoup plus grande étendue alors qu'elle ne l'est aujourd'hui, qu'elle était bornée par la Thuringe & la Bohême à l'ouest, ainsi que par une partie de la Bavière, c'est une assertion qui ne répugne point à la vérité.

(*a*) Carendra doit être certainement la Carinthie, ou la contrée des *Carentani* ou *Carenders*, & cette Carinthie renferme l'Autriche & la Styrie. Les Carentini avaient leurs princes particuliers, de quelques-uns desquels nous connaissons les noms, par exemple celui de *Boruth* qui se mit sous la protection des Francs en 732, & de *Wonomir*, qui aidé du duc Henri de Forli, fit prisonnier le roi des Avares en 796.

(*b*) Les *Boundaries* (ou *Gemaerc*), les limites de la Bavière & de la Souabe au sud, étaient les *Alpes*.

(*c*) Il est un peu singulier que le critique qui a si

garie (*a*). A l'eſt eſt ſitué *Grecaland* (la Grèce) (*b*); à l'eſt de Maroaro, eſt *Wiſleland* (la Po-

---

ſouvent pris la peine de me cenſurer, ait mis de ſa propre autorité, par forme de note, (*orig. Weſtwards*), il ne peut pas avoir lu ce paſſage avec attention dans l'original : il y a mot pour mot : *and thonne be eaſtan Carendranlande begeondan thæm weſtenne is Pulgaraland.* Alfred dit expreſſément à l'eſt ; & le mot *Weſtenne* de l'original ne ſignifie pas l'oueſt, mais *Waſte* un déſert; car c'était préciſément dans ces lieux qu'étaient les Avares, dont Charlemagne avait fait une telle deſtruction que leur pays était un vrai déſert. Cette circonſtance fait voir que le récit d'Alfred eſt parfaitement d'accord avec ce qui ſe paſſait de ſon temps, car dès l'année 893, les Madſchiari ou Hongrois vinrent prendre poſſeſſion de cette contrée. La géographie de cette partie de l'Europe eſt très-exacte, & nullement pleine de lacunes & de contradictions comme le critique voudrait le faire croire.

(*a*) Par *Pulgaraland* il faut entendre le grand royaume de Bulgarie d'alors; il s'étendait des deux côtés du Danube, & comprenait la Bulgarie & la Valachie modernes, avec une partie de la Moldavie & de la Beſſarabie. Les Bulgares étaient probablement Turcs d'origine, & demeuraient de l'autre côté du Wolga, dans le royaume de Caſan où était leur capitale, *Bolgar*; mais dans la ſuite ils s'approchèrent avec les Huns ſous la conduite d'Attila, du domaine des empereurs grecs en Europe, où ils fondèrent un nouveau royaume au nord du mont Hœmus.

(*b*) *Grecaland* ou *Griekenland* comme les peuples du Nord l'appelaient, était le domaine des empereurs grecs de Byſance.

logne) (*a*); à l'eſt de celle-ci, eſt la Dace (*Datia*) (*b*), quoique cette partie appartînt premièrement aux *Gottan* (les Goths) (*c*). Au nord-eſt de la Moravie (*Moroaro*), ſont les *Delamenſan* (*d*); à l'eſt de ceux-ci, les *Horithi* (*e*); au nord

(*a*) *Wiſleland* eſt la contrée qui s'étend ſur la Viſtule (en allemand moderne Weiſſel), conſéquemment la plus grande partie de la grande & de la petite Pologne.

(*b*) *Datia*, n'eſt probablement pas la Moldavie & la Tranſilvanie, comme on l'a ſuppoſé; car ces contrées ſont un peu plus au ſud; mais il ſe peut que les plans qui repréſentent des régions ſi éloignées, different en quelques points ſur la véritable ſituation de ces pays.

(*c*) Les *Gottan* ſont les Goths qui habitèrent quelque temps la Dace. Comme ces peuples étaient célébres dans l'hiſtoire, Alfred a voulu au moins déſigner une de leurs villes.

(*d*) Les *Delamenſan* ou *Delomenſan*. Ce peuple eſt fréquemment nommé *Daleminzen* par les écrivains du moyen âge, pour montrer leur érudition; ils écrivaient quelquefois *Dalmatians*. Les peuples dont il eſt queſtion ici, demeuraient aux environs de *Lommatſch*, ou comme les Sclavons diſent *Hlommatſch*, *Glommatſch*. C'était par conſéquent aux environs de Meiſſein, ſur les deux rives de l'Elbe, que les Daleminzens demeuraient.

(*e*) Les *Horithi* ou *Horiti* étaient un peuple ſclavon que nous ne connaiſſons pas. Cependant je conjecture que la partie de la Germanie dans laquelle ils habitaient, était dans les environs de Gorlitz ou de Quarlitz, non loin de Glogau; car au nord des Dalaminzens étaient les *Sorbs* de la Baſſe-Luſace.

des *Delamenſan*, ſont les *Surpe* (Baſſe-Luſace) (*a*); à l'oueſt, ſont les *Syſſele ;* au nord des Horithi eſt le *Maegthaland* (*b*); au nord de ce pays,

---

(*a*) Les *Surpes* ou *Surfes* ſont faciles à diſtinguer; ce ſont les *Sorbiens* Sclavons, ou *Sorbi*, *Sirbi*, *Serbi* & *Serbii* des anciens chronologiſtes. Les Wends modernes de la Luſace s'appellent eux-mêmes Sſerbs ou Sſorbs. Puiſque les Daleminziens habitaient les deux bords de l'Elbe au nord-eſt de la Moravie, & qu'ils étaient bornés à l'eſt par les Horithi dans la Haute-Luſace; les *Sorbs* doivent avoir été le même peuple que les Wends de la Baſſe-Luſace; & les Syſelians de *Seuſelig* ſont, d'après le récit d'Alfred, ſeulement à l'oueſt des Sorbs de la Baſſe-Luſace.

(*b*) Il n'eſt pas poſſible que le *Maegthaland* ſoit le *terra fæminarum*, la terre des femmes, d'Adam de Brême, comme le critique l'aſſure dans la *Bibliothèque Philologique de Gottingue*. Car, 1°. c'eſt une erreur de ſuppoſer que le mot Maegthaland puiſſe être rendu par celui de terre des femmes, ou *Kwenland*, car cela ſignifierait dans le dialecte anglo-ſaxon *Wifmannaland*. 2°. Même en ſuppoſant que ce mot ſignifie *Maidenland*, cette ſuppoſition ſera encore fauſſe, car il faudrait écrire *Mædenland* & non *Maegthaland*. 3°. Nous devons chercher ce Maegthaland directement au nord de la Haute-Luſace & de la Baſſe-Siléſie, & conſéquemment dans la Grande-Pologne, & non près de l'Eſtland d'Adam de Brême. A la vérité, il ſe peut que ce mot ſoit mal écrit, & qu'on dût lire *Wartaland*, puiſqu'il eſt ſitué ſur les bords de la *Warte*. Mais ceci n'eſt qu'une conjecture.

ſont les *Sermendi* (la Sarmatie), près les monts *Riffin* (Riphées) (*a*).

Au ſud-oueſt de Dena (le Danemarck), eſt un bras de l'Océan, qui environne la Grande-Bretagne; au nord, eſt ce bras de mer qu'on nomme *Oſt-Sea* (mer d'Oueſt) : à l'eſt & au nord, ſont les *North Dene* (les Danois ſeptentrionaux); ſur le continent ou ſur l'île, à l'eſt, ſont les *Afdrede* ou les Obotrites; au ſud, eſt l'embouchure de l'Elbe, & quelque partie de l'*Old-Saxony* (l'ancienne Saxe) (*b*). Les *North Dene* (les Danois ſeptentrionaux) ont, au nord, le même bras de mer qu'on appelle *Oſt-Sea.* A l'eſt, habite la nation des *Oſti*, & les *Afdrede* ou les Obotrites au ſud. Les *Oſti* ont à leur nord, le même bras de mer, ainſi que les *Winedas* & les *Burgendas* (*c*);

(*a*) *Sermende.* C'eſt le nom mutilé de la Sarmatie ; c'eſt l'ignorance qui l'a déguiſé, ainſi que les monts *Riffins*, qui ſont les monts Riphées des anciens géographes.

(*b*) Pour bien entendre ce paſſage, il faut connaître la poſition où était Alfred lorſqu'il fait cette obſervation. Il devait être ſur l'*Eider.* Au ſud-eſt il avait la Manche, à l'eſt & au nord les Danois ſeptentrionaux; à l'eſt ſont les Obotrites, & au ſud le Holſtein & l'embouchure de l'Elbe.

(*c*) *Burgendas* eſt ſans doute l'île de *Bornholm*, car le nom de *Borgendaholm* (ou d'île Borgenda) a été

plus au ſud ſe trouvent encore les *Hæſeldan* (*a*). Quant aux *Burgendan*, ils ont le même bras de mer à l'oueſt, & les *Sueons* au nord; à l'eſt

---

ſucceſſivement altéré & changé en celui de *Borgendholm*, de *Bergen*, & enfin de *Bornholm*. Pline place les *Burgundiones* chez les *Vindili* dans le nord de la Germanie. *Lib. IV*, *cap.* 14. Mamertinus dit dans ſon *Genathliaco*, *cap.* 17, que ces deux nations furent preſque entièrement exterminées par les Goths. Ammianus Marcellinus, *Lib. XXVIII*, *cap.* 5, nous apprend que ces peuples ont ſouvent eu des diſptues avec les Allemands, au ſujet des fontaines ſalantes de Halles ſur la Saale. Après leur défaite, il paraît qu'ils ſe réfugièrent dans l'île à laquelle ils donnèrent leur nom. Ils étaient gouvernés par un roi particulier. Wulfſtan donne très-clairement la même poſition à cette contrée.

(*a*) Nous devons encore ici rappeler aux lecteurs qu'il eſt néceſſaire de connaître le point de vue où était placé Alfred, pour bien entendre ſa deſcription. Il faut le ſuppoſer dans l'île de Zélande. Il aura donc au nord ce bras de mer qu'il nomme *Oſt-Sea* (mer d'oueſt); à l'eſt les *Oſti*, qui habitaient par conſéquent la Pruſſe, comme on le prouve encore mieux plus bas. Il ne fait pas mention de Sconen, parce que cette île appartient au Danemarck, & qu'elle y eſt naturellement compriſe. C'eſt pourquoi il n'y a point de terre plus près à l'eſt, que l'Eſthonie. Au ſud de la Zélande, eſt le pays des Obotrites. Enſuite ce prince dit, en parenthèſe, que le même bras de mer eſt pareillement au nord des *Oſti*; il continue en parlant des *Wends* & des habitans de

ſont les *Sermende*, au ſud les Surfes (*a*). Les *Sueons* ont, au ſud, le bras de mer appelé Oſti, & au nord, au-delà des déſerts, eſt le *Cwenland*; au nord-oueſt, ſont les *Schreit-Finnas* (*b*),

---

Bornholm, comme étant ſitués au ſud des Danois, au moins de ceux qui réſidaient dans l'île de Sconen. A une aſſez grande diſtance, & plus loin au ſud eſt placé *Haeveldan*.

(*a*) A préſent Alfred ſe place dans un nouveau point de vue. Bornholm a la mer à l'oueſt, au nord les Sueones; à l'eſt derrière l'Eſthonie, ſont les Sarmates, & derrière les Wends & les Havellanders, ſont les Sorbians Sclavons.

(*b*) *Scridefinnas*. Le géographe de Ravenne parle Liv. 4, chap. 12 & 46, de la patrie des *Rerefennorum* & des *Sirdifennorum*. Il nomme encore ces derniers, *Serdefenni*. *Proçope* dans ſon hiſtoire des *Goths*, Liv. II, pag. 261, les nomme *Scritifinni*, & les place auſſi loin que l'île de *Thule*. *Jordanus*, *de rebus Geticis*, *cap.* 3, parle des *Crefennæ* diviſés en trois différentes nations; & *Paulus Diaconus* dans ſon hiſtoire des *Lombards*, Liv. I, chap. 5, les nomme *Scritowini* & *Scritobini*, Adam de Brême *Scrite finni*. Ainſi l'orthographe qu'a ſuivie Alfred eſt juſte. Selon Adam de Brême, ces peuples vivaient *in confinio Suenonum vel Nordmannorum contra Boream*. Ainſi ils étaient voiſins de la Suède & de la Norwège. Ces peuples étaient extrêmement agiles. *Paul Warnefried* aſſure qu'ils tiraient leur nom d'un mot qui ſignifie dans leur langue barbare, *Sauter*; parce que par le moyen d'une pièce de bois courbée, ils ſautaient avec une ſi

& à l'oueſt on trouve les *Northmen* (*a*).

Other (*b*) dit à Alfred, qu'il était né dans un pays au nord de tous ceux qu'habitaient les

---

grande légèreté qu'ils ſurpaſſaient à la courſe les animaux ſauvages de leur pays. On ne peut s'empêcher de reconnaître les grands ſouliers pour la neige (raquettes), maintenant en uſage chez preſque toutes les nations du nord de l'Europe. C'eſt d'après cet uſage que ces peuples ont été nommés *Schreit-Finlanders* : tous les auteurs s'accordent à dire qu'ils vivaient de chaſſe.

(*a*) Il faut prendre encore un autre point de vue pour déterminer la ſituation des Suenones (Suédois). Ils ont au ſud la mer d'oueſt (Oſt-Sea) ou la Baltique ; à l'eſt les Sarmates de la Livonie, & le pays nommé depuis Eſthonie. Au nord, au-delà du déſert eſt le *Cwenland*, la Finlande moderne, & au nord-oueſt ſont ces Finlandais qui vivent de chaſſe, ou les *Schreit-Finlanders* ; & enfin au nord ſont les *Northmen* (les Normands).

(*b*) *Other* était un homme de marque de Norwège, ou du *Nummadalen*, ou comme d'autres l'aſſurent, de *Nordland*, qui comprend l'oxtrémité de la Norwège vers le nord ; il entreprit un voyage de découverte vers les Permiens, & fit un autre voyage en Suède ; Alfred donne la deſcription de ces deux voyages d'après le récit d'*Other*. Cette relation eſt très-exacte & très-authentique, & entièrement dans le ſtyle de ce temps où les Normands allaient chercher fortune ailleurs. Ces deux voyages & celui de Wulfſtan, ſont les ouvrages qui nous donnent le plus de connaiſſance ſur le nord de l'Europe dans le moyen âge, & qui jettent le plus de jour ſur la géographie.

Normands, & qu'il avait demeuré dans ce pays, au nord, vis-à-vis la mer de l'Oueſt. Il ajoute cependant que la terre des Normands était le vrai nord de cette mer, & que ce n'eſt qu'un déſert, excepté dans quelques lieux où les *Finnas* (*a*) reſtaient la plupart, pour s'adonner à la chaſſe pendant l'hiver, & l'été pour pêcher dans cette mer. Il dit qu'il avait formé une fois le deſſein de chercher juſqu'où cette contrée s'étendait au nord, & s'il y avait des habitans au nord de ces déſerts. Dans cette réſolution, il s'avança vers le nord de cette contrée, laiſſant ce déſert à droite, & la grande mer à gauche; en trois jours il paſſa le lieu où l'on pêche la baleine, il marcha encore pendant trois autres jours, toujours au nord, laiſſant la terre à l'eſt. Il ne nous apprend point ſi la mer s'étend dans les terres, mais ſeulement qu'il attendit, à la pointe du nord, un vent d'oueſt, avec lequel il ſe dirigea à l'eſt en ſerrant cette terre, & qu'il marcha pendant quatre jours, qu'enſuite il attendit un vent de nord, parce que les terres ſont au ſud. Enfin il longea la côte de cette contrée vers le ſud, pendant cinq jours.

(*a*) Other appelle les habitans de ce déſert *Finnas*; en effet il paraît que les Lapons modernes ſont réellement Finlandais, & que le nom de Lapons ne leur a été donné que depuis quelque temps. Les Danois nomment toujours ce pays Finmark.

Il vit, sur cette terre, une grande rivière, à l'embouchure de laquelle il s'arrêta, ne pouvant aller plus loin, parce que les habitans qui vivaient sur ses bords s'y opposèrent. Other depuis qu'il était parti de son pays, n'avait pas encore vu de terre habitée, excepté par quelques pêcheurs & des chasseurs, qui tous étaient *Finnas* (*a*). Il avait la grande mer à sa gauche. Les *Beormas* (*b*) avaient, à la vérité, peuplé leur contrée, c'est pour cela qu'Other n'osa pas descendre chez eux. Mais la terre de *Terfenna* (*c*) était déserte,

---

(*a*) On a tracé les voyages d'Other sur la carte, & les chiffres marquent le nombre des jours qu'il a mis pour aller d'un lieu à un autre.

(*b*) Les *Beormas* sont les *Biarmiers* des écrivains du nord, & la contrée de *Permia* est encore nommée ainsi dans les titres des Czars. Après l'expédition d'Other plusieurs Normands allèrent en Biarmie chercher fortune.

(*c*) *Terfennaland.* On en parle comme d'une contrée différente de celle des *Schreit-Finnas.* Nous avons déjà dit ci-dessus (pag. 103, note *b*,) que Guido de Ravenne avait distingué ce peuple en *Rerefinni* & en *Scritifinni*; les derniers vivaient purement de chasse, c'est pourquoi ils se servaient en hiver de raquettes pour marcher sur la niege, & les premiers vivaient du produit de leurs rennes. Le mot de *Rerefinnas* dans Guido de Ravenne serait donc écrit *Renefinnas*, & dans le texte *Rhanefinnas* ou peut-être *Fer-Finnas* du mot *Fara*, en allemand *Fahren*, aller en voiture, voyager; parce que ces peuples demeuraient &

excepté lorſque les pêcheurs & les chaſſeurs s'y rendaient.

Les *Beormas* lui apprirent quelques particularités concernant leur pays & les contrées voiſines. Mais Other ne put pas ſe fier à leurs rapports, parce qu'il n'eut pas l'occaſion d'en juger par ſes propres yeux (*a*). Il lui ſembla cependant que les *Beormas* & les *Finnas* parlaient le même langage (*b*). Il dirigea ſa route vers ces contrées, à cauſe des *Morſes* dont les dents ſont très-utiles. Il porta quelques-unes de ces dents au roi. Le cuir de ces animaux eſt très-propre à faire

---

voyageaient dans leurs traîneaux. Other nous dit en effet que les *Finnas* avaient des rennes, & qu'ils faiſaient uſage de ces animaux apprivoiſés pour prendre ceux qui étaient ſauvages.

(*a*) L'attention qu'a ici Other de ne point parler de ce qu'il n'a pas vu lui-même, eſt une preuve de l'authenticité du reſte de ſa relation, & nous la rend d'autant plus précieuſe.

(*b*) Il eſt très-probable que les *Biarmiens* étaient une branche du grand peuple Finlandais, car ils avaient le même Dieu, *Jomala*; ils étaient riches en or, en pierres précieuſes, ils avaient des habitations fixes, & n'étaient ni chaſſeurs ni pâtres errans comme leurs voiſins. L'identité de leur langage (ſelon le témoignage d'*Other*) avec ces derniers peuples, eſt auſſi une preuve qu'ils en tiraient leur origine.

des cables (*a*). Les baleines de cette eſpèce ſont beaucoup plus petites (*b*) que celles des autres eſpèces; elles n'ont pas communément plus de ſept aunes de long. Mais ſelon Other, la chaſſe de ces animaux eſt dans ſon pays beaucoup plus avantageuſe, parce que les baleines ont quarante-huit aunes de long, & même juſqu'à 50; elles y ſont en ſi grande quantité, qu'il en a tué *66* en deux jours.

Other était un homme fort riche en biens eſtimés dans ces contrées, tels que des daims. Lorſqu'il vint à la cour d'Alfred, il en avait *600* d'apprivoiſés, dont il n'avait acheté aucun (*c*).

(*a*) La peau de morſe eſt encore aujourd'hui d'uſage en Ruſſie, pour faire des harnois aux chevaux & des ſoupentes de carroſſes. Mais elle a un défaut; c'eſt qu'elle s'étend étonnamment quand elle eſt mouillée, & beaucoup plus que tout autre cuir.

(*b*) Le roi Alfred les appelle chevaux-marins-baleines; ils appartiennent en effet à cette claſſe d'animaux aquatiques vivipares, qui allaitent leurs petits, & qui ont le ſang chaud.

(*c*) La ſimplicité de l'expreſſion *unbebohtra*, c'eſt-à-dire, qui n'eſt point *acheté*, qui ſe trouve dans l'original eſt bien de l'âge patriarchal. Les richeſſes d'Abraham, outre ſes troupeaux, conſiſtaient en cent trente-huit ſerviteurs dont aucun n'avait été acheté, mais qui étaient tous nés dans ſa maiſon. De même Other, quoique dans un

En outre, il avait six rennes apprivoisées (*a*), très-estimées chez les *Finnas*, parce qu'ils s'en servent pour prendre les rennes sauvages.

Quoiqu'Other passât dans son pays pour un homme très-riche, il n'avait cependant que vingt bêtes à cornes, vingt brebis, autant de cochons, & un petit champ qu'il labourait avec des chevaux. Les revenus publics consistent principalement en peaux de rennes, en plumes, os de baleine, & en cables faits de cuir de baleine, & de phoque, que payent les *Finnas* (*b*). Chacun paye

pays bien plus pauvre, possédait six cens daims dont il n'avait acheté aucun, mais qu'il avait élevés lui-même.

(*a*) Une renne dressée pour en prendre d'autres, doit être d'un grand prix chez un peuple qui vit de la chasse. Dans l'Inde on a des élephans dressés pour en prendre d'autres. Voyez un récit circonstancié de cette chasse, *in the life and aventures of John Christopher Wolf, with a description of Ceylon*, publiée depuis peu. Presque tous les bouchers de Londres ont un mouton qui va au-devant de ceux qu'on a achetés au marché, & les conduit insidieusement dans la tuerie sous terre. Après avoir par différens sauts attiré tout le pauvre troupeau, il saute dehors & laisse ses nouveaux compagnons sous le couteau du boucher.

(*b*) Le terme employé dans l'original pour désigner ce tribut est *Gafol*, d'où vient le mot français gabelle. Mais cela montre que dès la fin du neuvième siècle, les Normands avaient rendu tributaires les Finlandais.

ſelon ſes moyens ; les plus riches donnent 15 peaux de martre, cinq de renne, une d'ours ; dix (*a*) paniers de plumes, un manteau (*b*) de peau d'ours ou de loutre, deux cables de ſoixante aunes chacun, l'un de cuir de baleine, l'autre de cuir de phoque.

Other dit de plus, que *Northmannaland* (la Norwège) eſt un pays long & étroit, & que la partie propre au pâturage (*c*) & au labourage, eſt ſituée ſur la côte ; cependant elle eſt, en quelques lieux, très-pierreuſe. A l'eſt, on trouve de grandes tourbières qui ſont parallèles aux terres cultivées (*d*). Les *Finnas* habitent ces terres incultes, & la terre cultivée eſt plus large à l'eſt (*e*) &

(*a*) Dans l'original, *ambra*. *Langebeck* a fait une longue note ſur ce mot qu'il explique par l'*amphora* des latins. M. *Barrington* traduit ce mot par *bushels* (boiſſeau) ; mais ils ſe trompent tous deux à ce qu'il me ſemble ; je ſuppoſe que c'eſt plutôt un panier. En anglais, *hamper* dérive de hand-bear (porter à la main).

(*b*) *Kyrtel* dans l'original, en allemand *kuettel*, manteau.

(*c*) Orig. *Ettan*.

(*d*) *Mora* (Tourbière), c'eſt une choſe fort connue que dans la Laponie & la Finlande, il y a aujourd'hui un grand nombre de terres incultes ; & la *Flora Lapponica* en donne des preuves ſuffiſantes.

(*e*) Il y a en effet dans l'original à *l'eſt* ; mais il eſt clair

ſe rétrécit au nord. A l'eſt, cette contrée a 60 milles de large, en quelques lieux davantage ; vers le milieu, elle a peut-être 30 milles ou quelque choſe de plus : dans la même dimenſion, au nord, elle n'a que trois milles de la mer aux tourbières, qui ſont ſi vaſtes, en quelques lieux, qu'un homme pourrait à peine les traverſer en quinze jours, tandis qu'en d'autres endroits, il le pourrait en ſix.

Au ſud, & vis-à-vis la *Northmannaland* (Norwège), eſt le *Sweoland* (*a*) (la Suède) de l'autre côté des landes, tout à fait au nord de cette contrée ; mais à l'oppoſite eſt le *Cwenaland*. Les *Cwenas* ſont quelquefois des incurſions chez les Normands, & ceux-ci en font auſſi chez les premiers. Il ſe trouve, dans les landes, de grands étangs d'eau douce (*b*) ; & les *Cwenas* tranſportent

---

qu'il devrait y avoir au *ſud*, ſur-tout, ſi l'on prend la carte de Norwège, on verra d'un coup d'œil par la figure de cette contrée qu'il ne peut y avoir ici que le mot *ſud*.

(*a*) Ce paſſage eſt fort obſcur : cependant il eſt évident qu'il y avait une très-grande étendue de pays non-cultivé, entre l'habitation d'Other & Halgoland & Sweoland qui ſont ſitués au-deſſus de ſon pays au ſud ; & plus loin était le *Cwenland*, c'eſt-à-dire, la Finlande, oppoſé à la partie la plus au nord du Sweoland. Ces Cwenas ou Finlandais ne joignaient pas immédiatement la Norwège, mais les tourbières du déſert ſéparaient ces deux peuples.

(*b*) Un lac eſt encore nommé *mere* dans le nord

par terre leurs vaisseaux, petits & légers (*a*), jusqu'à ces lacs, & de là, portent le ravage chez les Normands.

Other dit aussi que la province (*b*) qu'il habitait, est nommée *Halgoland*, & qu'il n'y avait point d'habitations au nord. Il y a une partie de cette contrée du sud, qu'on appelle *Sciringes-Heal* (*c*), à laquelle on ne pourrait arriver

---

de l'Angleterre, & ce mot est employé ici dans ce même sens par Alfred.

(*a*) Ces vaisseaux assez légers pour qu'on pût les porter, n'étaient sans doute que des barques.

(*b*) Il y a dans l'original, *Scir*.

(*c*) Le nom de ce lieu, *Sciringes-Heal*, a été cause que les premiers commentateurs d'Alfred ont mis leur esprit à la torture pour déterminer sa véritable position. *Spelman*, *Russæus*, *Sommer*, *J. P. Murray*, & *Langebeck*, ont tous assigné des places différentes à ce *Sciringes-Heal*. Spelman & d'autres le placent près de Dantzic, où ils pensent que les *Scyres* demeuraient. Mais 1°. la terre où les *Scyres* vivaient n'est point déterminée. Ensuite il est évident qu'Other allait continuellement le long de la côte d'*Halgoland* à *Sciringes-Heal*, & que ce dernier était à sa gauche durant tout son passage à cet endroit. M. Murray croit que ce lieu était à *Skanor*: mais je ne puis penser que le voyage d'Hœthum en Jutland, ait été de cinq jours comme Other le dit. Langebeck incline à le placer à *Kongahelle* sur le *Gautelf*, près de Marstrand, & assure que le nom de cette ville est en

en un mois, quand on marcherait nuit & jour, & qu'on aurait toujours bon vent. Pendant

---

mal écrit, qu'il faut lire *Cyninges-Heal*. Je ne puis accorder à Langebeck cette manière de lire, puisque nous rencontrons ce mot écrit cinq fois sans aucune variation, & toujours *Sciringes-Heal*. Ajoutons 2°. que le voyage de Halgoland à Kongahelle n'est pas assez long pour exiger un mois de temps. 3°. *Kongahelle* est trop près du Jutland pour qu'on soit cinq jours à faire ce trajet, comme Other dit l'avoir fait. Après avoir démontré l'insuffisance des conjectures qu'on a faites, il faut désigner la véritable position de *Sciringes-Heal*. Paul Warnefried dans son *Hist. Longobard. Lib.* 1, *cap.* 7 & 10, fait mention d'un district appelé *Scorunga* dans lequel les *Winili* ou *Lombards* demeurèrent quelque temps. Ensuite ils se retirèrent à *Mauringa*, delà encore plus loin à *Gotland*, *Anthabet*, *Bethaib* & *Purgundaib*. Ce *Scorunga* semble avoir été le district dans lequel était situé *Sciringes-Heal*. Il n'était pas loin de *Gotland*; conséquemment c'était en quelque endroit de la Suède. Ajoutons à cela qu'Other ayant expressément décrit Sueoland, comme étant au sud du chef-lieu de son habitation, dit immédiatement après : « Il y a un port dans cette terre du sud qu'on nomme *Sciringes-Heal* ». Par-là il indique clairement qu'il ne faut pas chercher ce lieu ailleurs que dans la Suède. Mais ceci paraîtra encore plus évident, si nous prenons la peine de suivre le cours de son voyage. D'abord, il a Iraland, c'est-à-dire l'Ecosse, à sa droite, ainsi que les îles situées entre l'Ecosse & Halgoland, c'est-à-dire les îles Orcades & Schetland;

ce voyage, il faudrait côtoyer le rivage, & on

---

mais le continent est constamment à sa gauche, jusqu'à ce qu'il arrive à *Sciringes-Heal*. Plus loin une large baie s'étend au nord & s'avance dans le pays, il range cette côte; cette baie commence au sud de *Sciringes-Heal*, elle est si large qu'un homme ne peut voir de l'autre côté, & le *Gotland* est situé directement vis-à-vis. Mais la mer qui s'étend de la Zélande à cette terre, s'enfonce plusieurs milles dans la contrée, c'est-à-dire, à l'est. De *Sciringes-Heal* Other pouvait aller en cinq jours à *Hæthum*, qui est situé entre les Wends, les Saxons & les Angles. Maintenant par le moyen de ce voyage nous sommes en état de déterminer avec la plus grande exactitude, la situation du lieu que nous cherchons. Pour aller à *Hæthum* de *Sciringes-Heal*, ce voyageur laissa *Gotland* à sa droite, bientôt après il laissa également à sa droite la Zélande & les autres îles qui avaient été habitées par les Angles avant qu'ils descendissent en Angleterre; tandis que celles qui appartenaient au Danemarck furent à sa gauche pendant deux jours. *Sciringes-Heal* est donc en Suède à l'entrée du golfe de Bothnie, qui s'avance dans les terres au nord, précisément à l'endroit où la Baltique, passant près de la Zélande, forme un vaste golfe qui s'avance dans la terre l'espace de quelques cents milles. Si de Sciringes-Heal on va au Jutland, on doit nécessairement passer par le Gotland. C'est ici précisément que je trouve les *Svia-Sciœren* ou les *Shiers*, Suédois (amas de petites îles environnées de rochers). Heal, dans les langues du nord signifie un port, ou endroit où un vaisseau peut être en sûreté. Sciringes-Heal était donc le port des *Shiers* & était probablement à l'entrée du golfe de Bothnie, & con-

aurait à sa droite l'Iraland (*a*) & les îles qui sont entre l'Iraland & cette terre. Quand on vient du nord, on trouve au sud de *Sciringes-Heal* (*b*) une grande mer qui s'avance fort avant dans les terres, & elle est si large qu'on ne peut voir d'un côté à l'autre. Le *Gotland* (*c*) est situé de l'autre côté & vis-à-vis. Ensuite la mer de *Sillende* (*d*)

---

séquemment au même endroit où est aujourd'hui Stockholm; & l'étendue de terre devant laquelle les *Shiers* étaient situées, était le *Scorunga* de Paul Warnefried.

(*a*) Alfred dit *Iraland*, cependant il veut parler ici de la contrée nommée à présent *Scotland* (Ecosse). Un peu plus loin il fait mention de l'Irlande moderne en ces termes : *Igbernia*, *thæt we Scotland hætad.* Ceci démontre que le même peuple a habité l'une & l'autre contrée, & les a peuplées alternativement.

(*b*) Comme j'ai déjà remarqué ci-dessus qu'Other désigne par cette expression la terre le long de laquelle il avait navigué, ce mot est d'une grande utilité pour déterminer la situation de *Sciringes-Heal*; & d'ailleurs il montre la situation des deux baies qui commencent à séparer l'une & l'autre.

(*c*) *Gotland* est sans doute l'île de Gotland, comme le prouve encore plus clairement le voyage de Wulfstan à *Truso*. Je ne puis donc croire que ce soit le Jutland, comme Langebeck veut le faire entendre.

(*d*) Alfred appelle la mer qui s'étend de la Zélande

s'avance plusieurs milles dans cette contrée. Other ajoute qu'il voyagea pendant cinq jours, de *Sciringes-Heal*, au port nommé *Hæthum* (a), situé entre *Winedum*, *Seaxum* & *Anglen*, qui fait partie du *Dene* (Danemarck).

---

au Gotland, *mer de Sillende*, & après avoir parlé du bras de cette mer qui s'avance profondément au nord dans cette terre dont il a côtoyé le rivage, il dit : cette mer s'étend plusieurs centaines de milles dans la même direction qu'il a suivie en revenant de Zélande au Gotland, c'est-à-dire, de l'ouest à l'est.

(*a*) Ce port de *Hœthum* a embarrassé beaucoup les commentateurs d'Alfred. Cependant, ils s'accordent tous à affirmer que le lieu dont il est question ici, est *Sleswic*, parce que ce dernier est nommé *Haithaby* par l'anglo-saxon Ethelwerd. Un poëte de Norwège donne à cette ville le nom de *Heythabae*, d'autres écrivent *Heydaboe*, & *Adam de Brême* le nomme *Heidaba ;* tous ces noms selon leur opinion désignent Hœthum. Cependant il me paraît que la différence entre *Haithaby* & *Hœthum* est assez considérable, & qu'il n'est pas possible que cette ville soit *Sleswic*, puisque la situation de cette dernière place n'est point la même que celle de la terre décrite par Other & Wulfstan. Car si Sleswic est Hœthum, j'avoue que je ne comprends nullement le voyage de ces deux anciens navigateurs. Other nous dit qu'en venant de *Sciringes-Heal* à *Hœthum*, il eut le Danemarck à gauche & la mer à sa droite pendant trois jours ; mais qu'il eut Gotland & la Zélande à sa droite pendant deux jours avant d'arriver à Hœthum, & les îles qui appar-

Lorsqu'Other partit de *Sciringes - Heal*, il avait le Danemarck à sa gauche, & à sa droite une grande mer, pendant trois jours ; comme pendant deux jours avant d'arriver à *Hæthum*, il

---

tiennent au Danemarck à sa gauche ; or, s'il eût été à Sleswic, il aurait trouvé à sa droite toutes les îles danoises, & aucune à sa gauche excepté *Femern*. Maintenant je demande comment cette situation peut répondre à celle de Hœthum ? On en peut dire autant à l'égard du voyage de Wulfstan, quoique la situation que ce voyageur attribue à Sleswic soit plus applicable à Hœthum. Mais à présent, je supposerai que puisque dans le district d'*Aarhuus* il se trouve une assez grande étendue de terre appelée *Al-Heide* (c'est en effet une bruyere), la ville actuelle d'*Aarhuus* (en anglais *oar-house*), est nouvelle & dans le neuvième siècle elle était située plus haut vers *Al-Heide*, ou *Al-Heath*. Le port peut avoir eu alors le nom de *Al-Hœthum* ou Hœthum. De manière que si Other partit de Stockholm, le Gotland & la Zélande devaient être à sa droite, & il dut passer entre la Zélande & l'île Funen ; dans ce cas toutes les îles danoises étaient à sa gauche, & il avait le *Schager-Rack*, le *Cattegat* & une assez grande mer à sa droite. Ensuite lorsque Wulfstan vint d'Aarhuus (ou Hœthum) à Truso, il eut *Weonothland* (non *Winodland*), c'est-à-dire, Funen ou Fionie à sa droite ; & à sa gauche étaient *Langeland*, *Laeland*, *Falster* & *Sconeg*, ainsi que *Bornholm*, *Bleking*, *Moehre*, *Oeland* & *Gotland*. Mais *Wendenland* fut toujours à sa droite, jusqu'à l'embouchure de la Vistule.

avait *Gotland*, *Sillende*, & plusieurs îles habitées par les Angles (*a*); & les îles qui appartiennent au Danemarck, furent pendant deux jours à sa gauche (*b*).

Wulfstan (*c*) dit qu'il fut en sept jours & sept nuits de *Hæthum* à *Truso* (*d*) (le vaisseau ayant été à la voile pendant tout ce temps), que *Weonothland* était à sa droite (*e*), & *Langeland*,

---

(*a*) Le roi Alfred dit ici en termes formels que les Angles avaient habité les îles danoises avant qu'ils descendissent en Angleterre. Il est donc impossible que *Engern* sur le Weser, puisse avoir été l'ancienne demeure des Angles, puisque cette ville est d'une date postérieure.

(*b*) La meilleure preuve que Sleswic n'est pas Hœthum, c'est que dans ce cas, les îles danoises auraient été à la droite de ceux qui allaient à Hœthum, mais Other dit qu'elles étaient à sa gauche.

(*c*) *Wulfstan* paraît avoir été Danois, il avait peut-être connu Other dans le cours de son expédition, & peut avoir été avec lui en Angleterre.

(*d*) Il y a aujourd'hui un lac entre Elbing & Holland en Prusse appelé *Truso* ou *Drausen*, & ce lac a probablement donné son nom à la ville dont il parle. Cette ville est située sur le *Frisch-Haf*.

(*e*) Nous avons déjà fait connoître dans ces notes la différence qu'il y a de *Weonothland* & *Winodland*; le premier est probablement *Fuehnen* (*Funen*) ou *Fionie*, qui est encore appelée *Fyen*.

Laeland, *Falster* & *Sconeg*, à sa gauche, pays qui appartenaient tous au *Denemearcan* (*a*). Nous avions, dit-il, aussi à notre gauche, *Burgendaland*, qui est gouverné par un roi particulier. Après avoir laissé *Burgendaland*; les îles de *Becinga-eg*, *Meore*, *Eowland* & *Gotland*, contrées qui appartiennent à la Suède (*Sueon*) (*b*), étaient à notre gauche, & *Weonothland* (*c*) était, pendant toute la route, à notre droite, jusqu'à l'em-

(*a*) Il paraît clairement par l'observation de Wulfstan, que *Weonothland* n'est pas Wendenland, car tous ces pays appartiennent au Danemarck, ce qui ne pourrait pas se dire de *Winodland.*

(*b*) Les noms de cette contrée qui appartient à la Suède, *Sueon*, ont besoin de quelques remarques pour être éclaircis. Au lieu de *Becinga-Eg* il faut certainement *Blekingen* ou *Bleking*, le *L* aura été oublié par la précipitation du copiste. Ce *Bleking*, selon la coutume de quelques écrivains de ce temps-là, est appelé île. *Meore* est, sans aucun doute, la haute & basse *Moehre en Smoland; Eowland* est *Oeland*, & *Gotland* est certainement l'île de *Gotland*, & non le Jutland, comme *Langebeck* l'assure dans une note citée ci-dessus, car toutes ces provinces étaient des contrées de Suède.

(*c*) *Weonodland* ou *Winodland* s'étend vers l'embouchure de la Vistule ; c'est évidemment une contrée particulière & indépendante, différente du Weonothland des Danois.

bouchure de la *Wisle* (Vistule) (*a*). Cette rivière est considérable, & dans son voisinage sont situés *Witland* (*b*) & *Weonodland*, le premier appartient à *Estum*. La Vistule ne coule pas au travers de *Weonodland*, mais au travers d'*Estmere* (*c*), lac de 15 milles de large. *L'Ilfing* (*d*) coule aussi de l'est, dans l'*Estmere*, sur le bord duquel est *Truso*; l'Ilfing coule dans l'Estmere, de l'est de

(*a*) *Wisle* ou plutôt *Wisla*, selon l'orthographe sclavone (la Vistule). Les Allemands appellent cette rivière *Weichsel*; les Prussiens *Weissel*; les autres nations la nomment *Vistula*.

(*b*) *Witland* fait partie du *Samland* en Prusse; ce pays était très-célèbre par l'ambre qu'on y trouvait. Au temps des croisades il portait ce nom comme le prouvent deux anciens actes. Le mot lui-même est une traduction de *Baltikka*, c'est-à-dire, Whiteland (terre - blanche).

(*c*) L'*Estmere* était, comme la terminaison du mot l'indique, un lac d'eau douce, dans lequel l'Elbe & la Vistule portaient leurs eaux. On le nomme à présent *Frisch-Haf*, ou mer d'eau douce. *Haf* en hollandais & en suédois signifie *mer*. Ce lac a, dans quelques endroits, plus de trois milles d'Allemagne de large; & le calcul d'Alfred qui compte par milles anglais, est parfaitement juste.

(*d*) *Ilfing* est indubitablement la rivière d'*Elbing* qui sort du lac *Drausen* ou *Truso*, voy. p. 118, note (*d*), & se joint par un de ses bras avec celui de la Vistule appelé *Neugat* ou *Nogat*, & tous deux ainsi unis se jettent dans le *Haf*, tandis que l'autre bras de l'Elbing se jette seul dans ce même Haf.

l'Eſtland, & la Viſtule, du ſud de Weonodland. L'Ilfing ayant joint la Viſtule, prend ſon nom & court à l'oueſt dans l'Eſtmere, & au nord dans la mer; alors on la nomme bouche de la Viſtule (*a*). L'Eſland eſt une grande contrée, qui renferme beaucoup de villes, & chaque ville a un roi (*b*); on y trouve beaucoup de poiſſons & de miel; le roi & les gens les plus riches boivent du lait de jument (*c*); les pauvres & les eſclaves boivent de

(*a*) Tout ce que dit ici Alfred ſur la ſituation de cette partie du monde, montre qu'il tenait ces connaiſſances de quelqu'un parfaitement inſtruit. L'Ilfing ſort de l'Eſthonie, non pas de l'eſt, comme le dit Alfred, mais du ſud; à moins qu'il ne parle ici de ce bras de l'Elbing qui s'unit à celui de la Viſtule ou Nogat. Mais la Viſtule ſort du Wendenland au ſud. Ces deux rivières s'étant jetées dans le *Haf*, ce lac s'étend de l'oueſt au nord; c'eſt-à-dire dans la direction nord-eſt, & ſe décharge à *Pillau* dans la mer. Il eſt poſſible que ce lac ainſi que le bras de l'oueſt, ait d'abord porté le nom de *Wiſlemund*, ou embouchure de la Viſtule.

(*b*) Cette deſcription de l'état de la Pruſſe ſous les Eſthoniens, qui avaient déjà bâti pluſieurs villes, chacune deſquelles avait un chef, ou comme il dit, un Roi, repréſente très-bien l'état dans lequel les aventuriers trouvèrent ce pays dans le temps des croiſades, pluſieurs ſiècles après.

(*c*) C'eſt une choſe qui paraît bien ſingulière, que les gens riches de cette contrée ſe contentaſſent de boire

l'hydromel (*a*). Il s'élève souvent des contestations entre ces peuples. Celui d'Estum ne fait point de

du lait de jument, tandis que les plus pauvres & les esclaves buvaient de l'hydromel. Il faut cependant observer que ce lait de jument n'était pas pris dans l'état de lait, mais qu'il avait subi une espèce de fermentation, & qu'il était devenu une liqueur spiritueuse, semblable à celle que les habitans des déserts de l'Asie (*Asia media*) boivent en grande quantité, & qu'ils nomment *Kumyss*, & ils distinguent leur eau-de-vie double par le nom d'*Arrack*. Ainsi nous concevrons aisément pourquoi les plus riches de cette contrée avaient le privilége de boire de l'eau-de-vie, tandis que leurs sujets ne buvaient que de l'hydromel.

Nous savons que les nations les plus grossières ont toujours laissé & laissent encore leurs maîtres s'enivrer avec ce qui leur plaît; ce ne sont que les gens d'un certain rang chez les Turcs, les Perses & les Malais, qui font usage de l'opium. Il n'y a que les gens de qualité parmi les Otaheitiens qui s'enivrent avec le jus de la racine de l'*Awa*, espèce de poivre; & ce sont seulement les principaux *Tshuktschis* qui peuvent boire l'infusion d'un champignon enivrant, qu'ils achetent des Russes. *Adam de Brême* (parag. 138) dit que les anciens Prussiens mangeaient la chair de cheval & buvaient le lait de leurs jumens jusqu'à l'enivrement; & *Pierre de Duisburg* (parag. 80) rapporte que ces peuples buvaient dans leurs fêtes, de l'eau, de l'hydromel & du lait de jument.

(*a*) *Mead*, hydromel. Dès ce temps-là on nommait cette boisson *Medo* en anglo-saxon; en lithuanien *Mid-*

bière, parce qu'il a du miel en abondance (*a*).

Ces peuples ont une coutume bien ſingulière; lorſque quelqu'un meurt, ſes parens & ſes amis gardent ſon corps, ſans le brûler, pendant un mois ou deux (*b*), & même plus; ſi c'eſt le corps d'un roi ou de quelque grand du pays, on le garde

---

dus; en polonais, *Miod*; en ruſſe, *Med*; en allemand, *Meth*. Il me paraît probable que l'hydromel eſt un breuvage qui a été très-anciennement en uſage, puiſque le mot par lequel il eſt déſigné, eſt exactement le même dans des langues d'une origine ſi différente. On peut encore comparer ce mot avec le verbe grec μεθυω, *enivrer*. Je remarquerai encore, comme je l'ai déjà fait, que Wulfſtan connaiſſait fort bien ces contrées. En effet, elles abondaient en forêts de tilleuls, & il y avait beaucoup de lacs; les Pruſſiens y recueillaient de bon miel & y avaient le poiſſon en abondance. Les villes, les chevaux, les habits, les armes, les jeux de ces peuples prouvent clairement qu'ils n'ignoraient pas l'agriculture, & qu'ils étaient dans un état aſſez floriſſant.

(*a*) Alfred obſerve que ces débauches occaſionnaient ſouvent des querelles. La raiſon qu'il donne de ce que les Eſthoniens ne buvaient pas de bière, c'eſt qu'ils avaient une fort grande quantité de miel, & qu'il leur était plus aiſé de faire de l'hydromel que de la bière.

(*b*) Les anciens Pruſſiens brûlaient les morts & les enterraient avec leurs chevaux, leurs armes & leurs richeſſes, comme il paraît par un traité conclu par la médiation de l'archidiacre de Liége en qualité de légat

quelquefois pendant six mois ; ce corps reste ainsi étendu à terre dans la maison. Pendant tout ce temps, les parens & les amis du défunt boivent & jouent jusqu'au jour où l'on doit brûler le corps. Ce jour arrivé, on le porte au bûcher. Alors on divise le bien du mort, que ces jeux & ces débauches n'ont point dissipé, en cinq ou six parties, quelquefois plus, selon sa valeur. Toutes ces parties sont placées à un mille de distance les unes des autres ; la portion la plus considérable est placée à une plus grande distance de la ville que les autres portions, ainsi de suite, & la plus petite, à la moindre distance. De cette manière, tout le bien se trouve divisé. Alors on invite tous ceux de la contrée, à la distance de six milles, qui possèdent les meilleurs chevaux de course, à entrer en lice. Celui qui monte le cheval le plus agile, obtient la partie la plus considérable & la plus éloignée, & ainsi des autres en proportion, jusqu'à ce que tout soit enlevé. Enfin chacun s'en retourne avec sa part. Cette coutume rend les chevaux agiles fort chers dans ce pays. Quand le

---

du pape, entre les Chevaliers Allemands & les Prussiens nouveaux convertis, par lequel les Prussiens promettent expressément de ne jamais brûler leurs morts ni de les enterrer avec leurs chevaux, leurs armes, leurs habits & leurs richesses.

CARTE DE L'EUROPE,

pour servir d'éclaircissement à la Géographie du moyen Age, et à la Traduction Anglo-Saxone DU ROI ALFRED D'OROSE:

par M. J. R. Forster.

OCEAN ou GARSECG

Méridien de l'Isle de Fer

THILA

Orcadus

BRITANNIS SEA

GALLIA

BELGICA

AQUITANIA

BURGENDE

GALLIA

ISPANIA

WENDEL SEA

AFRICA

Sardinia

Corsica

TYRRHENUM SEA

ADRIATICUM SEA

DALMATIA

MACEDONIA

PULGARIA

THRACI

EUXINUS SEA

ASIA

Cilicia

Cyprus

Creta

Sicily

GERMANIA

DATIA

WISLELAND

SERMENDE

BEORM

Terfenna land ou WESTE

CWENALAND

NORTHMANNA LAND

FINNA LAND

SWEOLAND

DENA

E. de l'Isle de Fer

Gravé par P. F. Tardieu.

bien du mort a été ainsi enlevé, on emporte son corps hors de sa maison, pour le brûler avec ses armes & ses habits. Ce qui reste, sur le chemin, de toutes ces portions du bien du mort, est emporté par les étrangers.

C'est aussi la coutume en Estum, de brûler les morts, & l'on est si scrupuleux sur cet usage, que s'il se trouvait quelque partie des os qui ne fût pas consumée, les parens feraient de sévères reprimandes à ceux qui sont chargés de cette fonction. Ces peuples ont trouvé aussi le moyen de produire un froid assez grand pour préserver les corps de la putréfaction, & ils assurent que si l'on remplit un vase d'eau ou de bière, l'une & l'autre gêleront par ce moyen, soit en hiver soit en été *(a)*.

La partie de la géographie du roi Alfred, dont nous avons donné une traduction aussi littérale que le génie des deux langues a pu le permettre, forme certainement le morceau de géographie le plus important que l'on connaisse sur l'état du nord de l'Europe, dans le neuvième siècle. Comme Alfred,

---

(a) Il est aisé d'appercevoir que ce moyen tant admiré par Alfred, de produire un froid assez grand en été & en hiver, pour préserver les corps de la putréfaction & pour geler la bière & l'eau, n'était autre chose qu'une bonne glacière que les Prussiens un peu aisés avaient dans leurs maisons.

dans sa jeunesse, avait été à Rome, où le zèle pour la religion chrétienne conduisait les peuples de toutes les contrées; il est très-probable qu'il aura rassemblé dans cette ville les matériaux de sa géographie, & ses autres connaissances historiques, qui lui méritèrent, dans ces temps de profonde ignorance, un rang distingué parmi les écrivains. Ce fragment confirme aussi ce que nous avons avancé ailleurs, que les voyages & les expéditions des pirates du Nord ont beaucoup contribué à éclaircir la géographie & l'histoire des nations.

L'art de la navigation était alors en grande estime chez les peuples du Nord. Entendre la construction d'un vaisseau, & savoir concilier sa force avec la plus grande vîtesse, étaient chez eux des connaissances très-estimées. Comme *Smith* était un nom particulier qu'on donnait à tous ceux qui travaillaient en métaux, tous les artisans & tous les ouvriers furent compris sous cette dénomination générale. D'après cela, un homme nommé *Torsten*, fut appelé *Ship-Smith* (ouvrier en vaisseau), à cause de son habileté à construire des vaisseaux. L'art de conduire un vaisseau à la rame, la force & l'adresse à ramer étaient si considérées, que le roi *Harold Hardrade*, & le comte *Rognwald*, Seigneur des Orcades, se faisaient gloire de leur dextérité dans cet art. Ramer n'était cependant pas la seule méthode qu'ils employassent pour naviguer, ils avaient aussi des voiles, & la manière dont ils s'en servaient les a rendus justement célèbres. La plupart des peuples de l'antiquité, fameux par leur navigation, faisaient usage des voiles, mais rarement, & seulement lorsqu'ils avaient vent arrière; de sorte qu'ils ne pouvaient voyager qu'à pleines voiles, ou avec le plein vent. S'ils avaient vent de côté, ils étaient obligés de relâcher dans quelques ports, ce qui, à la vérité, n'était pas difficile dans la Méditerranée. Mais les grands & nombreux voyages des Normands dans l'Océan, particulièrement en Angleterre, aux Orcades, en Irlande, dans les Gaules, & même dans la Méditerranée, montrent suffisamment qu'ils savaient faire usage de leurs voiles, lors même qu'ils avaient le vent de côté. Il paraît cependant que l'art de placer les voiles d'un vaisseau selon le vent, n'était pas généralement connu dans ce temps; puisqu'il est certain que les voiles, en usage alors, étaient mises en place dès que le vaisseau avait sa charge, & qu'on ne les changeait pas de quelque côté que vint le vent. Il n'y avait qu'un petit nombre de particuliers qui connussent cet art d'arranger les voiles. Cette propriété était attribuée au vaisseau appelé le *Drach-Ufanaut*, & au vaisseau de Freyer le *Skydbladner* dans l'*Edda*, & dans *Torstens Vikingsons Saga*, & on supposait que les pilotes en étaient sorciers, quoiqu'ils n'eussent réellement pas d'autre ſecret, que des connaiſſances fondées ſur l'expérience & la mécanique. Cette manière de naviguer avec demi-vent, ou avec un vent preſque contraire, & comme le diſent les marins, en *pinçant* le vent, eſt certainement une des plus grandes & des plus ingénieuſes découvertes des hommes.

On a marqué ſur la bouſſole, trente-deux points pour déſigner trente-deux endroits différens d'où le vent peut ſouffler; mais de quelque côté que le pilote veuille ſe diriger, il peut tirer parti de tous ces vents, excepté de celui qui ſouffle dans une direction abſolument contraire à celle qu'il veut donner à ſon vaiſſeau, & des ſix de chaque côté qui ſe rapprochent le plus de cette direction.

Cette ſcience importante de diſpoſer les voiles, ne doit pas avoir été générale, au moins elle n'était pas connue du temps d'Other; car nous liſons dans ſon voyage chez les *Bearmiens*, qu'il fut obligé de relâcher en deux endroits, pour attendre un meilleur vent; & il nomme expreſſément le vent dont il avait beſoin pour courir à pleines voiles. D'un autre côté, l'opinion où l'on était alors que les bons voiliers étaient enchantés, prouve la ſcience de leurs pilotes dans la manière de gouverner les voiles & de courir près le vent.

La conſtruction des vaiſſeaux du Nord était totalement différente de celle que les Grecs & les Romains avaient adoptée. Les vaiſſeaux du Nord étaient

étaient construits du plus fort chêne qu'on pouvait trouver, & ils avaient la proue & la poupe fort élevées. Ceux de la Méditerranée, au contraire, étaient bas & plats, & principalement poussés par des rames. Toute leur structure semblait aussi plus légère que celle des vaisseaux du Nord. Ceux-ci, destinés à faire de longues expéditions, étaient toujours pontés, tandis que ceux qu'on employait dans la Méditerranée ne l'étaient que dans quelques cas particuliers. C'est pourquoi les écrivains de Rome ne manquent jamais de nous apprendre s'il y a quelques vaisseaux pontés dans une flotte, & de distinguer avec soin ceux qui le sont, d'avec ceux qui sont découverts.

Ces connaissances dans la navigation, que possédaient les nations du Nord, jointes à une fréquente pratique, rendaient ces peuples remuans, très-propres à vivre sur mer, & favorisaient infiniment leur goût pour les excursions maritimes. Les immenses richesses que la plupart des aventuriers de ces nations avaient acquises par leurs pirateries; la célébrité qui accompagnait toujours les vaillantes actions sur mer; leur religion même qui savait si bien inspirer le courage & l'intrépidité, donner l'espérance d'une récompense délicieuse à ceux qui mouraient dans les combats, & le bonheur d'être réunis à *Othine* dans le *Valhalla*, où ils boiraient, dans les crânes de leurs ennemis, l'hydromel &

la bière que leur verſerait la belle *Walkyriurs*, & de manger la chair rotie du ſanglier ſauvage *Scrimner*; tout cela était bien fait pour inſpirer aux nations du Nord la confiance la plus audacieuſe, & le courage d'entreprendre les plus dangereuſes expéditions navales, dès qu'ils avaient l'eſpérance d'acquérir de la gloire. Les plus grands dangers, la mort même, semblaient les exciter à mettre à fin les entrepriſes les plus périlleuſes. Car, quelle raiſon pouvait engager ces peuples à entreprendre des expéditions, dont la ſeule idée était capable d'effrayer les autres ?

Comme ils étaient fréquemment occupés de la navigation, il était aſſez ordinaire que quelques-uns de leurs vaiſſeaux échouaſſent ſur les côtes étrangères, qui leur étaient parfaitement inconnues. C'eſt par un accident de cette eſpèce que l'Iſlande fut découverte, comme on l'a vu ci-deſſus, *page* 83; mais la population de cette île eut pour cauſe les émigrations continuelles des peuples des contrées voiſines. Les îles de *Schetland*, nommées conſtamment par les peuples du Nord, îles *Hialtaland*; les *Orcades*, ainſi que les îles *Soderoe*, ou les îles Weſtern, de *Faroar* ou Ferroë, furent ſubjuguées par *Harold*, roi de Norwège, parce que les pirates avaient choiſi ces îles pour y mettre en ſûreté les dépouilles des nations, & que ce Prince voulait s'oppoſer aux émigrations qui épuiſaient ſon royaume de ſujets ; émigrations entretenues par le goût dominant alors pour la piraterie. *Harold* donna à *Rognwald*, *Jarl* ou comte de *Moere & Raundel*, les Orcades & *Hialtaland* ou les îles de Schetland, à titre de comté (*Jarlrik*) ſans tribut ; propriété qui devait paſſer à ſes deſcendans. Rognwald en fit don à ſon frère *Sigurd*, comme arrière-fief. Mais comme il mourut bientôt, & que ſon fils *Guthorm* vécut peu de temps après lui, le comté revint à *Hallad*, fils de *Rognwald*, qui devint ſi odieux à ſon père, par ſa ſtupidité, que celui-ci légua ſon comté des Orcades à *Eynar*, ſon fils naturel ; c'eſt de lui que deſcendent les derniers comtes des Orcades.

C'eſt à-peu-près dans ce temps que ſe placent les incurſions de certains Normands en Ruſſie. *Oſkold* & *Dir*, avec une partie de leurs ſoldats, deſcendirent le *Nieper* juſqu'à *Kiow*, où les *Chazars* d'origine turque régnaient alors ſur les Sclavons. Là ils jettèrent les fondemens d'un nouveau royaume, qui fut cependant bientôt uni à celui de Nowogorod.

Un des fils de Rognwald, comte des Orcades, nommé *Hrolf*, ayant infeſté les côtes de Norwège par ſes déprédations, malgré les défenſes du roi Harold, fut banni de ce royaume. Il ſe retira aux îles de *Soderoe*, où il trouva un grand nombre de fugitifs & de mécontens. Il ſut bientôt gagner leur amitié, & parvint à ſe mettre à leur tête. Il les conduiſit le long des côtes de l'Angleterre & de l'Allemagne, juſqu'à l'embouchure de la Seine, où il arriva en 876. Ils trouvèrent le trône occupé par les ſucceſſeurs de Charlemagne ; mais l'inertie de ces princes & les diſſentions qui les déchiraient, avaient réduit cette belle contrée à un ſi grand degré de faibleſſe, qu'il ne fut pas difficile aux Normands de la ravager, & d'y commettre les plus grands excès. Le chef de ces pirates ne bornait pas ſon ambition à faire du butin, il aſpirait à quelque choſe de plus ſolide ; il voulait fixer ſa réſidence dans ce pays. Après un grand nombre de combats, de traités de paix, & d'infractions de ces traités, *Hrolf* ou Robert, comme on le nomme après ſon baptême, reçut, en 912, des mains de Charles le ſimple, le duché de *Normandie*, comme fief, & il épouſa *Giſla*, fille de ce Prince. Robert eut, de ſa première femme, un fils nommé Guillaume qui lui ſuccéda, duquel deſcendent les rois d'Angleterre ; & les rois Normands, de Sicile & de Naples, tirent leur origine de Tancrède, un de ſes proches parens.

Les Normands continuaient à s'établir en Irlande, & à s'avancer dans le nord de l'Angleterre & de l'Ecoſſe ; déſolant continuellement ces contrées par leurs dépradations. En 982 ou 983, on découvrit une nouvelle contrée, à l'occaſion du bannissement d'un coupable. Entre les petits souverains que le Roi Harold subjugua, il s'en trouvait un nommé *Thorrer*. Son grand oncle *Thorwald* avait vécu à la Cour du comte *Hayne*; mais obligé de fuir, à cause d'un meurtre dont il s'était rendu coupable, il se rendit en Islande, où il fonda une nouvelle colonie. Son fils Eric *Raude* ou *Redhead*, ayant été persécuté par *Eyolf Saur* un de ses voisins très-puissant, pour avoir tué quelques gens de ce dernier, la vengeance porta *Eric* à tuer *Eyolf*. Ce crime, & d'autres dont il s'était rendu coupable, l'obligèrent à quitter son pays. Il avait appris qu'un homme, nommé *Gunbiorn*, avait découvert les bancs appelés *Gunbiorn's Schienren*, à l'ouest de l'Islande, & en tirant davantage vers l'ouest, un pays d'une plus grande étendue que celui-ci. Condamné à un exil de trois ans, il se détermina à faire un voyage à ces îles. Il vit bientôt la pointe de la terre, appelée *Herjolfs Ness*, & se dirigeant ensuite un peu plus au sud-ouest, il entra dans un large détroit qu'il nomma le détroit d'Eric (*Eric's Sound*), & passa l'hiver dans une île fort agréable de ces parages. L'année suivante, il examina le continent, & la troisième année de son bannissement étant écoulée, il retourna en Islande; il y fit la description la plus séduisante des riches prairies, des vastes forêts, & de la pêche abondante du pays qu'il nommait *Greenland* Groenland, dans la vue d'engager un grand nombre de personnes à venir habiter cette nouvelle contrée. En effet, il partit dans le dessein de la peupler, avec 25 vaisseaux & plusieurs personnes de l'un & de l'autre sexe, ainsi que des troupeaux, des meubles, &c. De ces vaisseaux, quatorze seulement abordèrent heureusement. Ces premiers colons furent bientôt suivis par d'autres de Norwège & d'Islande; & au bout de quelques années, leur nombre s'accrut à un tel point, qu'ils occupaient, non-seulement la partie orientale, mais encore l'occidentale du Groenland. Enfin, ils devinrent si nombreux, qu'ils pouvaient former la troisième partie du diocèse d'un évêque Danois.

Tel est le récit unanime des premiers habitans du Groenland, appuyé sur l'autorité de l'historien du Nord & du juge de l'Islande *Snorro Sturleson*, qui écrivait dans l'année 1215. Mais d'autres assurent que le Groenland était connu long-temps avant cette époque, & ils apportent pour preuve une Bulle du pape Grégoire IV, & des lettres-patentes de l'empereur Louis le pieux, dont la première est datée de l'année 834, & la dernière de 835. Dans la première, ainsi que dans la bulle, il est permis à l'archevêque Ansgarius de travailler à la conversion des Suédois, des Danois & des Sclavons. On ajoute des *Norwæhers* (peut-être les Norwégiens), des *Farriers* (de Feroe), des *Green-*

landers (des Groenlandais), des *Halsingalanders* (des Habitans d'*Halsingaland*), des *Icelanders* (des Islandais) & des *Scridevinds*. Delà, on conclut nécessairement que le Groenland & toutes les contrées dont nous venons de parler étaient connues avant l'année 834 & 835, & même que l'Islande l'était alors sous le nom qu'elle porte aujourd'hui, quoiqu'on convienne universellement qu'elle fut d'abord appelée *Snowland* par *Nadodd*, qui la découvrit (*vid. page* 83). Il y aurait alors une contradiction évidente. Il est vrai qu'en admettant que la bulle & les lettres ne soient pas supposées, les mots de *Gronlandon* & *Islandon* pourraient se lire différemment, & peut-être *Quenlandon* & *Hitlandon*. Par le premier, il faudra entendre la *Finlande*; & *Hitland* ou *Hialtaland*, seront les îles de Schetland. Par ce changement, toute difficulté est éclaircie. Mais on peut aussi, avec quelque raison, présumer que les noms des nations placées après « les Suédois, les Danois & les Sclavons » ont été introduits dans ces derniers temps dans la bulle & dans les patentes en question, puisque saint Rambert, le successeur immédiat d'*Ansgarius* & qui écrivit sa vie, ne parle que des Suédois, des Danois & des Sclavons, qu'Ansgarius avoit ordre de convertir, *avec les autres nations situées au nord* (*a*).

(*a*) *Constitutum legatum, circumquaque gentibus*

Il eſt donc très-probable que quelque copiſte ayant voulu faire mention des peuples qui lui paraiſſaient devoir être compris dans ces mots, *& les autres nations ſituées au nord*, aura finement ajouté les *Norwæhers*, les *Farriers*, les *Greenlanders*, *Halſingalanders*, *Icelanders*, & les *Scridevinders*, ſans réfléchir qu'au temps de ſaint Anſgarius, le Groenland & l'Iſlande n'étaient pas découverts. De ſorte que l'autorité de ſaint Rambert & de Snorro Sturleſon, demeure ſans atteinte, malgré les copies altérées de la bulle du pape & des lettres impériales. Nous pouvons regarder comme certain que l'Iſlande n'a pas été découverte avant 861, ni habitée avant 874; & que le Groenland était à peine connu avant 888 ou 889, & habité avant 892. Il paraît que la première de ces contrées était alors couverte de bois. Un auteur ancien parle d'un verger que les moines de ſaint Thomas cherchaient à fertiliſer en y faiſant paſſer une ſource d'eau chaude.

Le goût que les Normands avaient toujours

Sueonum, ſive Danorum, nec non etiam Sclavorum, aliarumque in aquilonis partibus, gentium conſtitutarum. Vita S. Anſcharii apud Langebeck Script. Hiſt. Dan. *Tom. I, pag.* 451 *&* 452. Adam de Brême, *Hiſt. Eccleſ. Lib. I, cap* 17, ne nomme que ces trois nations, il ajoute : « *Et aliis conjacentibus in circuitu populis* ».

manifesté pour les découvertes se soutint parmi eux, même dans les froides régions de l'Islande & du Groenland. Un Islandais nommé *Herjolf*, avait coutume de faire tous les ans avec son fils *Biorn*, un voyage dans différens pays pour commercer; environ vers l'an 1001, leurs vaisseaux furent séparés par une tempête. *Biorn* arrivé en Norwège, apprend que son père est allé au Groenland. Il prend le parti de l'y suivre; mais une autre tempête le pousse hors de sa route, fort loin vers le sud-ouest. Il apperçoit un pays plat, tout couvert de bois fort épais ; & précisément lorsqu'il met à la voile pour son retour, il découvre une île. Il ne s'arrêta dans l'une ni dans l'autre de ces contrées, mais il se hâta autant que le lui permit le vent, qui était beaucoup tombé, de revenir par le nord-est, au Groenland. Cet événement n'y fut pas plutôt su, que *Leif*, fils d'*Eric Redhead*, enflammé du desir d'acquérir de la gloire en faisant, comme son père, des découvertes & en fondant des colonies, équippa un vaisseau monté par 35 hommes, & prenant Biorn avec lui, il partit pour cette nouvelle terre. Le premier pays qu'il découvrit fut une île couverte de rochers & stérile; & qu'en conséquence il nomma *Helleland*. Ensuite il vit une terre basse, avec un fond de sable, qui cependant était couverte de bois; il la nomma pour cette raison *Markland*. Deux jours après, il apperçut encore la terre, & une île située vis-à-vis la côte nord de cette terre. Il y découvrit une rivière qu'il remonta. Les bords étaient couverts de buissons, portant des fruits fort agréables, la température de l'air était douce, le sol fertile, la rivière abondante en poisson, principalement en beau saumon. Enfin, il arriva à un lac d'où la rivière tirait sa source. Il se détermina à passer l'hiver dans ces lieux. Dans le jour le plus court de cette saison, il vit le soleil pendant huit heures sur l'horizon. Ceci suppose que le jour le plus long, sans faire attention au crépuscule, devait être de seize heures. D'où il suit que cette contrée étant sous le quarante-neuvième degré de latitude nord, au sud-ouest de l'ancien Groenland, il faut que ce soit, ou la rivière de *Gander*, ou la baie des Exploits, dans l'île de Terre-Neuve, ou enfin quelque lieu à la côte nord du golfe Saint Laurent. Nos aventuriers bâtirent quelques huttes; & un jour ils trouvèrent dans les bois un Allemand nommé *Tyrker*, qui s'était perdu, mais qui était très-content ayant trouvé des raisins dont, disait-il, on faisait du vin dans son pays. Leif les goûta, & cette découverte intéressante lui fit donner à ce pays le nom de *Winland dat Gode*, c'est-à-dire, *le bon pays du vin* (*a*).

(*a*) Il est vrai que le raisin croît naturellement dans

Le printemps ſuivant Léif retourna au Groenland. Thorwald, ſa mère, entreprit un voyage dans ce nouveau pays, accompagnée des mêmes perſonnes que ſon fils y avait amenées, afin de continuer ces découvertes. D'abord on examina la partie de ce pays à l'oueſt; l'été ſuivant on fit des recherches à l'eſt. La côte était couverte de bois & environnée d'îles, mais on n'apperçut point d'habitans ni d'animaux d'aucune eſpèce.

Le troiſième été que les Groenlandais firent le voyage de cette île, leur vaiſſeau toucha ſi fort contre une pointe de terre, & fut tellement endommagé, qu'ils furent obligés d'en conſtruire un autre, & de laiſſer le vieux vaiſſeau ſur le promontoire, qui fut nommé de là, *Kiæler Neſſ.* Ils examinèrent de nouveau la côte de l'eſt, alors ils découvrirent trois barques couvertes de cuir, dans chacune deſquelles étaient trois hommes, dont ils ſe ſaiſirent. L'un de ces hommes trouva moyen de s'échapper; les autres, après avoir été le jouet des Normands, en furent cruellement maſſacrés. Mais bientôt après, ceux-ci furent attaqués par un grand

le Canada; mais quoiqu'il ſoit bon à manger, on n'a pas encore pu en faire du vin ſupportable. Je ne ſais pas ſi le raiſin ſauvage ſe trouve dans le voiſinage de Terre-Neuve. Les eſpèces de vignes qui croiſſent dans le nord de l'Amérique, ſont appellées par Linné *Vitis labruſca, vulpina & arborea.*

nombre de ces sauvages armés de flèches. Les Normands firent un rempart de planches pour se mettre à l'abri eux & leurs vaisseaux ; ils s'y défendirent avec un tel courage, qu'après un combat d'une heure, leurs ennemis furent obligés de décamper. Les Normands nommèrent les naturels de ce pays, *Skrællingers*, c'est-à-dire, *nains* à cause de leur petite stature. *Thorwald*, la mère de Leif, mourut d'une blessure qu'elle avait reçue d'une flèche dans le combat ; sa tombe fut placée sur le promontoire, & suivant son intention ornée de deux croix. Delà ce promontoire prit le nom de *Krossa-Ness*. Les Normands passèrent l'hiver dans *Winland*, & retournèrent au Groenland au commencement du printemps.

Dans cette même année, *Thorstein*, le troisième fils d'Eric *Raude*, partit pour le *Winland* avec sa femme *Gudrid*, fille de *Thorbern*, ses enfans & ses domestiques, faisant en tout vingt-cinq personnes ; mais ils furent jetés par une tempête sur les côtes de l'ouest du Groenland. Ils furent obligés d'y passer l'hiver ; Thorstein & plusieurs personnes de sa suite moururent probablement du scorbut. Au printemps, *Gudrid* rapporta dans son pays le corps de son mari.

Thorfin, islandais de qualité, surnommé *Kallsefner*, descendant du roi *Regner-Lodbrok*, épousa Gudrid veuve de *Thorstein*, & il eut par-là des droits sur la contrée nouvellement découverte. Il partit pour le Winland, avec des meubles, des troupes, soixante-cinq hommes & cinq femmes, qui commencèrent à établir une colonie. Les *Skrællingers* vinrent bientôt les trouver pour faire des échanges avec eux. La petite stature de ces habitans & l'usage qu'ils font des barques couvertes de cuir, nous portent à croire que ces peuples ont été les ancêtres des *Esquimaux* d'aujourd'hui, qui sont les mêmes que les Groenlandais, nommés dans la langue des *Abenakis*, *Eskimantsik*, parce qu'ils mangent du poisson cru ; de même que les Russes appellent les *Samojedes*, *Sirojed'zi*, parce qu'ils mangent de la chair gelée & du poisson crud.

Les naturels du pays donnèrent aux Normands en échange pour quelques marchandises, les plus belles fourrures. Ils auraient bien voulu avoir aussi des armes, mais *Thorfin* avait expressément défendu de leur en fournir. Un d'eux cependant trouva moyen de s'emparer d'une hache d'armes, & il en fit l'essai immédiatement sur un de ses compatriotes, qu'il étendit mort sur la place ; un autre se saisit de cette arme funeste & la jeta à la mer. Les Normands restèrent trois ans dans ce pays, & après avoir rassemblé une grande quantité de fourrures & d'autres marchandises, *Thorfin* retourna au Groenland. Les richesses qu'il y apporta firent naître le desir à plusieurs de ses compatriotes de tenter aussi fortune dans le Winland. Enfin *Thorfin* retourna en *Islande*, où il se bâtit une maison agréable dans une terre appelée *Glaumba*, qu'il avait achetée dans la partie du nord de *Syssel.* Après sa mort *Gudrid* son épouse, fit un voyage à Rome & revint finir ses jours en Islande, dans un monastère que son fils *Snorro* qui était né en *Winland*, avait fondé pour elle (*a*). Après cela, *Finbog* & *Helgo*, Islandais, équipèrent chacun un vaisseau portant trente hommes, & firent un voyage à Winland. Ils emmenèrent avec eux *Freidis*, fille d'*Eric Raude*; mais elle occasionna, par son caractère turbulent, des divisions dans la colonie; *Helgo* & *Finbog* furent tués dans une de ces querelles & trente hommes avec eux. *Freidis* retourna au Groenland, où elle vécut haïe & méprisée, & mourut dans la plus grande misère. Le reste des Nor-

---

(*a*) Les descendans de *Snorro* fils de *Thorfin*, ont été des hommes de marque dans l'Islande; car *Thorlak*, fils de *Runulf* & neveu de *Snorro*, fut évêque de *Skalhollt* en 1119. Brander fils de *Thorlak*, fut évêque de la même ville en 1163. Un descendant de *Snorro* nommé *Biorno*, fut aussi évêque en Islande. *Hawko*, juge d'Islande, fut promu à la même dignité: il vivait en 1308, & il a écrit la topographie & les annales d'Islande, qu'on nomme *Haukshok*, du nom de l'auteur.

mands fut dispersé. Il est probable que leur postérité existait encore long-temps après, quoiqu'on n'ait rien appris de positif sur ces aventuriers. On rapporte que dans l'année 1121, environ cent ans après la découverte de cette terre, l'évêque *Éric* vint du Groenland à Winland, pour convertir ses compatriotes qui étaient encore payens. Depuis cette époque nous ne savons rien du Winland, & il y a toute apparence que la tribu qui existe encore dans l'intérieur de Terre-Neuve, qui est si différente des autres sauvages de l'Amérique par sa figure & sa manière de vivre, & toujours dans un état de guerre avec les Eskimaux de la côte du nord, sont les descendans de ces anciens Normands.

Il paraît par les détails que nous venons de donner, & que le lecteur nous pardonnera à cause de leur importance, que les anciens Normands, à parler strictement, ont découvert les premiers l'*Amérique*, & cela cinq cens ans avant que *Christophe Colomb* eût abordé en 1493, pour la première fois, dans cette partie du monde, & que *Sébastien Cabot* eût reconnu *Terre-Neuve* en 1496. Les faits que nous avons rapportés ont été recueillis dans un grand nombre de manuscrits islandais, & nous ont été transmis par *Thormod Thorfæus*, dans ses deux ouvrages qui ont pour titre, l'un, *Veteris Groenlandiæ Descriptio*,

Hafniæ, 1706, in-8°; l'autre, *Historia Winlandiæ antiquæ*, *Hafniæ*, 1705, in-8°. Nous trouvons aussi dans l'*Histoire de l'Eglise*, par *Adam de Brême*, page 151, quelque chose sur la contrée nommée *Winland*. *Arngrim* dans son *Specimen Islandiæ historicum*, a conservé aussi une relation très-exacte de ces découvertes, ainsi que plusieurs autres écrivains : de manière qu'il n'est pas possible d'élever le moindre doute sur l'authenticité des faits rapportés ici.

Nous ne trouvons rien de postérieur à ces premières découvertes, si ce n'est que vers l'an 999, *Leif*, fils d'*Eric Raude*, fit un voyage en Norwège, où le roi *Olaf Tryggeson* lui ayant persuadé de se faire chrétien & d'aller au Groenland pour travailler à la conversion de ses compatriotes, il y aborda en 1000 avec des prêtres chrétiens, & son père *Eric* avec plusieurs personnes, embrassa la religion chrétienne.

Environ 100 ans après ceci, la religion chrétienne s'était étendue par tout ce pays. On avait bâti plus de douze églises & deux couvens sur la côte de l'est, & quatre sur la côte de l'ouest; plus de cent quatre-vingt-seize fermes s'étaient élevées avec leurs dépendances. Les habitans se multiplièrent à tel point, que *Sok* neveu de *Leif*, les ayant assemblés à *Brettahlid*, résidence ordinaire du juge ou *Lagmann*, ils furent tous d'avis qu'ils pouvaient

pouvaient entretenir un évêque de leurs propres biens ; ce fut *Eric* qui fut envoyé en cette qualité. Il eſt probable que cet évêque au lieu d'aller au Groenland, alla au Winland dans le deſſein de convertir les Normands qui étaient encore payens ; quoi qu'il en ſoit, on n'entendit plus parler de lui. Un ſavant prêtre appellé *Arnold* ayant été, à la prière des Groenlandais, nommé leur évêque, par *Sygur*, roi de Norwège, partit pour le Groenland, après avoir été ſacré par l'évêque de *Lunden* en *Schonen* ; nous avons une liſte de dix-ſept de ces évêques. Les *Skrœllinghers* ou les Eſquimaux d'aujourd'hui, commencèrent à ſe montrer vers l'année 1376, & il eſt probable que ces peuples ont enfin extirpé la race des Normands ; toute communication entre ces pays, le Dannemarck & la Norwège étant entièrement interrompue depuis le commencement du quinzième ſiècle. Il n'eſt pas poſſible non plus d'y aller de l'Iſlande, parce que toute la côte de l'eſt du Groenland eſt environnée d'énormes amas de glaces amoncelées dans ces lieux depuis un temps immémorial, & que chaque hiver augmente encore. Ces glaces cauſent un froid ſi grand même en Iſlande, que cette île où l'on pouvait autrefois ſemer du blé, & où il y avait de nombreuſes forêts, ne produit plus de blé aujourd'hui, & qu'il n'y croît que quelques arbriſſeaux rabougris. Il y avait dans le Groenland un bois destiné à la nourriture des troupeaux, près de la résidence de l'évêque; mais il ne reste aucun vestige de bois même dans la partie occidentale du Groenland, qui jouit cependant d'un climat plus doux qu'aucune autre partie de cette contrée. Il n'était pas facile d'approcher d'un pays si bien défendu. Il faut ajouter à ces causes de destruction une maladie pestilentielle, qui enleva une multitude innombrable d'hommes au commencement du quinzième siècle depuis l'année 1402 jusqu'en 1404. Le nombre des Normands fut si diminué par cette maladie, & la privation des secours de la Norwège, affaiblit cette nation à tel point, qu'il fut fort aisé aux Esquimaux de l'exterminer. Ces contrées restèrent dans cet état jusqu'au commencement du seizième siècle, que le goût pour les découvertes se réveilla dans toute l'Europe, & s'accrut continuellement par le récit de celles que faisaient alors les Portugais & les Espagnols.

CHAPITRE III.

Des Découvertes faites par les Italiens dans le Nord, par terre & par mer.

DEUX motifs ſeulement, l'intérêt & l'enthouſiaſme, ont pu engager au milieu des ténèbres qui enveloppaient le moyen âge, les hommes à entreprendre des voyages dans les contrées les plus reculées. Ces deux puiſſans mobiles étaient ſeuls capables d'inſpirer le courage & la vigueur d'eſprit néceſſaires pour les grandes entrepriſes, à des hommes courbés ſous le joug de la ſuperſtition & opprimés par le deſpotiſme & le gouvernement féodal. Le nord de l'Europe & de l'Aſie était plongé dans la barbarie, écraſé par l'abus d'un pouvoir que la force avait mis dans les mains des nations les plus groſſières. Du nord-eſt de l'Aſie, ſortirent ſucceſſivement des hordes innombrables de barbares qui portèrent le meurtre & les ravages dans toutes les contrées qui eurent le malheur de ſe trouver ſur leur paſſage. L'état de l'Europe, dans ces temps malheureux, préſentait à ces deſtructeurs de l'univers une conquête facile. Point de ville fortifiée, point de troupes reglées, ni d'argent dans les tréſors publics pour ſubvenir aux dépenſes de la guerre;

les états démembrés & soumis à une multitude de petits princes incapables de se défendre, les grands états affaiblis par les vices internes de leur gouvernement; telles étaient les causes qui avaient préparé un si grand changement. Depuis la mer qui sert de borne à l'est de la Chine jusqu'à l'Oder & le Danube, tout fut exposé aux ravages de ces peuples, qui détruisirent, comme un torrent impétueux, tout ce qui se trouva sur leur passage; & des montagnes de l'Inde à la mer Glaciale, les *Mogols* (c'est sous ce nom que ces barbares étaient connus) soumirent tout à leur puissance formidable. La terreur qu'ils inspiraient à l'Europe, détermina le pape à essayer d'arrêter, par des ambassadeurs, les progrès de leur puissance irrésistible, & de diriger leur impétuosité sur les infideles, ou mahométans de la Palestine & de l'Egypte. L'empereur Frédéric II invita tous les princes de l'Europe à s'opposer à ces barbares qui allaient envahir tout le monde par la jonction de leurs forces. Mais la désunion qui se mit entre les chefs des tribus des Mogols, & les richesses qui affaiblissent le courage, servirent bien plus que toute autre chose à protéger l'Europe contre les dépradations de ces cruels conquérans. Les ambassadeurs qu'on envoya aux princes Mogols, étaient tous moines; l'esprit d'humilité les rendait seuls capables d'une fonction si délicate dans les circonſtances où l'on ſe trouvait alors. Les Mogols crurent, comme le penſent encore les Chinois, que les ambaſſadeurs des autres princes qui leur portaient des préſens, ſelon la coutume de l'Orient, venaient pour reconnaître leur ſuprématie & ſe ſoumettre à leur *Kan*; dans cette idée ils obligèrent ces ambaſſadeurs à des ſoumiſſions & à un cérémonial dont tout autre qu'eux, ſe ſerait ſenti trop humilié.

Outre ces moines, quelques nobles Vénitiens entraînés par l'amour du gain allèrent dans ces contrées, & s'avancèrent juſqu'à la réſidence des *Kans*. Nous avons auſſi les relations de quelques militaires, qui pénétrèrent aſſez avant au nord-eſt de l'Aſie, dans des parties aujourd'hui inconnues. Toutes ces relations ſont d'une grande importance pour nous faire connaître l'hiſtoire, les mœurs & le caractère des nations du Nord, & la contrée elle-même. Mais notre intention étant de ne donner qu'une eſquiſſe de l'hiſtoire de ces peuples & de leur pays, nous ne pouvons entrer dans de grands détails ſur les objets qui s'offrent avec tant d'abondance & de variété; cela nous éloignerait d'ailleurs de notre plan.

Avant de rapporter les voyages des divers religieux dans le nord-eſt de l'Aſie, nous ferons quelques remarques ſur ceux d'un juif eſpagnol. Ce juif nommé *Rabbi Benjamin* était de *Tudèle*, petite ville de la *Navarre*. Son père Rabbi *Jonas* vivait probablement aussi à *Tudèle*. Sur le témoignage de Rabbi *Abraham Zuka*, célébre astronome & professeur à Salamanque, qui vivait dans le quinzième siècle, on suppose que *Rabbi Benjamin* voyagea depuis l'année 1160 jusqu'en 1173 ou environ, & qu'il écrivit ensuite ses voyages. M. *Barratier*, ce génie précoce, assure que Benjamin ne voyagea point, mais qu'il mit au jour les ouvrages des écrivains ses contemporains. Il est vrai que les fables incroyables que Benjamin raconte, paraissent des preuves incontestables en faveur de l'assertion de M. Barratier ; mais il y a aussi des circonstances qui sont contre cette même assertion ; par exemple, lorsque Benjamin dit qu'il a entendu lui-même d'un certain *Rabbi Moïse* à *Ispahan*, une histoire des Turcs (cap. XVIII). Les fautes qui se rencontrent dans les ouvrages de cet auteur, peuvent être attribuées à des erreurs de copistes, au défaut de mémoire, & à plusieurs autres circonstances de ce genre (*a*). A la fin de ses voyages il dit que Prague en Bohême

(*a*) Mais ces fables incroyables sont dans le goût de ces temps ; & les autres voyageurs de ce siècle, dont les voyages sont reconnus pour véritables, contiennent des relations qui ne sont pas moins incroyables. Il est vrai que les fables de Benjamin sont des fables juives.

eſt le commencement de l'*Eſclavonie*. Enſuite il parle de l'empire Ruſſe qui s'étend des portes de Prague juſques aux portes de *Phin*, פין, grande ville aux frontières de ce royaume. Dans cette contrée on trouve des animaux qu'on nomme *Wai-Regres*, ואידרגריש & *Neblinatz* נבלינאץ. Les interprètes ne ſont pas d'accord ſur la ſignification de ces mots. Mais il paraît clairement que *Phin* n'eſt autre choſe que *Kiow*, la capitale de l'empire Ruſſe dans ce temps. Les interprètes auraient dû lire ici כוו, parce que le *nun* (*n*) final n'y étant pas, on peut aiſément ſuppoſer que ce mot a été écrit différemment. Maintenant pour les noms des animaux ; la Ruſſie a toujours été connue par ſes renards gris, ou ſes écureuils de la même couleur ; on les nomme dans la langue ruſſe *Wjeworka*, c'eſt pour cela que nous lirions dans l'hebreu ואידרגיש *Waiwerges*, ce qui eſt aſſez ſemblable au ruſſe, tel qu'un juif eſpagnol pourrait l'écrire. Par les animaux appelés יבלינאע *Zeblinatz*, on doit entendre les *Zibelines*, les peaux deſquelles Jordanis avait nommées auparavant *Sapphillinas pelles* ; parce qu'elles étaient belles & rares. *Rabbi Benjamin* ne nous a pas laiſſé autre choſe concernant le nord de notre globe.

II. Les Mogols victorieux s'avançaient d'un côté de la mer Caſpienne ſous la conduite de *Tuſchi-Kan*, fils du grand *Gengis-Kan*, & du fils de *Tuſchi*, au travers du *Kiptschak*, de la *Ruſſie*, de la *Pologne*, de la *Hongrie*, & avaient déjà pénétré dans la *Siléſie*; tandis que ces mêmes peuples de l'autre côté de la mer Caſpienne, ſous le commandement de *Zagathai-Kan*, autre fils de *Gengis-Kan* & de ſon neveu *Holanghu-Kan*, parurent ſur les bords du Tigre & de l'Euphrate. Ces nouvelles étant parvenues aux oreilles d'Innocent IV, il fut réſolu dans le concile tenu à Lyon en 1245, qu'on enverrait quelques perſonnes du clergé en qualité d'ambaſſadeurs, vers ces conquérans, pour leur offrir la paix, tâcher de les convertir à la foi & les engager à tourner leurs armes contre les Turcs & les Sarraſins. Pour remplir ces vues on envoya ſix moines. *Jean de Plano*, ou *Palatio Carpini*, minorite italien, frère *Benoît* du même ordre, frère *Aſcelin* ou *Anſelme*, frère *Albert*, frère *Simon de S. Quentin*, tous dominicains, allèrent au ſud de la mer Caſpienne, traversèrent le *Khoraſan*, la *Syrie*, la *Perſe*, & firent route vers *Baiju-Nojon*, ou, comme les moines l'appelèrent, *Bajothnoy*. Ce dernier voyage ne contient rien d'inſtructif ſur le Nord. Jean de Plano Carpini traverſa la Bohême & la Pologne jusqu'à Kiow, & delà il fut à l'embouchure du *Niepper* & vit *Korrenſa*, Général des Mogols. Enfin il traverſa cette rivière couverte de glaces & ſe rendit ſur le Don

& le Wolga auprès de *Batu-Kan*. Ce prince leur dit qu'il fallait qu'ils allassent trouver le *Cuyne*, ou plutôt le *Kajuk-Khan*. Ils furent obligés pour cela de voyager à cheval dans la saison la plus rigoureuse, ils traversèrent le pays des *Comaniens*, au nord desquels sont les Russes, les Bulgares & les Morduines, ainsi que les *Bastarks*, ou les *Baschkirs*, qui sont en possession de la Haute-Hongrie; derrière ceux-ci sont les *Parosites* (*a*) & les *Samojedes*, qu'on dit avoir la tête comme les chiens. Au sud des *Comaniens* sont les *Alaniens*, les *Circassiens* & les *Chazars* (*b*), les Grecs, la ville de Constantinople, les *Ibériens*, les *Chatiens* (*c*) & les *Brutakis* (*d*),

(*a*) On entend par les *Parosites*, les *Parmosites* ou *Permiers*, ou comme les Russes les appellent, *Permiaks*.

(*b*) Les *Alains* & les *Circassiens* habitent toujours le Caucase; mais je ne sais quelle partie, & si les *Chazars* occupent toujours ces régions. Dans le temps de Constantin Porphirogenète en 949, les Chazars vivaient en Crimée près de l'embouchure du *Kuban*, & au nord de la mer d'Azof.

(*c*) Ce nom est probablement *Kakati*, province du *Gurgistan* ou *Géorgie*, qu'on appele *Ibérie*.

(*d*) Les *Brutaks* ou *Brutachs*, existent encore suivant toute apparence, car il y a sur le Caucase d'innombrables restes de petites nations. Dans la carte du Caucase par le major-général *Fauendorf*, nous trouvons

les pays des *Cythiens* (*a*), les *Géorgiens*, les *Arméniens* & les *Turcs*. En continuant encore leur voyage ils vinrent dans le pays des *Kangittes* (*b*), qui étaient tous pasteurs comme les *Comaniens*, & ne connaissaient point l'agriculture.

Du pays des Kangittes, ces moines vinrent dans celui des *Bisermini*, c'est-à-dire *Busermens*, *Musermens*, ou Mahométans habitans du *Turkestan*, qui parlaient la même langue que les *Comaniens*, mais ils professaient la religion de Mahomet. Au sud se trouve Jérusalem & *Baldach* (*Bagdat*) & tout le pays des Sarrasins. Au nord de ces derniers est *Black - Kathaya* (ou Kara-

---

au sud les *Alaniens*, appelés *Brutani*; mais comme il est aisé dans la langue russe de confondre l'N avec le K, il est très-probable que le nom de ces peuples est *Brutaks*. On ajoute dans une note, qu'ils sont indépendans, qu'ils ont un langage qui leur est propre & une monnoie d'argent & de cuivre.

(*a*) *Cythiens*. Il est probable que ce sont les *Cychiens*, ou comme le mot est généralement écrit, *Zichiens*.

(*b*) *Kanghitœ;* ces peuples sont aussi très-souvent appelés *Kanglis* ou *Kanklis*. Ils s'étendent du *Jaik*, ou comme on le nomme aujourd'hui, *Vral*, jusqu'au *Sirr*, ou *Sirdaria*, & même jusqu'à la rivière *Talas* ou *Talash* & *Issikul*. La contrée où ils vivaient était un désert.

Kitai) (*a*), dans lequel l'empereur a bâti un palais. De là les religieux marchèrent pendant quelques jours le long d'un lac qu'ils eurent pendant tout ce temps à leur gauche, & dans lequel ils virent plusieurs îles. L'empereur n'étant pas encore élu ni installé sur le trône avec toutes les cérémonies ordinaires, ils ne purent lui être présentés. Ils partirent pour le pays des *Naymens* qui étaient payens. Ils habitaient un pays très-élevé, montagneux & très-froid; en effet, il y neigeait le 29 de Juin. Après avoir encore marché pendant trois semaines, ils furent présentés au *Cuynés* ou *Kajuk-Kan* qui venait de monter sur le trône. Ils furent fort bien reçus & mieux traités que les autres ambassadeurs. Après avoir obtenu audience de l'empereur, ils partirent & retournèrent par la même route qu'ils étaient venus.

Le pays des Tartares est situé dans cette partie de l'orient qui touche au nord; à l'est ils ont le *Kathay* & les *Solangiens* (*b*), au sud les *Sarrasins*, au sud-ouest les *Huirs* (ou *Uigurs*), à l'ouest les *Naymens* & au nord le grand Océan.

(*a*) *Oktaikan* ou *Ugadai-Kan* bâtit dans *Kara-kitai* la ville d'*Omyl* ou *Chamyl*.

(*b*) Les *Solanges* sont, sans doute, la même nation que les *Mandshuriens*, qu'on nomme encore aujourd'hui *Solanieus*.

Le lieu où ils virent l'empereur, s'appelait *Syra-Horda.*

Ces peuples ne reconnaiſſent qu'un Dieu créateur de tout ce qui eſt viſible & inviſible, qui récompenſe & punit les hommes ſelon qu'ils ont bien ou mal fait ; mais ils ne lui rendent point de culte particulier. Ils ont cependant des idoles faites de feutre (appelées dans la langue ruſſe *Woeloks*), qu'ils placent dans leurs maiſons ; ils en ont auſſi de ſoie qu'ils honorent davantage que les autres. Ils offrent en ſacrifice à ces idoles une partie de ce qu'ils boivent & de ce qu'ils mangent, ainſi que le cœur des animaux qu'ils tuent. Enfin ces peuples paraiſſent avoir ſuivi la religion de *Schamen*, qui eſt une branche aînée de celle des Brames & de celle du *Dalai-Lama.* Ils avaient coutume d'abandonner à eux-mêmes ceux qui étaient dangereuſement malades, & lorſque ceux-ci étaient morts, ils retournaient les enſevelir ; coutume que les *Calmoucks* ſuivent encore de nos jours. Ils étaient *Polygames.* Ils avaient quelques vertus jointes à beaucoup de défauts.

III. L'intention des Mogols était de renvoyer les chrétiens avec de belles paroles, & à la première occaſion qui s'offrirait, de porter la guerre dans leur pays lorſqu'ils y penſeraient le moins, & de ravager, ſelon leur coutume, les provinces par où ils paſſeraient. Il arriva encore au Mogol en 1246 & 1247, un autre ambaſſadeur du Pape ; c'était un religieux nommé *André Luciumel.* Mais les préparatifs de la guerre contre les chrétiens ſe firent ſans interruption. L'empereur envoya quelques troupes pour appaiſer une révolte qui était déclarée dans le *Korea*, & mourut bientôt après avoir fait marcher ſes troupes, de *Korakorum* plus à l'oueſt vers *Kamſatki*, ce qui arrêta les projets de ces barbares.

IV. S. Louis, roi de France, envoya au nouvel empereur, *Mangu-Kan*, élu en 1251, & qu'on croyait en occident avoir embraſſé le Chriſtianiſme, un religieux du Brabant de l'ordre des Mineurs en qualité d'ambaſſadeur; il ſe nommait *Guillaume Ruyſbroek* plus connu ſous le nom de *Rubruquis.*

L'ambaſſadeur partit de Conſtantinople par mer, pour *Gaſaria* ou la Crimée, ſur la mer Noire, dans cette partie de *Soldeya*, appelée autrement *Sogdat* ou *Soldadia*, & aujourd'hui *Sudak*, à l'oueſt de laquelle eſt la ville appelée *Kerſona* (Cherſone ou Cherſon), qui ſelon *Inkerman* eſt la moderne Schurzi ou *Gurzi* ou *Scherſon.* A l'eſt à l'embouchure du Tanaïs eſt *Maricandis* & la ville *Matriga* ou *Materca* (*a*). Le

(*a*) *Maricandis* & *Matriga* ou *Materca*, doit ſe trouver ſur les bords du détroit. Le premier nom appar-

Don, avant de ſe jeter dans la mer, forme vers le nord un lac très-peu profond & dont la largeur eſt de 700 milles d'Italie. Il vient à *Materca* des marchands de Conſtantinople pour acheter du poiſſon ſec, comme des *eſturgeons*, des *thons*, des *barbeaux*. Au-delà de l'embouchure de ce lac eſt *Zichia*, qui n'eſt point ſoumiſe aux Tartares, & les *Suevi* (ou Suani) & les Ibériens. Depuis l'embouchure du Tanaïs juſqu'au Danube à l'oueſt, tout le pays eſt ſoumis aux Tartares, même au-delà du Danube vers Conſtantinople. Toute la Walachie qui appartient à *Aſſan* (*a*),

---

tient à un village ou une île ſituée vis-à-vis le détroit; on la nomme à préſent *Tamenda*. A l'embouchure de l'un des bras de la rivière de *Kuban*, eſt la ville de *Temruck*, qui était appelée d'abord par les Ruſſes *Tmutrakhan*, & par les Grecs *Tamatarcha*. C'eſt *Ta-Materca* ou *Materca* & *Matriga*. Quelques princes Ruſſes ont fait leur réſidence à *Tmutrakhan;* le prince *Mſtiſlaf*, fils de *Wolodimir le Grand* & frère de *Jaroſlaf I*, était prince de Tmutrakhan.

(*a*) En 1235, *Jean Aſſan* devint roi de Bulgarie & règna juſqu'en 1241. Alors ſon fils *Koloman* lui ſuccéda & règna juſqu'en 1245, il fut remplacé ſur le trône par *Michel* ſecond fils d'*Aſſan*, qui fit la guerre contre les Tartares & contre *Jean Vatatzes*. Mais comment eſt-il arrivé que Rubruquis donne la Walachie à *Aſſan*, & non la Bulgarie, royaume qu'il avait reçu en héritage de ſon père, & dont ce voyageur parle immédiatement après?

& toute la Bulgarie jusqu'à *Solinia* (ou *Solonoma*, sans doute Thessalonique) leur paye tribut.

Le long des côtes de la mer Noire, entre *Chersona*, *Soldeya* & à l'embouchure du Don, on voit plusieurs promontoires élevés. Mais de *Soldeya* à *Cherson* il y a environ quarante châteaux, dans chacun desquels on parle un langage particulier. Il s'y trouve quelques *Goths* dont la langue maternelle est l'allemande (*a*). De *Soldeya* après avoir traversé les montagnes, Rubruquis & ses compagnons entrèrent dans une plaine où ils virent une forêt, & à l'extrémité de cette plaine des lacs d'eau salée, dont le sel se cristallisait comme la glace. La charge de ce sel dans un charriot à deux chevaux, était vendue deux pièces d'étoffe de coton, ou un *hyperpyron*, qui vaut deux écus d'Allemagne. Les vaisseaux se chargeaient aussi de

(*a*) *Rubruquis* est le premier qui ait parlé des *Goths* en Crimée. Après lui un vénitien nommé *Joseph Barbaro*, en a fait mention dans son voyage à Tana, en 1436, *parag.* 20. Et après celui-ci *Busbeck* en 1562, parle de quelques-uns des Goths, ambassadeurs de la Crimée tartare, & nous donne un catalogue de quelques mots de leur langue. C'est sur le témoignage de Rubruquis qu'on établit l'existence des *Castella Judæorum* ou plutôt *Gothorum*, dessinés sur quelques anciennes cartes de la Crimée, lesquels M. Danville, géographe très-estimable, a placés dans sa carte & a nommés *Châteaux des Juifs*.

ce sel. Ensuite les religieux traversèrent un fossé tiré à l'extrémité de *Gazaria* d'une mer à l'autre (c'est peut-être près de *Perekop*). Dirigeant leur route à l'est sur le côté septentrional de la mer, ils virent plusieurs tombeaux comaniens, & les *Kaptschak Comaniens*, qui s'étendent du Don au Danube, & jusqu'à la rivière *Etilia* ou *Wolga*. Entre ces deux rivières il y a plus de dix grandes journées de chemin de distance. Au nord de *Kaptschak - Comania* est la Russie qui est couverte de forêts. Cette contrée est continuellement ravagée par les Tartares; & lorsque ces malheureux peuples n'ont plus ni or ni argent à donner, les Tartares les emmènent eux - mêmes en esclavage, avec leurs enfans & leurs bestiaux & leur font garder leurs troupeaux. Au-delà du Don ils trouvèrent un peuple nommé *Moxel* (*a*), les principaux de ce peuple avaient été emmenés par les Tartares en Allemagne, où ils avaient été massacrés. Ils étaient tous payens & avaient une grande quantité de cochons, de cire, de riches fourrures & de faucons. Près de ces peuples sont les *Merdas*, appelés en latin *Merduas* (*b*), qui

---

(*a*) *Mokscha* est le nom que les Morduani se donnent eux - mêmes. Ces peuples sont donc probablement les *Moxel* de Rubruquis.

(*b*) Par ces *Merduas* ou *Merdas*, il est probable qu'on

font

ſont de la religion mahométane. Plus loin vers l'eſt eſt *Etilia* (*a*), la plus large rivière que Rubruquis eût vue. Elle ſort de la partie ſeptentrionale de la grande Bulgarie, & ſe jète au ſud dans un grand *lac* ou *mer*; il faut quatre mois pour en faire le tour. Au ſud ſont de grandes montagnes habitées par les *Cergis* (*b*) (ou *Kergis*), & les *Alaniens* (ou *Akas*) (*c*), qui ſont chrétiens & toujours en guerre avec les Tartares.

---

doit entendre les *Tſcheremiſſes* qui ſe nomment eux-mêmes *Mart-Murt*, ou le peuple de *Mari*; mais Rubruquis s'eſt trompé comme l'a fait *Guaguinus* en les nommant mahométans, uniquement parce qu'ils ne travaillent pas le vendredi. Ils auront probablement pris cette pratique des Tartares mahométans leurs voiſins; les Merduas ſont tous payens.

(*a*) Le Wolga eſt appelé *Idel* par les Tartares, les *Tſchuwaſches* le nomment *Atel* ou *Atal*, d'où le mot *Etilia* ſemble être dérivé. Ce mot pris dans ſa ſignification la plus générale, déſigne une rivière, c'eſt en effet, comme Rubruquis l'appelle, la plus grande rivière de l'Europe.

(*b*) Les *Cergis* ou *Kergis*, ſont les mêmes que les *Tſcherkæſchiens* ou Circaſſiens.

(*c*) Les *Alaniens* ſont appelés *Akas* par Rubruquis, probablement d'*Odigas* (*Agdas*, *Adkas* & *Akas*). Mais ce ſont les *Tſcherkæschiens* qui ſe nomment eux-mêmes *Adigas*, & non les *Alaniens*. J'ai trouvé dans les remarques manuſcrites du profeſſeur *Thunman* ſur la

Vers la grande mer (la mer Caſpienne), ſont quelques mahométans appelés *Leſghi*, tributaires des Tartares. Au-delà de ceux-ci eſt la porte de fer (Derbent) (*a*), bâtie par Alexandre le Grand, pour arrêter les incurſions des barbares dans la Perſe.

Après avoir marché pendant ſept jours à l'eſt du Don, ils arrivèrent enfin au camp de *Sartach*, fils de *Batu*, qui leur donna audience. Enſuite ils partirent pour s'embarquer ſur le Wolga éloigné de trois journées de chemin de là; ils deſcendirent pendant cinq jours ce fleuve, juſqu'au

---

collection des voyages de *Bergeron*, qu'on voit dans la Bibliothèque de Halle, à côté du mot *Akas*, écrit en marge *Adiga*. Mais cette remarque fut détruite par celle du profeſſeur *Guldenſtaet*, dans la gazette hebdomadaire de *Buſching* pour l'année 1773, ſelon laquelle les *Tſcherkæchiens* ſe nomment *Adiga*. Mais les voiſins des *Alaniens* dans les montagnes, ſont les *Diketi* ou *Adiketi*, d'où eſt dérivé *Adketi*, *Adkſi* & finalement *Akas*. Et comme les princes Ruſſes de *Tmutrakam* avaient des terres dans ce voiſinage, il eſt très-poſſible qu'ils aient converti quelques peuples du Caucaſe à la religion chrétienne, de laquelle les Ruſſes ont découvert en dernier lieu des traces dans ces contrées.

(*a*) *Bayer* parle dans ſa Diſſertation de *Muro Caucaſeo*, dans les *Mémoires de l'Acad. de Peterſb.* Tom. I, pag. 425, de ce pas & l'ancienne muraille qui commence à Derbent & s'étend à l'oueſt.

camp de *Batu-Kan*, qui était ſur ſon bord oriental. Ils reçurent auſſi audience de ce prince. Ils ſuivirent pendant quelque temps ſon camp, & furent enſuite avec un *Moal* (Mogul) de diſtinction, vers l'eſt, en traverſant le pays des *Cangles*, deſcendans des anciens *Romani* (Komani) ; ils s'étaient pourvus pour ce voyage de peliſſes & de bottes de feutre. Ils marchèrent pendant douze jours à l'eſt du Wolga, & arrivèrent à la rivière *Jagag* (*Jaik* ou *Aral*), qui vient du côté du nord du pays des *Paſcatirs* (*a*) & ſe jète dans la mer Caſpienne. La langue des *Paſcatirs* eſt la même que celle des Hongrois. A l'oueſt des Paſcatirs eſt la *Bulgarie*, où il n'y a ni villes ni villages, & la petite Bulgarie eſt la dernière contrée où l'on en trouve. De ce pays des *Paſcatirs* (*Baſchart* ou *Baſcart*) ſortirent les *Huns* qu'on nomme aujourd'hui Hongrois, & conſéquemment le pays des Paſcatirs eſt la *grande Bulgarie*. On dit que les *Huns* traverſant le Caucaſe montés ſur leurs chevaux agiles, parcoururent & ravagèrent toutes les contrées qui ſe trouvent depuis cette montagne

(*a*) Paſcatir eſt auſſi écrit *Baſchart* ou *Baſcart*. Cette contrée était la demeure des anciens Hongrois ou *Madſchars* (*Magyar*), & *Madſchart* ſemble être le même mot que *Baſchart*, parce que le B eſt ſouvent employé pour M, & *vice verſa*. Les Ruſſes appellent les peuples qui habitent le pays des anciens *Baſchart*, *Baſchkirs*.

jusqu'à l'Egypte, & de l'autre côté jusqu'à la France. Ces peuples ont toujours été plus puissans que les Tartares modernes ou Mogols; mais les *Blacs* (*Wlachs*), les *Bulgares* & les *Vandales* surent leur résister. Ces Bulgares étaient sortis de la *grande Bulgarie*, & ceux qui sont au-delà du Danube près de Constantinople, ainsi que ceux qui sont près des Pascatirs, sont les *Ilacs*; nom qui signifie la même chose que Blacs; car les Tartares ne peuvent point prononcer le B. De ceux-là descendaient ceux qui étaient dans la contrée d'*Assan*. Les uns & les autres sont en effet nommés *Ilacs* dans la langue russe, polonaise & bohémienne. La langue des *Sclavons* est la même que celle des *Vandales*. Tous les Sclavons étaient unis aux *Huns*, aujourd'hui ils le sont aussi aux Tartares. Ce que je viens de dire (ajoute *Rubruquis*) sur le pays des Pascatirs, je l'ai appris des frères prêcheurs qui allèrent dans ces lieux avant même que les Tartares n'en sortissent, & depuis ce temps ils furent subjugués par leurs voisins les Bulgares mahométans, & plusieurs d'entr'eux embrassèrent la religion de leurs vainqueurs (*a*). Rubruquis & ses compagnons mar-

(*a*) Ce passage important semble n'avoir pas été bien compris par plusieurs personnes. Il paraît qu'on n'en a pas tiré tout le parti qu'on pouvait. Les anciens *Bulga-*

chèrent à l'eſt depuis le 14 ſeptembre juſqu'à la Touſſaint, ils trouvèrent que les *Paſcatirs* étaient déjà partis vers le ſud avec leurs troupeaux. Ils

---

res auſſi-bien que les *Baſchartiens* ou *Madſchars*, ſemblent être ou une nation deſcendue d'une tribu Turque, qui aura vécu long-temps dans le voiſinage des tribus Ruſſes orientales & ſeptentrionales, & même avec ces tribus qui parlent la langue des Finlandais; & aura ſans doute adopté beaucoup de mots de cette langue : ou bien ce peuple tire ſon origine des Finlandais, c'eſt-à-dire, du même peuple duquel deſcendent les Finlandais, les Eſthoniens, les Lapons, les Livoniens, les Permiens, les Syrjaniens, les Woguls, les Wotiacks, les Tſcheremiſſes, les Morduaniens & enfin les Kondiens - Oſtiaks, puiſqu'il ſe trouve une ſi grande affinité entre les langues de tous ces peuples. Les Baſchartiens, Madſchars ou Baſchkiriens ſont auſſi deſcendus des Finlandais; mais ces peuples & les Tſchuwaſches ont adopté la langue de leurs conquérans, les Tartares. Rubruquis s'eſt certainement trompé en donnant aux *Huns* la même origine. Il faut avouer cependant qu'il eſt venu avec les Huns pluſieurs nations étrangères, comme des Goths, des Sclavons & des Alaniens; il ne ſerait donc pas étonnant que quelques tribus finlandaiſes ou même turques, ſe fuſſent auſſi avancées avec eux dans leurs courſes vers les contrées occidentales, juſqu'à la France & l'Italie. De ces tribus ce furent les Bulgariens, les *Walachs* ou *Wolochs*, Wologars ou Wolgars, qui donnèrent le nom de Wolga à la grande rivière *Atel* ou *Etil*, & qui vinrent s'établir en 489 ſous le nom de

dirigèrent à cauſe de cela leur route au ſud en traverſant quelques montagnes. Ils rencontrèrent dans ce voyage des ânes ſauvages qu'on nomme

---

Bulgares (ainſi appelés de leur capitale *Buljar*) au nord du Danube. Les *Vandales* dont on parle ici ſont certainement les *Wends*, ou cette tribu de Sclavons, qui s'oppoſa aux Mogols & aux Tartares. Rubruquis ſemble confirmer cette conjecture : que les Bulgares & les *Wologi*, *Wolochi*, *Wlacs* ou *Jlacs* ne ſont qu'un même peuple. Il dit : « les Bulgares d'au-delà du Danube, ainſi » que ceux qui ſont près des Paſcatirs, viennent de la grande » Bulgarie, ce ſont les *Jlacs*, ce qui eſt le même nom » que *Blac* » (ou comme on prononce fréquemment le B, *Wlac*), l'original porte : « *de illa enim majori* » *Bulgaria venerunt illi Bulgari; & qui ſunt ultra* » *Danubium prope Conſtantinopolim & juxta Paſcatir* » *ſunt Jlac*, *quod idem eſt quod Blac* ». Il ſemble qu'on peut ajouter ici l'article *hi*, & on lirait : *hi ſunt Jlac*. Mais lorſque Rubruquis dit que le nom de ces peuples eſt *Jlac* dans les langues ruſſe, polonaiſe & bohémienne, il ſe trompe; car dans toutes ces langues il doit être *Wlac* ou *Wloch*, & même *Neſtor* les appelle *Wolochs*. La terre d'Aſſan eſt la Bulgarie ſur le Danube; conſéquemment il veut ſeulement indiquer que les Bulgares qui s'établirent ſur le Danube étaient *Wologiens*. Ces *Bulgares* ou *Wologiens* avaient un langage particulier; mais ayant beaucoup communiqué avec les *Sclavons*, les *Alaniens* & les *Romains*, ils ſe firent un idiome compoſé de celui de ces peuples & de la langue des payſans chez les Romains, ou *lingua ruſtica*. Cette langue mixte

Kolan (*a*), qui ressemblent à des mulets. Le septième jour ils virent dans le lointain de très-hautes montagnes. Ils entrèrent dans une plaine cultivée, arrosée par une multitude de ruisseaux. Bientôt après ils arrivèrent à une ville nommée *Kenkat*. Les guides ne purent lui dire le nom de cette contrée. Une grande rivière qui venait des montagnes arrosait ce pays; elle se perdait dans les terres & y formait de vastes marécages. Il vit des vignes & but du vin qui avait été fait de leurs fruits. Le jour suivant il se rendit à une autre ville, plus près de cette chaîne de montagnes qui forment le Caucase au-delà de la mer Caspienne, & s'étendent à l'est de cette mer. Là Rubruquis s'informa où était située une ville nom-

---

est encore d'usage en *Walachie*. J'ajouterai pour finir cette remarque, que la coutume de couper les chevaux en France & en Allemagne a sûrement été prise de ces nations orientales; car en France on nomme un cheval coupé, *un Hongre*, probablement de Hongrie; & en Allemagne on le nomme *Wallach*, pris sans doute des *Walaques*; & même en polonais on l'appelle un *Walach*.

(*a*) Les ânes sauvages sont encore nommés dans ces pays, *Kulan*; ce qui confirme le témoignage de *Rubruquis*. On trouve dans le deuxième volume des *collections du Nord* (*nordische Beitrage*), *pag*. 22, de M. Pallas, plusieurs particularités sur ces ânes sauvages.

mée *Talas*, dans laquelle quelques Allemands vivaient soumis à *Batu*, selon ce qu'il avait su du frere André. Mais il ne put rien apprendre concernant cette ville jusqu'à ce qu'il fût arrivé à la cour de *Manghu-Kan*, où on lui dit que le *Kan* avait placé ces peuples, avec le consentement de *Batu*, à une distance à l'est de plus d'un mois de voyage; qu'ils travaillaient dans ce lieu aux mines d'or & qu'ils fabriquaient des armes; mais il ne put point les voir. Il est vrai qu'il s'avança dans la suite assez près pour n'en être qu'à trois jours de marche; mais il ne connaissait pas ce pays, & d'ailleurs il n'aurait pas osé hasarder de s'éloigner si fort de sa route sur un simple récit (*a*). En quittant la ville où *Manghu-Kan* tenait sa

---

(*a*) Il est évident que l'auteur a traversé le désert du *Wolga* au *Jaik* ou *Ural*, le *Jemba* & le nord du lac *Aral*, jusqu'aux confins du Turkestan. La ville de *Kenkat* était à peu près dans le même lieu où est aujourd'hui situé *Kaschkanat*. Les rivières *Tschui* & *Talas*, toutes deux dans ce voisinage, se perdent dans des marais. Le pays, dans les environs, est fertile & agréable, & il n'est pas invraisemblable qu'il y ait eu autrefois sur les bords de la rivière *Talas* une ville du même nom. On trouve en effet à présent à l'est, la ville appelée *Bolak* ou *Haulak*, mais elle n'est pas à une aussi grande distance que celle dont parle Rubruquis, d'après ce qu'on lui a dit. Ce pays produit aussi de bons vins.

cour, il marcha à l'eſt le long du Caucaſe, il arriva chez un peuple ſujet de *Manghu-Kan*, qui rendit de grands honneurs aux ambaſſadeurs de *Batu*, car les ſujets de ce prince ſont plus conſidérés que les autres & un peu moins ſoumis. Peu de jours après il entra dans les montagnes que les *Kara-Kathaiens* (*a*) avaient autrefois habitées; il y rencontra une grande rivière qu'il fut obligé de paſſer dans un bateau. Il deſcendit enſuite dans une vallée où il trouva les ruines d'un château dont les murailles étaient d'argile; le pays d'alentour était cultivé. De là Rubruquis & ſes compagnons arrivèrent à une ville appelée *Equius*, dont les habitans parlent la langue de Perſe & profeſſent la religion mahométane. Le jour ſuivant ayant traverſé les hautes

---

(*a*) Les *Khitans* occidentaux conquirent les contrées autour de *Turfan* & *Kaſchkar*, depuis l'*Oby* & l'*Irtiſch*, juſqu'à l'*Amudaria*, (l'*Oxus* des anciens, le *Gihon*, Dſaihum,) & le *Sirdaria* (le *Jaxartes* des anciens, Sirt, Sihon) & la contrée fut appelée *Khitar* du nom des conquérans, les *Khitans*, & parce que les habitans furent obligés de payer tribut aux *Khitans*, *Kara-Khitai*; dans l'orient, toutes les petites nations qui payent tribut ſont nommées *Kara* ou Noires; les nations libres au contraire, ſont appelées Blanches. Le Czar de toutes les Ruſſies, par exemple, eſt appelé par les peuples de l'orient, le *Czar-Blanc*.

collines qui communiquent aux grandes montagnes du ſud, ils entrèrent dans une belle & vaſte plaine, à la droite de laquelle était une chaîne de hautes montagnes, & à la gauche un lac dont la circonférence était de quinze jours de marche. Cette contrée eſt agréablement arroſée par de petits ruiſſeaux qui deſcendent des montagnes, & qui, après avoir long-temps ſerpenté dans la plaine, ſe jètent dans ce lac.

Lors de leur retour, en été, ils prirent au nord de ce lac, où ils virent auſſi des hautes montagnes; dans la plaine il y a eu pluſieurs villes, mais elles ont été preſque toutes détruites, & les Tartares Mogols y faiſaient paître leurs troupeaux; car cette plaine préſente les plus beaux pâturages. Ils trouvèrent une grande ville appelée *Kailac* (*a*)

(*a*) Toute cette contrée peut être décrite avec la plus grande exactitude; car la mer ou le lac dont parle l'auteur eſt le *Balchaſch-Nor*, ou *Palkaſi*, appelé lac *Tengis* (c'eſt-à-dire, lac comme une mer), car *Tenges* ou *Zenghiz*, ſignifie une mer ou un lac dans la grande carte de Ruſſie publiée en 1776 par l'Académie de Peterſbourg, & enſuite dans les voyages de Ruſſie de M. Coxe. Ce lac eſt ſi large qu'il eſt difficile d'en faire le tour en moins de quinze jours. Il a environ deux degrés & demi de long & un degré un quart de large, conſéquemment à peu près 480 milles de circonférence. Ce lac reçoit les eaux de pluſieurs rivières, principalement celles de

(*Cailac* ou *Cealec*) ; il s'y tenoit une foire où les marchands étaient en grand nombre. Là, ils attendirent pendant quinze jours un secrétaire de

---

l'*Ili*, près de laquelle les *Kans* des *Calmoucs - Longariens* ont coutume de placer leur camp d'hiver (*Urga*) sur les bords de la rivière *Korgos* (ou *Harkas*), comme ils tiennent celui d'été sur les bords de la *Tekes* qui se jète du côté de l'ouest dans l'*Ili*. Toutes ces rivières viennent du *Mus-Tau* ou montagnes de glaces, & se jètent avec l'*Ili* dans le *Palkasi*. Par la ville *Equius* il faut entendre *Aksu* située sur la rivière de *Tekes*. La ville de *Kailak* est aussi sur la carte de Russie, & y est appelée *Golka* & placée sur les bords de l'*Ili*. La contrée nommée *Organum* est, selon moi, l'*Irgonckon* (ou *Irganakon*) du *Kan - Abulgasi - Bayadur*, Vol. II, chap. 5, car ce nom signifie une vallée environnée de montagnes escarpées, ce qui répond exactement à la description que fait Rubruquis du pays d'Organum. Les *Kontomaniens* sont un peuple entièrement inconnu, & je ne puis en trouver de traces nulle part. Il faut donc les chercher ailleurs. Ils étaient certainement une tribu des Mogols, car ils étaient au nombre des sujets de Manghu-Kan, qui avait chassé les Kara-Kithaiens. Les Moguls s'étaient étendus, long-temps avant, à une grande distance le long des bords de l'Oby, de l'*Irtisch* & de l'*Ischim* jusqu'à l'Océan. Les peuples de cette tribu qui vivaient sur les bords de *Khonda* ou *Konta*, furent appelés *Kontomans*, comme les Turcs furent appelés *Turkomans*. Enfin ces *Kontomanniens* paraissent dans la suite & après la destruction de l'Empire des *Karakhitaiens*,

Batu, qui aidait leurs guides dans l'expédition des affaires de ce Prince à la cour du Kan. On nommait ce pays *Organum*, & les peuples avaient une langue & une écriture qui leur étaient propres : cette contrée était alors occupée par les *Kontomanni.* Les Neſtoriens étaient accoutumés de ſe ſervir, dans leur culte religieux, du langage & de l'écriture de ces peuples. Les voyageurs rencontrèrent parmi ces payens, des Neſtoriens dont il y avait pluſieurs ſectes. Mais les premiers peuples qu'ils trouvèrent, ſont les *Jugurs*, dont le pays eſt ſitué dans le Caucaſe à l'eſt d'*Organum.* Les Neſtoriens vivent avec les Mahométans, & ſont répandus çà & là dans toutes les villes de ces derniers juſques ſur les frontières de la Perſe. Ces Neſtoriens ſont payens & ont des idoles, & des chapelets avec 100 ou 200 grains à chacun. Leur prière conſiſte en ces mots : *Ou Mam hactani*, c'eſt-à-dire, Dieu, tu connais ceci, comme l'un d'eux l'expliqua à Rubruquis (*a*). Ils

s'être établis ſur les bords de l'*Ili* ou du lac *Palkaſi.* Cette rivière de *Khonda* ou *Konda* fut jointe après cela aux titres des Czars, dans leſquels nous trouvons les noms des provinces *Obdoria*, nom dérivé de la rivière *Oby* : & celui de *Kondinia*, vient de *Konda.*

(*a*) Ces Neſtoriens avaient quelques uſages ſemblables à ceux des chrétiens, mais ils étaient en même temps idolâtres & ſuivaient certainement la religion du *Dalai-*

croient aussi que Dieu les récompense aussi souvent qu'ils répètent leur prière. Les Tartares ont pris de ces peuples leur alphabet & leur manière

---

Lama. Ils ont comme les catholiques romains, cent huit grains à leurs chapelets, & leur prière consiste positivement dans les paroles suivantes : *Hom - Mani - Pema - Hum*. C'est en effet la profession de foi des sectateurs de *Dalai-Lama*. Mais cela ne signifie pas, comme Rubruquis l'assure : *Dieu*, *tu connais ceci*, ni comme *Messerschmid* le suppose, *Dieu*, *ayez pitié de nous ;* mais la véritable signification de ces mots est : « le commencement & la fin de la plus grande puissance de *Mani* » qui tient les fleurs du Lotus, qui entend ceux qui le prient en ces mots, leur est propice & les rend heureux. *Vid. Alphabet Tibet*, *pag*. 500, *&c*. M. Pallas prononce ainsi ces mots, *Om ma wie pad ma chum*, mais il semble que le *D* dans *pad* est muet, & qu'il faut lire, non *ma wie*, mais *ma ni*. Ils ont de petits cylindres ou rouleaux avec un poids pour accélérer le mouvement, qu'ils font tourner; & ils croient que les prières écrites sur ces rouleaux ont beaucoup de vertus, & pendant qu'ils tournent ils répétent à chaque tour, *Hom mani pema hum*. Il est possible que la religion du *Dalai-Lama* ait quelque chose de celle des Nestoriens, mais c'est réellement une branche des superstitions *bramines* & *schamaniques*. Cette religion a quelque chose de la doctrine des *Manichéens* sur les deux principes. Manes ayant essayé de faire entrer cette doctrine dans la religion chrétienne, il n'est point étonnant que la religion des chrétiens manichéens s'accorde en plusieurs points avec celle du *Dalai-Lama*.

d'écrire. Ils commencent à écrire ſur le haut du papier à gauche & tirent leurs lignes de haut en bas, continuant ainſi de gauche à droite (*a*). *Genghis-Kan* donna ſa fille au Roi des Jugurs, & la ville de *Kara-Korum* (*b*), eſt dans leur

(*a*) Les chrétiens Neſtoriens ont certainement pénétré juſqu'au nord de la Chine, & porté la foi chrétienne dans cette contrée. Les Neſtoriens faiſaient uſage dans leur écriture des caractères ſyriens, ces caractères qui furent introduits les premiers dans ces pays. La manière & les caractères des *Calmoucs*, des *Mogols* & des *Mandſchuriens* ont été pris des *Viguriens* qui les tenaient eux-mêmes des *Syriens*. Ceux-ci écrivent encore comme le font les Calmoucs. Ils commencent par le haut & tirent une ligne juſqu'en bas, par le moyen de cette ligne les lettres ſont en contact du haut en bas de la page; ils continuent ainſi à écrire une ligne après l'autre toujours vers la droite & de haut en bas. Mais les Mogols & les Calmoucs ainſi que les Syriens, liſent de droite à gauche; c'eſt ce que j'ai vu moi-même pendant mon ſéjour dans le grand déſert au-delà du Wolga, où je me liai intimément avec un grand nombre de Calmoucs, ce qui me fit faire beaucoup d'obſervations particulières ſur leur religion, leurs mœurs, leurs ſciences, leur gouvernement & leurs princes.

(*b*) Ce même *Karakorum* eſt auſſi appelé *Karakarum*, *Karakuran*, *Karakum*, & par les Chinois *Holin*. C'était la capitale des empereurs Mogols, elle était ſituée ſur le bord oriental de l'*Orchon*; car quoique Danville place cette ville ſur le *Engui-Muren*, cependant ce

territoire. Le pays du *Prêtre Jean* (*a*) & de ſon frère *Vut*, eſt ſitué dans leur voiſinage. Les *Moals* (Mogols) vivent dans les vaſtes pâturages du nord, & les *Jugurs* dans les montagnes du ſud. Entre les mêmes montagnes à l'eſt des *Jugurs*, ſont les *Tangutiens*, nation brave & intrépide ; ils firent une fois priſonnier *Genghis-Kan*, mais ils le relâchèrent bientôt. Ces peuples ont des bœufs très-forts dont la queue eſt garnie de crins comme celle des chevaux ; ils ont auſſi des crins ſur le dos, ſous le ventre & le cou ; leurs jambes ſont plus courtes que celles des autres bœufs, mais ils ſont plus courageux. Ils tirent les grandes maiſons des Mogols. Ils ont les cornes très-longues & ſi pointues qu'on eſt obligé de les leur ſcier (*b*). Après les

---

que dit *Fiſcher* à ce ſujet dans ſon *Introduction à l'Hiſtoire de la Sibérie*, me paraît bien plus juſte.

(*a*) Le prêtre Jean eſt le *Unkchan*, mot qui a été étrangement dénaturé pour en faire le nom de Jean. C'était un prince des *Naymanni*, nommé *Trogul*; ayant ſervi la Chine dans la guerre qu'elle faiſait aux nations révoltées contr'elle, on lui donna le titre honorable de *Uang* ou *Ung*, dont on fit bientôt le nom de *Uncchan* ou *Unkchan*. Mais comment en a-t-on fait un chrétien, & même un prêtre chrétien ?

(*b*) Le buffle décrit ici par Rubruquis eſt le buffle calmouc, nommé encore *Sarluck*, & dans la langue du

Tangutiens, viennent les peuples de *Tebet*, qui étaient dans l'usage de manger leurs parens lorsqu'ils mouraient ; mais ils ont abandonné cette coutume qui les faisait universellement détester. Cependant ils font toujours des vases à boire, des crânes de leurs parens. Il y a beaucoup d'or dans leur pays. Ces peuples sont très-laids ; mais les *Jugurs* sont d'une moyenne taille. La langue des Jugurs a donné naissance à celle des Turcs & des Koromaniens. Derrière *Tebet*, sont les peuples de *Langa* & de *Solanga* (*a*), dont Rubruquis

---

Tibet, *Jak*. Depuis *Ælien*, aucun des anciens, excepté Rubruquis, n'a donné de description de ces buffles à longue crinière & à queue épaisse, laquelle sert dans les Indes d'émouchoir. Ces animaux ont été vus ensuite par *Marco Polo*, & dernièrement par M. Bogle, Anglais, dans tout le Tibet. *Vid. Transf. Philos.* 1771. *Part. II*, *vol.* 67, *pag.* 484. Mais la meilleure description que nous ayons de ces animaux a été donnée par M. *Pallas*, dans ses *Collect. du Nord*, *vol. I*, *pag.* 1-28, *planche première.*

(*a*) Le peuple & le pays de *Tangut* sont pris par quelques auteurs principalement arabes & perses, pour le Tibet, le siège du *Dalai-Lama.* Mais *Marco-Polo* dit que *Sachion* ou *Sotscheu* est situé dans le *Tãguth* ou *Tenguth* ; *Khamil* ou *Khami* appartient aussi au Tanguth, ainsi que *Kampition* ou *Khantscheu.* Il paraît donc que le Tanguth de Rubruquis est le même que celui de Marco-Polo. Le Tebet est sans doute le Tibet

avait

avait vu les ambassadeurs, dont il n'y avait aucun qui n'eût amené avec lui plus de dix chariots traînés chacun par six bœufs. Au-delà de ceux-ci, sont les peuples appelés *Muc*, qui demeurent dans des villes, & qui ont des troupeaux si bien apprivoisés qu'ils viennent lorsqu'on les appelle & souffrent qu'on les caresse; cependant ils vivent libres au milieu des champs. Ensuite vient le grand *Kathaya*, dont les habitans, selon *Rubruquis*, sont les *Seres* des anciens, car les meilleures étoffes de soie (*serica*) viennent de cette contrée. Les Seres sont nommés ainsi d'une ville qui y est située, & qui a des murailles d'argent & des tours d'or (*a*). Plusieurs provinces du grand *Cathay* ne

---

moderne, ou comme on devrait l'appeler, *Butan*. Mais je n'ai pas la moindre connaissance du pays de *Langa* & *Solanga* situé au-delà du *Tebet*. Je pense que dans le manuscrit de Rubruquis on ne doit pas lire « *au-delà du Tebet* », mais « *au-delà de Tangut* »; & dans ce cas, la contrée dont nous parlons serait celle des *Lamutes* & des *Solaniens*, la tige des peuples connus sous le nom de *Mantschu* ou *Mandschuriens*.

(*a*) La supposition que les *Cathayens* ou les habitans du nord de la Chine sont le même peuple que les *Seres* des anciens, semble être destituée de fondement. Les *Seres* vivaient dans le *Turkestan*, *Gete* & *Vigur*. C'étaient ces peuples qui donnaient alors des lois à une grande partie de l'Asie, & qui avaient probablement aussi étendu leur

ſont point ſoumiſes aux Mogols. L'Inde eſt ſituée entre la grande mer & le Cathay. Les habitans de cette contrée ſont d'une petite ſtature, parlent du nez, &, comme les peuples orientaux, ils ont les yeux petits. Leurs ouvrages ſont faits avec beaucoup d'art & d'induſtrie ; ils ont des médecins fort ſavans qui jugent des maladies par le pouls. Rubruquis en vit pluſieurs à *Karakarum*. Les arts & les métiers ſe tranſmettent de père en fils. Il

---

domination ſur le nord de la Chine. Les nations qui ont eu le ſouverain pouvoir ont toujours porté le nom de doré (d'or). Delà la horde dorée des Mogols ſur le Wolga ; delà le nom d'*Altyn-Kan* ou *Kan-Doré* qu'on donnait au prince qui regnait ſur les Mogols, même avant *Gengis-Kan*. Delà auſſi les Chinois ſe nomment eux-mêmes *Kin*, c'eſt-à-dire, la nation ſouveraine & dorée. Dans la langue du *Tibet Ser* ſignifie *or*. *Vid. Ant. Georgii Alphabet. Tibet. Romæ*, 1762, *pag.* 654 : Et delà, probablement, *Serhind* était appelée l'Inde d'or. Les Seres étaient conſéquemment les ſouverains, ou le peuple d'*Or*. Leur capitale portait le même nom ſuivant Rubruquis. Probablement cette ville d'*Or* eſt la partie de *Pekin* qu'on nomme *Tſe-Kin*, & qui renferme le palais de l'Empereur. Il eſt aſſez évident que c'eſt ce nom de ville *Dorée* qui aura donné lieu à cette fable, que ces peuples menaient avec eux des murailles d'argent & des tours d'or.

Non eſt de nihilo quod publica fama ſuſurrat,
Et partem veri fabula ſemper habet.

ſe trouve auſſi des Neſtoriens & des Mahométans dans le Cathay, mais ils y ſont regardés comme étrangers ; les Neſtoriens habitent quinze villes de ce pays. Leur évêque réſide à *Segin* (*a*). Ici

(*a*) Cette ville de *Segin* eſt certainement *Sigan*, la capitale de *Schenſi*, province ſituée dans le nord-eſt de la Chine. On trouva dans cette contrée en 1625, une pierre ſur laquelle il y avait de l'écriture chinoiſe entourée des caractères ſyriens qui exprimaient formellement, que les Neſtoriens avaient envoyé, dès 636, *Olopuen* en Chine pour y prêcher l'évangile, que l'empereur *Tai Sum-Ven* avait approuvé ce deſſein, & qu'il avait donné un édit pour permettre que l'évangile fût prêché dans toute la Chine ; qu'on avait bâti, dans la ville royale de *Ininfan*, une égliſe ; que dès l'année 651, la religion chrétienne était connue dans toutes les provinces de la Chine ; qu'en 699 & 713 les *Bonzes* avaient excité des perſécutions contre les chrétiens. On y lit encore qu'en 747, un autre prêtre nommé *Kieho* vint de *Tatſin* (la Perſe), & qu'en 757, l'empereur *So-Kum-Ven-Mi* avait bâti pluſieurs égliſes, & que ſes ſucceſſeurs avaient continué de protéger la religion chrétienne ; enfin qu'en mémoire de tous ces événemens cette pierre avait été poſée en 782, la ſeconde année du règne de l'empereur *Tam*, au temps du patriarche *Hananjeſus*. Il y a encore ſur cette pierre un extrait de toute la religion chrétienne. La perſonne qui l'a fait graver prend le titre d'évêque de l'égliſe de *Kumdan* (Nankin), capitale de la partie orientale de l'empire. Il eſt probable qu'il réſidait également un évêque à *Singan-Fu* ; de manière que le récit que fait ici Rubruquis, établit &

Rubruquis prend occaſion de rapporter pluſieurs particularités concernant les Neſtoriens ; la bigamie, l'ignorance, l'avarice, la ſimonie, l'ivrognerie ſont les vices qu'il reproche à leurs prêtres, de ſorte que la conduite des Mogols & des *Tuiniens* (*a*) qui ſont des idolâtres, eſt plus régulière & plus exemplaire que celle de ces chrétiens.

Le troiſième jour après qu'ils eurent quitté la ville de *Kailac*, nos voyageurs arrivèrent à un grand lac qui leur parut être auſſi orageux que l'Océan. Ils virent une grande île au milieu de ce lac. L'eau en était ſaumâtre, mais pourtant potable. De l'autre côté, entre de hautes montagnes, ils trouvèrent une grande vallée, & au ſud-eſt un autre lac joint au premier par une rivière (*b*). Le vent

---

confirme inconteſtablement l'authenticité de ce monument remarquable, qui avait été révoquée en doute par pluſieurs littérateurs modernes.

(*a*) Les chrétiens orientaux donnent à *Mani* ou *Manes* le nom de *Thenaoui*, & à la ſecte celui de *Al-Thenaouih*, qui ſignifie la doctrine des deux principes. *Vid. Herbelot*, *Bibliothèque Orientale*. Les *Tuiniens* de Rubruquis ne ſont donc que les *Manichéens*.

(*b*) La ſeconde mer ou lac dont on a parlé ci-deſſus, ſituée au ſud-eſt du lac *Palkaſi* ou *Balchaſch*, ſe trouve auſſi ſur la grande carte de l'empire de Ruſſie, publiée par l'Académie des Sciences en 1776, avec un

était si violent qu'ils furent en danger d'être poussés dans le lac. A l'extrémité de la vallée, vers le nord, ils virent des montagnes toutes couvertes de neige. Ils traversèrent ces montagnes dans des gorges, & arrivèrent enfin à la contrée des *Naymens*, qui avait été autrefois soumise au Prêtre Jean. Ils continuèrent leur route au nord, & après quelques jours de marche, ils entrèrent dans une grande plaine parfaitement unie. Le jour suivant ils arrivèrent à la cour du grand *Kan* (*a*). Ils avaient fait en cinq jours un chemin qui en aurait exigé quinze s'ils avaient pris, suivant l'avis de leur hôte, leur route par *Onam* & *Che-*

---

autre lac ; le second & le troisième sont joints l'un à l'autre par le moyen d'une rivière, & il est possible que le second & le premier soient unis de la même manière, comme l'assure Rubruquis.

(*a*) La résidence du grand Kan était à peu de distance de *Karakarum*, & M. Danville place ce lieu sur la rivière *Onghin*. Mais nous avons déjà observé que *Karakarum* devait être sur le côté oriental de la rivière *Orchon*, à l'entrée d'une large plaine qui sépare actuellement les états de la Russie de ceux de la Chine en dedans de la grande muraille. On trouve sur les bords de l'*Orchon* les ruines d'une ville appelée *Erdeni-Tschao* ; ce qui signifie le *Noble Roi* ; & probablement le mot *Balga* ou *Balgussun*, est omis pour abréger. Cette *ville du noble roi est Karakarum*.

rule (*a*), les premiers pays de ce côté soumis à *Gengis-Kan ;* mais leur guide les avait empêchés de suivre ce conseil.

Manghu-Kan suivi de son camp, alla deux fois vers le sud, ensuite il retourna au nord, à *Karakarum*. Du premier camp de ce Prince, au Kathay, il y a environ vingt journées de marche vers le sud-ouest, & delà directement à l'est, se trouve le vrai pays des Mogols, où *Genghis-Kan* a coutume de tenir son quartier-général, particulièrement dans le pays d'*Onam* & de *Cherule*, ou sur les bords de l'*Onlon* & du *Cherule*. Il n'y a point de villes dans ces contrées ; seulement on rencontre vers le nord de pauvres pasteurs appelés *Kerkis* (ou *Kirgises*). Les *Orengey* ou *Orengay* habitent aussi ce pays ; ils portent à leurs pieds de petits os polis, sur lesquels ils vont avec tant de vîtesse sur la neige & la glace, qu'ils peuvent atteindre tous les animaux qu'ils poursuivent. Il y a encore dans le nord d'autres nations pauvres dont on ne parle pas. Elles vivent dans l'ancienne Hongrie & sur les frontières des *Pascatirs*.

Rubruquis après avoir obtenu plusieurs audiences

(*a*) Ces pays d'*Onam* & *Cherule* sont les contrées situées le long des rivières *Onon* & *Cherlon* où *Gengis-Kan* était né, & les premiers sur lesquels il étendit sa puissance.

de l'empereur, & après quelques mois de séjour en cet endroit, fut renvoyé avec des présens. Il mit deux mois & six jours pour aller de *Kara-karum* au *Wolga*, où il rencontra *Batu*, avec lequel il voyagea environ un mois. Enfin, au milieu d'octobre, ils commencèrent à diriger leur marche du côté du sud, le long du *Wolga*, & arrivèrent à *Sarey* où le Wolga se divise en trois branches, chacune desquelles est deux fois aussi large que le Nil l'est auprès de *Damiéte*. Plus bas, cette rivière se divise en quatre autres bras plus petits. Sur les bords de celui du milieu est située la ville de *Sumerkent* (*a*), qui n'a point de murailles ; & qui lorsque la rivière déborde, est environnée d'eau comme une île. Les Tartares qui avaient assiégé cette ville habitée par des Alaniens & des Mahométans, avaient été huit ans

(*a*) La ville de *Sarey* semble avoir été bâtie à peu de distance de la moderne *Zaritzin*, sur le bras oriental du *Wolga* ou l'*Achtuba* non loin de *Zarewpod*, où l'on trouve encore beaucoup de ruines d'une grande ville. Mais la ville de *Sumerkent* est entièrement inconnue. Néanmoins il semble que le lieu où cette ville a été, & où le Wolga commence à se diviser en plusieurs bras, n'était pas loin d'*Astracan* qu'on nommait autrefois *Hadschi-Aidar-Kan* ; car il y a sur l'un & l'autre côté du Wolga, des ruines qui annoncent l'existence de quelques villes. Ces ruines ont principalement servi à faire du salpêtre.

avant de s'en rendre maîtres. Les Tartares ne s'avancent jamais plus loin que cette place en hiver. Il y a dans ces contrées de beaux pâturages & des troupeaux nombreux, & beaucoup de roseaux dans lesquels les Tartares se cachent en hiver, jusqu'à ce que les glaces soient fondues.

Ensuite, Rubruquis traversa le grand désert dans lequel ils ne trouvèrent point d'eau jusqu'à ce qu'ils furent arrivés aux montagnes habitées par les Alaniens, qui sont en état de faire face aux Tartares. C'est pourquoi ces derniers sont obligés d'envoyer quelques troupes sous le commandement d'un *Sartag*, pour arrêter les brigandages de ces peuples. A l'extrémité de la plaine qui s'étend entre les Mogols & ces Alaniens, est le passage appelé la *Porte de fer* (*Derbent*). Cette partie est habitée par les Mahométans nommés *Lesghi*, qui se défendent avec beaucoup de valeur contre les Tartares. Les Alaniens excellent à travailler le fer auquel ils donnent toutes sortes de formes. Les Tartares qui escortaient Rubruquis portaient des cuirasses qu'ils avaient prises aux Alaniens. Près de la porte de fer il y a une fortification prise sur ces derniers. Nos voyageurs trouvèrent ici des vignes & ils se procurèrent du vin assez bon. Le jour suivant ils arrivèrent à *Derbent* ou Porte de fer. Cette ville occupe toute la plaine située entre la mer Caspienne & les hautes montagnes. Sa longueur, depuis les montagnes jusqu'à la mer, est d'une demi-heure de chemin, mais sa largeur n'est que d'un jet de pierre. Dans sa partie la plus élevée on a bâti un château fort. Après deux journées de marche ils trouvèrent une autre ville appelée *Samaron* (*Schabran*, *Schabiran*) dans laquelle il y avait un grand nombre de Juifs. Deux jours après ils arrivèrent à *Samach* (*Schamakie*). Là, une belle campagne s'offrit à leurs regards, on la nomme *Moan* (ou *Mahan*, & à présent *Mokhan*). La rivière de *Kur*, qui donne son nom aux *Kurgiens* ou *Géorgiens*, dont la capitale est *Tiphlis*, traverse cette contrée. L'*Araxes* sortant de la grande Arménie, prend son cours au sud-ouest & parcourt aussi cette belle plaine, à l'ouest de laquelle est située la *Géorgie*. Les *Krosmiens* ou *Korasmiens*, ancêtres des Turcs d'aujourd'hui, & fondateurs de l'Empire Ottoman, vivaient dans cette plaine. Au pied des montagnes, est située la ville de *Ganghe*, qui était leur capitale. Nos voyageurs remontèrent l'*Araxe*, & furent conduits à *Naxum* (ou *Nakchivan*). Ensuite Rubruquis entra dans les pays qui sont sous la domination des Sultans Turcs, & passa à *Sebae* (ou *Siwas*), Césarée en Cappadoce & *Iconium*. Delà il vint à *Kurch* (ou *Kurke*), port sous la puissance des rois d'Arménie. Il passa aussi à *Layece* (ou *El-Agas*), autre port, d'où il se rendit à *Nikosie* dans l'île de Chypre. De là à *Antioche* en Syrie, & enfin à Tripoli, d'où il envoya à saint Louis une relation de tous ses voyages.

V. *Haitho* ou *Hatto* était fils de *Livon* ou *Léon II*, neveu de *Haitho I*, roi de la petite Arménie. Après la mort de son père, il refusa la couronne & la laissa à son frère *Thores* ou *Theodore*, qu'il aida de ses conseils & de son bras dans toutes les guerres qu'il eut à soutenir; il fut à Episcopia en Chypre, où il entra dans l'ordre des Prémontrés en 1305, pendant le règne de son neveu Léon III. Haitho vint en France dans le *Poitou*, & dicta en français à *Nicolas Salconi*, l'histoire des événemens dont il avait été témoin en Orient depuis l'invasion des Mogols. *Salconi* traduisit cette relation en latin par ordre du Pape, en 1307. Son histoire contient, 1°. les écrits qu'il a pu se procurer sur les Tartares, depuis *Gengis-Kan* jusqu'à *Manghu-Kan*; 2°. le récit de quelques événemens arrivés à Haitho I, Roi d'Arménie, ou à lui-même, ou qui étaient venus à sa connaissance. Haitho I fut en 1254, avec sa femme & ses enfans, à la cour ou au camp de *Manghu-Kan*, où il rencontra Rubruquis qui revenait alors de ses voyages, & eut quelques entretiens avec lui. *Haitho* raconta ces faits à ses enfans & à ses petits-enfans, & leur ordonna de les mettre par écrit. 3°. Le moine *Haitho* avait connu par lui-même tout ce qui s'était passé en Asie, depuis le règne d'*Abaka-Kan* (ou plutôt Abaga Kan), c'est-à-dire, depuis l'année 1265 jusqu'en 1283, & pouvait dire avec justice : *Quorum pars magna fui.*

L'histoire orientale de Haitho contient, outre la partie historique, la géographie dont je vais donner un précis, particulièrement pour ce qui regarde le nord de l'Asie. Le *Cathay* (la Chine) est un des plus grands & des plus opulens Empires de l'univers ; c'est aussi le plus peuplé. Il est entièrement situé le long des bords de la mer. Les habitans de cet Empire croient être le seul peuple de la terre qui ait deux yeux ; ils en accordent un seulement aux latins, & point du tout aux autres nations. Ils ont de petits yeux & point de barbe. Leur monnoie est faite de petits quarrés de papier, marqués du sceau de l'Empereur. Cet empire est limité à l'ouest, par celui de *Tarsæ*, au nord, par le désert de *Belgian*, au sud, par un grand nombre d'îles. Ces peuples sont fort ingénieux, & font des ouvrages d'une grande délicatesse, mais ils sont très-craintifs. A ces traits on reconnaît facilement la Chine.

L'empire de *Tarsæ* a trois provinces dont les souverains se nomment rois. Les habitans sont appelés *Jogurs* (*Jugurs*, *Uigurs*). Dix tribus de ces peuples ſont chrétiennes, les autres ſont payennes. Ils s'abſtiennent de boire du vin & de manger quoique ce ſoit qui ait eu vie. Ils cultivent beaucoup de blé & négligent les vignes. Leurs villes ſont très-agréables & contiennent un grand nombre de temples où l'on adore des idoles. Ils n'ont point de goût pour la guerre. Ils ont une manière d'écrire qui leur eſt particulière, mais que tous leurs voiſins ont adoptée. Ils apprennent les arts & les ſciences avec beaucoup de facilité.

Cet empire eſt limité à l'eſt par le *Cathay*, à l'oueſt par le *Turkeſtan*, au nord par un déſert, au ſud par une riche province ſituée entre l'*Inde* & le *Cathay*, appelée *Sym* (ou plutôt *Seim*), dans laquelle on trouve des diamans. Il paraît, par ce qu'on vient de dire, qu'Haito décrit ici la contrée de *Uigur* limitrophe de celle de Gète. Mais je ne ſais pourquoi il la nomme *Tarſæ*.

L'empire du *Turkeſtan* eſt borné à l'eſt par celui de *Tarſæ*, & à l'oueſt par le *Khoraſmin*; au ſud il s'étend juſqu'au déſert qui eſt ſitué à l'entrée de l'*Inde*. On trouve peu de villes conſidérables dans cette contrée, mais les grandes plaines fourniſſent de bons pâturages, & les habitans demeurent ſous des tentes ou dans des cabanes qu'ils tranſportent par-tout où il leur plaît. Leur capitale eſt *Ocerra* (ou *Otrar*). Les habitans recueillent une petite quantité de blé, mais point de vin. Leur boiſſon eſt de la bière & du lait, leur nourriture eſt du riz, du millet & de la viande. Ces peuples ſont connus ſous le nom de Turcs & ſuivent la religion de Mahomet, ceux qui vivent dans les villes ſont uſage des caractères arabes.

L'empire du *Khoraſmin* (ou *Khuareſm*) eſt peuplé, fertile, & d'un aſpect agréable; on y cultive une grande quantité de blé, mais on y recueille peu de vin. On y trouve beaucoup de grandes villes; la capitale ſe nomme *Koraſma* (ou plutôt *Korkang*). Cet empire eſt borné par un déſert d'une étendue de cent jours de marche. A l'oueſt, eſt la mer Caſpienne; au nord, l'empire de *Kumania*; au ſud (ici au lieu de ſud on doit lire *eſt*), le *Turkeſtan*. Les habitans ſont payens, vivent ſans lois & n'ont point d'écriture. Les *Soldiniens* ou *Sogdiens* ſont des guerriers intrépides; ils ont un langage particulier, & emploient dans leur écriture les caractères grecs. Ils ſuivent, dans leur religion, les rites de l'égliſe grecque, & ſont ſoumis au patriarche d'Antioche.

La capitale de l'empire de *Khuareſm* eſt, ſelon le prince *Ulug Beg*, la ville de *Korkang*. Aucun auteur n'a jamais fait mention d'une ville nommée *Khoraſme*. Haitho ayant dit auparavant que le *Turkeſtan* était limité à l'oueſt par le *Khoraſmin*, il eſt clair que nous devons lire *eſt* à la place de *ſud.* Les *Soldiniens*, dont on vient de parler, qui étaient chrétiens de l'égliſe grecque, ſont entièrement inconnus.

La contrée de Kumania eſt certainement d'une grande étendue; mais à cauſe de la rigueur de ſon climat, elle eſt peu peuplée. Dans l'hiver, le froid eſt ſi vif dans quelques endroits, que les hommes ni les animaux n'y peuvent vivre; & dans d'autres, l'extrême chaleur & la grande quantité de mouches qui s'y trouvent en été, ſont également inſupportables. *Kumania* eſt un pays très-plat, où l'on ne trouve point de bois, il y a ſeulement quelques vergers auprès des villes. Les habitans vivent ſous des tentes, & brûlent pour leur chauffage, le fumier de leurs troupeaux. Ce pays eſt borné à l'eſt, vers le Koraſmin, par un déſert; à l'oueſt eſt une grande mer, ſavoir, la mer Noire & la mer de *Tenue* (*Tanna* ou *Azof*); au nord, ce pays eſt borné par l'empire de *Kaffia* (*Kiow*); & au ſud il s'étend juſqu'à une grande rivière appelée *Etile* (le *Wolga*), qui baigne la capitale. Cette rivière gêle tous les hivers, & les hommes & les animaux la traverſent alors à pied ſec. Sur les bords de cette rivière il y a quelques petits arbres; de l'autre côté ſont des peuples ſoumis au Kan, quoiqu'ils ne ſoient pas *Kumaniens.* Quelques-uns de ces peuples vivent dans les hautes montagne *Caocas* (le *Caucase*). On trouve dans ces montagnes des faucons blancs. Cette chaîne de montagnes s'étend entre les deux mers, à l'ouest la mer Noire, à l'est la mer Caspienne. Celle-ci n'a point de communication avec l'Océan, & n'est conséquemment qu'un lac le plus grand de l'univers, & auquel on a donné le nom de mer à cause de sa grandeur. Il divise l'Asie en deux parties ; l'une du côté de l'est est nommée *Asie Mineure*, l'autre à l'ouest s'appelle *Grande-Asie.* Ce lac abonde en très-bon poisson. On trouve dans les montagnes qui bordent la mer Caspienne, des buffles & beaucoup d'autres animaux sauvages. Le *faucon pélerin*, l'*émerillon* (*esmerliones* , *esmetliones*), la *bondrée*, le *sacre*, la *buse*, & plusieurs autres oiseaux inconnus dans les autres parties du monde, bâtissent leurs nids dans les îles de cette mer. La plus grande ville de *Kumania* est *Sara* (ou *Saray*) ; elle était grande & fort célèbre, mais elle a été ravagée & presque entièrement détruite par les Tartares qui la prirent d'assaut. On voit que *Haito* décrit ici cette partie de l'empire des Mogols qui était sujette à *Batu-Kan.* Il appelle la mer Noire la grande mer, parce qu'elle est jointe à la Méditerranée & à l'Océan ; & la mer *de Tenue* est la mer de *Tanna* ou d'*Azof* ; c'est ainsi qu'on a nommé, dans différens temps, la ville située à l'embouchure du *Don*. On ne peut ſuppoſer à Kaffia d'autre place que celle qu'occupait *Kiow*, ou *Kiavia*, capitale de l'empire de Ruſſie, & le lieu de la réſidence du grand Duc. L'explication que nous venons de donner ſur le nom des oiſeaux, eſt probablement la meilleure.

Le ſixième chapitre n'eſt pas moins digne d'attention que les cinq premiers, parce qu'il contient des recherches géographiques concernant les anciennes habitations des Tartares (c'eſt-à-dire des Mogols).

Les Tartares vivaient autrefois derrière les hautes montagnes de *Belgian* ou *Bilkhan*. Ils n'avaient point de lois & ne connaiſſaient point l'écriture. Leur principale occupation était de faire paître leurs troupeaux, & ils étaient ſi loin de cette humeur guerrière qu'ils montrèrent depuis, qu'ils payaient tribut au premier qui le leur demandait. Toutes ces tribus de race tartare, étaient connues ſous le nom de *Mogles*. Ces peuples ſe multiplièrent à tel point, qu'ils composèrent ſept nations indépendantes. La première fut appelée *Tatar*, d'une province de ce nom, où ils avaient d'abord vécu; la ſeconde fut nommée *Tangot*, c'eſt-à-dire, *Tangut*; la troiſième *Kunat*; la quatrième *Jalair* (ou *Thalair*); la cinquième *Sonich*; la ſixième *Monghi*, & la ſeptième *Tabeth*. Les chefs de ces nations, inſpirés par une viſion & par le commandement de Dieu, choiſirent

choisirent *Changie* (c'est-à-dire, Gengis) pour leur souverain. Nous savons comment il vint à travers les montagnes, en saisissant le moment où la mer se retire de neuf pieds, & comment il se fraya un chemin là où il n'en avait jamais existé. Il semble que c'est la même histoire que celle de *Irgone Kon*, que rapporte aussi *Abulgasi*. Il est impossible de reconnaître la montagne de *Belgian* dans les environs du lac *Balchas*, dans la contrée d'*Organum* (ou *Irganekon*). Suivant le *Nighiaristan* (*Collection d'histoires orientales*) les Turcomans venaient également d'un lieu appelé *Belgian* ou *Bilkhan*.

VI. *Marco Polo*, noble Vénitien, âgé seulement d'onze ans, accompagna son père *Nicolo Polo* dans le second voyage que celui-ci fit en Orient, dans l'année 1271. *Nicolo Polo* en avait déjà fait un avec *Matheo Polo* son frère, pour des affaires de commerce, en 1260 & en étoit revenu en 1269. *Marco Polo* apprit à la cour de *Kublai-Kan*, à parler & à écrire quatre langues qui étaient en usage dans ce pays; l'empereur l'employa dans des affaires importantes, & pour une ambassade dans laquelle il lui fallut six mois pour arriver au lieu de sa destination. Il resta au service de l'empereur pendant dix-sept ans, & revint avec son père & son oncle à Venise, en 1295. Il est à présumer qu'il écrivit ses observations en latin,

& en prison, car à son retour il avait été pris par les Génois qui étaient alors en guerre avec les Vénitiens. C'était un homme d'un grand sens, d'une exacte probité & fort pieux, dont l'excellent caractère étoit reconnu par ses compatriotes; & conséquemment ses récits méritent toute notre confiance. Son père *Nicolo*, le plus honnête homme de Venise, a constamment certifié la vérité des faits rapportés dans l'ouvrage de son fils, de même que *Matheo* son oncle. Un moine traduisit cet ouvrage en italien, & de l'italien il a été remis en latin par un autre moine. Ces traductions multipliées ont étrangement défiguré les noms des pays & des villes. Il serait à désirer que quelque savant d'une grande érudition voulût prendre la peine de comparer ces différentes traductions avec le manuscrit qui se trouve dans la bibliothèque de Wolfenbuttel, & publier une édition correcte d'un livre si utile & de la plus grande importance pour la géographie du moyen âge. Ce livre a d'ailleurs été traduit dans plusieurs langues modernes, comme l'allemand, le français, le hollandais & le portugais (*a*). Nous en extrairons quelques observations relatives au nord.

En 1260, les deux frères *Polo* partirent de Venise avec une cargaison composée d'une grande

(*a*) Il y en a une traduction anglaise publiée en 1579.

quantité de marchandises précieuses; ils allèrent à Constantinople par la Méditerranée & par le détroit des Dardanelles. Après y avoir séjourné peu de temps, ils firent voile sur la grande mer, *Mar Maggiore* (la mer Noire), vers le port appelé *Soldadia* (ou *Sudak*); de là ils allèrent par terre au lieu de la résidence d'un grand Seigneur Tartare nommé *Bareha* (ou mieux *Bereke Kan*, qui régna depuis 1256 jusqu'en 1266), & qui vivait dans la ville de *Bolgara* & *Assara* (*a*). Ce Prince reçut très-bien les frères Polo, accepta les riches présens qu'ils lui offrirent, & il leur en fit à son tour d'une double valeur. Après avoir demeuré dans cette ville pendant un an, ils desirèrent retourner à Venise; mais la guerre s'étant déclarée soudainement entre *Alau* (*Holaghu*, probablement l'Ircanien ou le Kan de Perse, auquel appartenait toute la Perse jusqu'à la Syrie) & *Barcha*, on en vint aux mains, & la fortune se décida en faveur de *Holaghu*. Les routes n'étant point sûres alors, nos voyageurs n'osèrent point

(*a*) *Bolgara* est sans doute *Bolgari*, la capitale de la Bulgarie, ville qui a existé, selon les monumens qui restent encore aujourd'hui, depuis 1161, jusqu'en 1578; il est très-possible que *Bereke-Kan* y ait fait sa résidence. Mais Assara est la ville capitale de *Al-Seray* nouvellement bâtie par *Batu-Kan*, sur l'*Achtuba*, un des bras du Wolga.

revenir par celle qu'ils avaient priſe ; on leur conſeilla de faire le tour de l'empire de Bereke-Kan. Ils prirent donc ce chemin, & arrivèrent à une ville appelée *Ukakah* (ou *Guthakha*, *Grikata*, *Khorkang*, *Ugrhenz*). Un peu plus loin ils paſsèrent le *Tigre* (ou *Gihon*), une des quatre rivières du paradis terreſtre. Enſuite ils marchèrent pendant dix-ſept jours dans un déſert où ils ne virent ni villes, ni villages, ni châteaux, mais ſeulement quelques Tartares logeant dans des huttes. Sortant du déſert, ils arrivèrent à une grande ville appelée *Bokhara* (ou Bochara) dans la province de *Bokhara* en Perſe ; le ſouverain de cette contrée eſt nommé *Barach* (*Berrak Kan*). Ils s'arrêtèrent là pendant trois ans, ne pouvant avancer plus loin à cauſe de la guerre qui ſubſiſtait entre les Tartares. *Holaghu* envoya, vers ce temps, à *Bokhara*, un homme d'une grande intelligence & doué de grands talens, en qualité d'ambaſſadeur au grand *Kublai-Kan*. Cet homme rencontra les deux frères *Polo*, qui avaient acquis une parfaite connaiſſance de la langue tartare ; il leur perſuada de faire avec lui un voyage dans la Tartarie, & leur promit qu'on les comblerait d'honneurs, & qu'ils en tireraient de grands avantages. Les Polo convaincus qu'il leur était impoſſible de retourner dans leur patrie ſans un danger imminent, partirent avec l'ambaſſadeur & pluſieurs domeſtiques chrétiens qu'ils avaient amenés de Veniſe avec eux, & dirigèrent leur marche d'abord au nord-eſt. Ils furent toute l'année en route, parce que c'était l'hiver, & qu'ils ſe trouvèrent obligés de s'arrêter & d'attendre, pour ſe mettre en chemin, que les neiges fuſſent fondues, & que les eaux qui couvraient les routes fuſſent retirées. Ils arrivèrent enfin au lieu de la réſidence du grand Kan *Kublai*, qui donna des ordres pour qu'ils lui fuſſent préſentés. Ce Prince les reçut avec beaucoup d'affabilité, les traita avec la plus grande diſtinction, & leur fit beaucoup de queſtions concernant l'empereur des Romains, les rois & les princes de l'Europe, les différens gouverneurs, les forces militaires, les lois, les mœurs & les coutumes des différentes nations, leur religion, & enfin, le pape. Ils répondirent convenablement à toutes ces queſtions. Quelque temps après, *Kublai-Kan* les fit venir devant lui, & leur dit qu'il voulait les envoyer en qualité d'ambaſſadeurs au pape, pour demander à ſa ſainteté de lui envoyer cent hommes ſavans & très-verſés dans la doctrine chrétienne. Ce Prince envoya avec les frères *Polo*, un homme diſtingué, nommé *Chogatal* (*Gogaka*, *Gogatal*, *Cogatal*) pour les accompagner, & leur donna des lettres & une tablette d'or ſur laquelle était gravé le ſceau impérial. Ceux qui portaient cette marque étaient affranchis de toutes dépenſes en chevaux, proviſions, & en tout ce dont ils pouvaient avoir beſoin.

Ils étaient en marche depuis vingt jours lorſque l'ambaſſadeur *Chogatal* tomba malade; ils furent obligés de le laiſſer derrière, & de s'en aller ſans lui. Leur tablette d'or leur procura par-tout la meilleure réception. La grande quantité de glace & de neige, & les débordemens des rivières, les retardèrent beaucoup, & firent durer leur voyage pendant trois ans. Enfin ils arrivèrent à un port d'Arménie appelé *la Giazza* (autrement *Glaza*, *Galza*, ou encore mieux *al Ajaſſa*), & allèrent immédiatement à *Acre* (ou *Ancone*, proprement dit *Akko*), où ils apprirent la nouvelle de la mort du pape Clément IV, par le légat *Theobald, vicomte de Plaiſance.* De là ils paſsèrent par Négrepont, & arrivèrent à Veniſe au milieu de leurs parens & de leurs amis, où ils réſolurent d'attendre l'élection d'un nouveau pape. Nicolo Polo trouva ſa femme morte; mais Marco, le fils dont il l'avait laiſſée enceinte, était vivant & âgé de neuf ans (*a*). Ayant attendu en vain l'élec-

(*a*) Les dates ſont tout-à-fait fauſſes dans l'édition d'André Muller, mais elles ſont plus exactes dans la traduction italienne imprimée dans la collection de *Ramuſio.* Les *Polo* partirent en 1260, & demeurèrent un an auprès de *Bereke-Kan*, juſqu'en 1261. Enſuite ils demeurèrent

tion d'un nouveau pape pendant deux ans, les frères Polo repartirent pour Acre avec le jeune *Marco Polo*, qui avait atteint alors sa onzième année. Le

---

trois ans à *Bokhara* jusqu'en 1264; ils passèrent un an en route pour aller chez Kublai-Kan, ce qui donne 1265. Ils furent trois ans à revenir; il faut bien en compter un autre pour les fréquens entretiens qu'ils eurent avec le prince & pour leurs dépêches; & conséquemment ils ont été quatre ans dans leur voyage & n'ont été de retour qu'en 1269, & *Marco*, fils de *Nicolo*, n'avait que neuf ans, quoique Ramusio lui en donne dix-neuf, & tous les autres pas moins de quinze. Mais la chronologie des autres princes & rois dont il est fait mention dans ce livre, ne nous permet pas d'adopter les dates de Ramusio & d'André Muller. Car d'abord il est certain que Kublai-Kan vivait, quoiqu'avancé en âge, lorsqu'ils le quittèrent, & qu'ils reçurent la nouvelle de sa mort lorsqu'ils étaient encore en chemin. Kublai-Kan règna de 1259 à 1294, & mourut âgé de quatre-vingts ans. Si Nicolo & Matheo étaient partis pour leur premier voyage en 1250, ils seraient arrivés en 1255 avant que Kublai-Kan eût été sur le trône. Il faut donc qu'ils soient partis pour leur premier voyage en 1260, & qu'ils soient revenus en 1269 bientôt après la mort du pape Clément IV. De plus, ils doivent être repartis en 1271, car alors le pape Grégoire X venait d'être élu, & ils avaient des lettres de ce pontife pour Kublai-Kan. Ils firent leur premier voyage lorsque Baudouin II était empereur de Bisance, & ce prince règna depuis l'année 1234 jusqu'en 1261. Le Kan de Khiptschak était Bereke qui fut sur le trône depuis 1256 jusqu'en 1266, de sorte qu'ils ne peuvent avoir commencé leurs voyages avant l'année 1256, ni

légat leur donna des lettres pour *Kublai-Kan*, & ils partirent pour le port de *Giazza*. Pendant ce temps, on apprit d'Italie que le même légat avait été élu pape & avait pris le nom de *Grégoire X*. Ce Pontife dépêcha promptement des courriers au roi d'Arménie, pour lui notifier son élection, & pour lui demander que, dans le cas où les ambassadeurs pour le Kan ne seraient pas encore sortis de son territoire, il les fît revenir. Les lettres trouvèrent les *Polo* encore en Arménie; ils revinrent donc par mer à *Akko*, où le Pape leur donna des lettres pour le Kan, & de fort beaux présens. Il envoya avec eux deux savans frères prêcheurs, *frère Nicolas de Vicense*, & *frère Guillaume de Tripoli*. Ils retournèrent par mer à *al Ajassa*, & partirent de ce lieu par l'Arménie. Ils y apprirent que le sultan de Babylone en Egypte (Kahirah le Caire) (Bibars) *el Bendokdari* (ou Benhokdare), avait fait une incursion dans l'Arménie avec une armée considérable, & avait

---

même avant 1258, car Holaghu, qui était en guerre avec Bereke-Kan, ne commença son règne qu'en 1258 & règna jusqu'en l'année 1265. Il est donc évident qu'au premier voyage ils ne peuvent avoir resté qu'onze ans absens, & conséquemment que *Marco*, fils de Nicolo, n'avait tout au plus qu'onze ans au retour de son père, & ne pouvait en avoir moins de neuf. Cette dernière conjecture est la plus probable.

commis les plus grands ravages. Cette nouvelle épouvanta si fort les deux moines, qu'ils demeurèrent avec le grand-maître des templiers, & s'en retournèrent ensuite avec lui. Mais les Polo s'avancèrent hardiment au travers de tous les dangers, surmontèrent, par leur persévérance & leurs travaux, les plus grandes difficultés; de manière qu'ils arrivèrent enfin sur les terres du Kan au bout de trois ans & demi. Ce Prince envoya au devant d'eux à la distance de quarante jours de marche, du lieu de sa résidence, & eut soin qu'ils trouvassent dans chaque ville où ils passaient, tout ce qui leur était nécessaire. Enfin ils arrivèrent heureusement à sa cour. *Kublai-Kan* les reçut avec beaucoup de bonté & de distinction au milieu de tous les seigneurs de sa cour (*Taischis*, *Nojones* & *Saissans*). L'empereur s'informa de la santé du Pape; les Polo répondirent à ce Prince d'une manière circonstanciée sur les objets de ses demandes, ainsi que sur ce qui leur était arrivé dans leur voyage. Le Kan s'étant informé qui était Marco, & ayant appris qu'il était e fils de Nicolo, il lui fit l'accueil le plus flatteur, & le plaça sur le champ au rang de ses officiers les plus distingués. Cette faveur fit respecter Marco de tout le monde à la cour, & non-seulement il acquit en peu de temps les manières des Tartares, mais encore il apprit quatre langues, qu'il était en état de bien parler & de bien écrire. Le Kan voulant éprouver ſa capacité dans les affaires, le chargea d'un objet important & relatif à ſon empire, pour une ville appelée *Karazan.* Le voyage qu'il avait à faire pour s'y rendre dura ſix mois. Il s'acquitta de cette commiſſion avec beaucoup de jugement & de diſcrétion, & entièrement à la ſatisfaction du Prince. Marco ſachant que le Kan deſirait vivement connaître les mœurs & les uſages des différens peuples, raſſembla tout ce qu'il avait vue de ſingulier & de remarquable dans ce voyage, le mit par écrit, & le préſenta à ce Prince. Par cette attention, il ſe mit ſi avant dans les bonnes graces du Kan, que pendant les vingt-ſix ans qu'il demeura à ſa cour, il fut toujours employé par ce Prince, comme ambaſſadeur, & parcourut en cette qualité tous ſes royaumes. Ces fréquens voyages procurèrent à Marco l'occaſion d'acquérir une multitude de connaiſſances relatives à l'Orient, qu'il nous a communiquées dans le livre qu'il a écrit ſur ce ſujet. Les deux frères Nicolo & Matheo, ainſi que le jeune Marco Polo, vécurent ainſi très-heureux pendant pluſieurs années à la cour du Kan, & y amaſsèrent de grandes richeſſes; mais conſidérant que ce Prince devenait vieux, & qu'après ſa mort il leur ferait peut-être difficile de retourner chez eux, Nicolo lui demanda un jour la permiſſion de retourner, avec sa famille, dans sa patrie. Ce Prince qui les aurait vu partir à regret, leur offrit de plus grands honneurs, mais il ne leur accorda point la permission de se retirer. Précisément, à cette époque, mourut *Bolgana*, femme du roi *Argon*, dans les grandes Indes. Cette Princesse avait desiré en mourant, que son mari choisît, après elle, une femme parmi ses parens, dans le Cathay, où le grand Kan régnait. Pour répondre à l'intention de Bolgana, Argon envoya trois Ambassadeurs à *Kublai-Kan*. Ce Prince leur accorda pour Argon, *Kogatin* (Gogatin, Gogonyn), une de ses proches parentes. Les ambassadeurs partirent avec elle, mais ils revinrent après avoir été huit mois en route, parce que les chemins étaient infestés de gens de guerre. Pendant ce temps-là, Marco Polo avait été aux Indes par mer, & était précisément de retour alors de son voyage. Les ambassadeurs instruits de la commodité & de la sûreté qu'offrait le voyage par mer, demandèrent au Kan, à la persuasion de Polo, de les envoyer par cette route aux Indes, de leur accorder les Polo, comme fort expérimentés dans la marine, pour être leurs conducteurs, & de permettre à ces frères & au jeune Marco de retourner dans leur patrie. Quoique cette dernière demande ne fût pas agréable au Kan, il ne put la leur refuser. Alors ils mirent à la voile avec quatorze vaisseaux à quatre mâts, quatre ou cinq desquels portaient de 250 à 260 personnes. Après avoir perdu, dans le trajet, beaucoup de monde, ils découvrirent l'île de Java, & arrivèrent enfin dans le pays d'Argon. Ce Prince n'était plus en vie; mais un certain *Chiacato* (Akata) gouvernait sous le nom de *Kasan*, fils d'Argon. Chiacato avait destiné la Princesse *Gogatin* au jeune Kasan, qui était alors à la tête d'une armée sur les frontières de Perse. *Chiacato*, à la recommandation de Kublai Kan, fournit aux Polo 200 chevaux & de l'argent pour leur voyage; & après une route longue & ennuyeuse par terre, ils arrivèrent enfin à *Trebisande* (Trébisonde), d'où ils vinrent par *Constantinople* & *Négrepont* à Venise, où ils arrivèrent heureusement en 1295. Dans leur voyage, ils avaient appris la mort de *Kublai-Kan*, ils s'estimèrent très-heureux d'être revenus dans leur patrie, après avoir surmonté tant de difficultés & avoir été absens l'espace de vingt-six ans, c'est-à-dire, depuis 1269 jusqu'en 1295.

Marco Polo, après avoir décrit les provinces du sud appartenant à la Perse, vient ensuite aux régions inconnues du nord; & partant de la contrée des *Assassins* dans le *Dilem*, & d'une ville qui leur appartient, nommée *Mulete* (ou Alamut), à peu de distance de *Kasvin* (Casbin), il arrive à la ville de *Sopurgan* (Esferain), & bientôt après à *Balach* (Balkh), ville fort célèbre, quoique les Tartares aient détruit ſes beaux palais de marbre. A deux journées de-là, vers l'eſt, on trouve, dit Marco Polo, le château de *Thakan* (Thalkan), dans le voiſinage duquel on récolte une grande quantité de blé. Au ſud, on trouve des montagnes de ſel, où on vient le chercher de la diſtance de trente jours de marche. Les habitans, quoique mahométans, ne s'abſtiennent pas de boire du vin, qui à la vérité eſt fort bon, mais ils ſont d'un très-mauvais caractère & bons chaſſeurs, leurs habits ſont faits des peaux des bêtes qu'ils ont tuées.

A la diſtance de trois journées, eſt la ville de *Scaſſem* (Scaſſe, Al-Schaſch), à travers laquelle paſſe une rivière aſſez forte (le Sirr-Daria, ou Dſaihum) : on trouve dans ce pays beaucoup de porcs-épics. Les habitans parlent une langue qui leur eſt particulière. Plus loin encore, à trois journées de marche, eſt la province de *Balaxiam* (Balaſcia, Balaſagan), dont les habitans ſont mahométans & ont un langage particulier. Cette contrée peut avoir douze journées de marche en étendue. On trouve dans les montagnes, des pierres fort belles & d'une grande valeur; on les nomme *balaſſe*; elles ſont plus abondantes dans la montagne de *Sicinam* que par-tout ailleurs; le roi a ſeul le privilége de les exploiter. On trouve auſſi dans quelques montagnes des filons de *lapis lazuli*, eſtimée la plus belle du monde, ainſi que des filons de mines d'argent, de cuivre & de plomb en grande quantité; mais le climat y eſt extrêmement froid. Il ſe trouve dans ce pays des chevaux très-agiles, & qui ont les ſabots ſi durs qu'il n'eſt pas néceſſaire de les ferrer. On voit auſſi dans ces montagnes le ſacre faucon (*falco ſacer*), le lanier (*falco lanarius cinereus Briſſ;* l'autour (*falco aſtur Briſſ*) & l'épervier (*falco niſus*). Les habitans qui ſont très-bons chaſſeurs, ſe ſervent de tous ces oiſeaux pour faire la chaſſe. On récolte beaucoup de froment & de maïs dans ce pays; ces peuples n'ont point d'huile d'olive, mais ils en tirent des noix & de la graine de ſéſame, & c'eſt la plus agréable de toutes les huiles. Le grand nombre de défilés & de places fortes qui ſont dans ces contrées, inſpire aux habitans la plus profonde ſécurité contre les invaſions de leurs ennemis. L'air de ces montagnes eſt ſi ſalubre, qu'il ſuffit aux malades d'y voyager pour recouvrer la ſanté, ce que Marco Polo éprouva lui-même. Des troupeaux de 400, même de 600 moutons ſauvages, errent ſur ces montagnes, mais on en prend très-peu. Les femmes de diſtinction ſe font une eſpèce d'habillement de mouſſeline, contenant 60, 80 & même 100 aunes; & pour paraître plus groſſes au bas de la ceinture, elles pliſſent cette étoffe depuis cette partie jusqu'en bas, ce qui reſſemble à des culottes de matelots. Les hommes regardent les femmes les plus bouffantes comme les plus belles.

La province de *Bascia* (autrement Vasch, sur la rivière de ce nom qui tombe dans le Gihon) est à environ dix journées de distance. Les habitans en sont idolâtres & fort adonnés à la sorcellerie. Ils vivent de viande & de riz, ils ont une langue particulière. Ils ont le teint très-brun, & on les dit cruels & sans foi. Ils portent des boucles d'oreilles d'or ornées de perles & de diamans.

La province de *Chesmur* (Khesimur, Khaschimir), est à environ sept journées de *Baschia*. Les habitans ont le teint basané & parlent une langue qui leur est propre. Les femmes malgré leur couleur y sont très-belles. La principale nourriture de ces peuples est le riz & la viande. Leur pays est couvert de villes & de châteaux, & les déserts & les montagnes qui l'environnent les défendent des incursions des ennemis; leur Roi n'est tributaire d'aucun autre. Ces peuples ont parmi eux des sociétés fort nombreuses d'hermites qui vivent dans la plus grande abstinence, & sont en grande estime chez la nation. Les naturels de ce pays ne versent le sang d'aucun animal; ce sont les mahométans qui sont chargés de tuer les animaux dont ils mangent la chair. Le corail est très-estimé parmi eux & ils l'achètent à un très-grand prix.

De *Balaxiam* on rencontre un grand nombre

de châteaux & d'habitations ſur les bords d'une rivière ; de-là on arrive dans la province appelée *Vochan* (autrement Vocham ou Vokhan ſur la rivière de Vaſch). Les habitans en ſont doux & courageux, ils parlent une langue particulière ; & ſuivent la religion de Mahomet. Leur chef eſt ſoumis au roi de *Balaxiam*. En ſortant de cette province par l'eſt, on marche pendant trois jours en montant continuellement, juſqu'à ce qu'enfin on arrive ſur une terre ſi haute qu'on la pourrait prendre pour le lieu le plus élevé du globe. Dans cet endroit, entre deux montagnes, on trouve un grand lac d'où ſort une belle rivière qui coule à travers une plaine couverte de gras pâturages, les meilleurs qui ſoient au monde, car il ne faut que dix jours paſſés dans cette plaine, pour engraiſſer les troupeaux les plus maigres. On trouve auſſi dans ces montagnes un grand nombre d'animaux ſauvages, & ſur-tout de très-gros moutons dont quelques-uns ont les cornes de la longeur de ſix palmes ou d'environ dix-huit pouces, & d'autres plus ordinairement de deux ou trois palmes. Les bergers font avec ces cornes de petites écuelles, des plats, & même les parcs où ils tiennent leurs troupeaux. Les loups ſont ſi nombreux dans cette contrée, ils dévorent une ſi grande quantité de ces chèvres ou de ces moutons, qu'on voit leurs cornes & leurs ſquelettes amoncelés

amoncelés dans la campagne pour marquer les chemins au milieu des neiges (*a*). Il faut douze jours pour traverser cette plaine qu'on appelle *Pamer*. Aussi faut-il emporter ses provisions avec soi. La hauteur excessive de ces montagnes fait qu'on n'y trouve point d'oiseaux, & le froid extrême qui s'y fait sentir, y rend le feu moins clair & moins vif qu'il n'est ailleurs, de sorte qu'on peut à peine y faire cuire les alimens (*b*). Après ces douze jours de marche, on voyage quarante jours à l'est continuellement par des montagnes, des vallées, traversant des rivières, passant des dé-

(*a*) Il est digne d'attention que Marco-Polo ait remarqué il y a plusieurs siècles, la hauteur de ces parties intérieures de l'Asie, & qu'il ait fait des observations très-exactes sur ces moutons sauvages que les anciens nommaient *Musimones*, & les Français & les Italiens *Mouflons*, *Muffloni*; animaux dont les cornes sont si grandes, au rapport de quelques écrivains modernes, que les *Corsaks*, ou petits renards du désert peuvent se cacher dedans.

(*b*) C'est une vérité qui est dûe à M. *de Luc*, un des physiciens le plus exact de ce siècle, que le feu sur les hautes montagnes de Savoye & de Suisse, brûle moins vivement & que ses effets sont moins considérables que sur les bords de la mer. Mais l'observation très-exacte de Marco-Polo est de 500 ans plus ancienne. *Vid. J. A. de Luc*, *Recherches sur les Modifications de l'Atmosphère*, n°. 903, 919.

ſerts, dans leſquels on ne trouve aucune habitation, pas même de l'herbe; de ſorte qu'on doit emporter avec ſoi toutes les proviſions dont on a beſoin. Cette contrée eſt appelée *Beloro* (autrement Belor ou Belur). Les ſommets de ces montagnes ſont habités par une race d'hommes ſauvages, idolâtres & cruels, qui vivent entièrement de chaſſe & ſont habillés de peaux de bêtes.

De-là on vient au royaume de *Caſcar* (autrement Chaſcar, Caſſar, Kaſchgar & Haſicar), qui appartient au grand Kan, & a cinq jours de marche d'étendue. Les habitans en ſont mahométans, s'appliquent au commerce & travaillent principalement le coton. Ce pays eſt couvert de villes & de châteaux, de beaux jardins & de belles terres qui produiſent de bons raiſins dont on fait du vin; il y a d'autres fruits en grande abondance. On y cultive le coton, le lin, le chanvre; & ce pays fournit abondamment tout ce qui eſt néceſſaire à la vie. Il part de cette province un grand nombre de commerçans pour toutes les parties du globe: mais ils ſont ſi intéreſſés qu'ils ſe refuſent tout ce qui eſt agréable & ne ſe permettent que le pur néceſſaire. Outre les Mahométans, on trouve dans ce pays des Neſtoriens qui ont une égliſe où ils adorent Dieu ſelon leur culte.

Samarchan (ou Samarkand) eſt une bonne ville ſituée dans une plaine. Le ſol y produit abondamment toutes les espèces de fruits qu'on peut desirer. Les habitans sont en partie chrétiens, en partie mahométans, & sont soumis à un neveu du grand Kan.

De-là, après cinq jours de marche on entre dans la province *Carchan* (autrement Carchant, Carcam, Hiarkand, Jarkim, Jerker, Jerken & Urkend). Les habitans en sont mahométans, on y trouve aussi quelques Nestoriens chrétiens, mais ils sont tous sujets du neveu du grand Kan. Ils ont tout ce qui est nécessaire à la vie, & recueillent beaucoup de coton. Ces peuples sont bons artisans. Ils ont pour la plupart, les jambes fort grosses, & des goëtres qui leur viennent de la qualité des eaux qu'ils boivent.

En allant de-là vers l'est, on trouve la province de *Cotan* (autrement Cotam, Hotum, Khoten & Khotan) qui est soumise au neveu du grand Kan. Cette contrée, couverte de villes & de châteaux, a huit journées de marche en étendue, & produit tout ce qui est nécessaire à la vie. On y cultive le coton, le lin, le chanvre, le blé, la vigne & d'autres productions du règne végétal. Les habitans, qui sont mahométans, s'adonnent au commerce, ils ont diverses manufactures, & ne sont point propres à la guerre.

En continuant de marcher vers l'est, on entre dans la province appelée *Peym* (Peim), qui contient beaucoup de villes & de châteaux. A travers la capitale du même nom, coule une rivière qui roule plusieurs espèces de pierres précieuses, telles que la calcédoine & le jaspe. Cette contrée produit de la soie & tout ce qui est nécessaire à la vie. Les habitans sont mahométans & soumis immédiatement au grand Kan ; ils vivent du commerce & des manufactures. Ces peuples ont cette singulière coutume que, si un homme qui voyage demeure absent de sa femme plus de vingt jours, elle peut, s'il lui plaît, prendre un autre mari ; & lorsque cet homme revient, il peut également prendre une autre femme. Les provinces dont on a parlé ci-dessus, comme *Kaschgar*, *Jerkin*, *Khoten*, *Peym* & *Særtœm*, jusqu'à la ville appelée *Lop*, sont comprises dans les frontières de la grande Turquie.

La province nommée *Ciarcian* (Ciartiam, Sartem) était autrefois très-belle & très-fertile, mais elle a été depuis ravagée par les Tartares. Les habitans en sont mahométans. On y voit un grand nombre de villes & de châteaux, la capitale porte le nom de la province qui s'appelle *Ciarcian*. Plusieurs rivières roulent des pierres précieuses, telles que la calcédoine & le jaspe, en grande quantité, qu'on porte à *Ouchah* (le Cathay) pour les vendre & dont on tire un grand produit. De *Peym* à l'extrémité de cette province, on trouve des eaux ſaumatres & ſalées dans des lits de ſable qu'on rencontre par-tout; l'eau douce & potable eſt fort rare. S'il arrive qu'une armée de Tartares ennemis traverſe cette contrée, elle pille tous les biens des pauvres habitans, mais s'ils ſont amis, ils tuent ſeulement leurs troupeaux & les mangent. Auſſi dès que ces habitans apprennent l'approche d'une armée, ils ſe retirent avec leurs femmes, leurs enfans & leurs troupeaux à une grande diſtance dans les déſerts de ſable près d'une ſource d'eau douce, où ils vivent juſqu'à ce que l'armée ſoit retirée. Chaque habitant cache après la moiſſon ſon blé ſous le ſable, dans des cavernes qui ne ſont connues que de lui ſeul, parce que la place eſt immédiatement couverte de ſable que le vent y charrie, & il ne porte à ſa maiſon que ce qu'il lui faut de nourriture pour un mois. En marchant cinq jours dans les ſables de *Ciarçian*, on ne rencontre que des eaux ſaumatres, excepté à l'entrée du grand déſert où l'on trouve la ville de *Lop*. De cette ville on entre immédiatement dans le grand déſert. Les habitans de Lop ſont mahométans & ſujets du grand Kan. Ceux qui ſe diſpoſent à traverſer le grand déſert reſtent quelques jours dans cette ville pour préparer tout ce qui eſt néceſſaire pour ce voyage. Ils chargent de forts ânes & des chameaux, de proviſions de toute eſpèce & de marchandises. On prend des provisions pour un mois, mais si elles sont consommées avant qu'on soit sorti du désert, on tue les ânes & les chameaux & on les mange. Cependant ce n'est que dans une extrême disette qu'on sacrifie les chameaux, on les conserve plutôt que les ânes, parce qu'ils portent des fardeaux beaucoup plus lourds, & que très-peu de nourriture leur suffit. Pendant trente jours on traverse des plaines de sable, on gravit des montagnes arides, mais à la fin de chaque journée on trouve de l'eau, quoique en petite quantité & à peine suffisante pour cinquante ou cent hommes. L'eau est même saumatre dans trois ou quatre de ces endroits; mais elle est douce dans tous les autres lieux au nombre de vingt-huit où l'on s'arrête la nuit. On ne voit dans ce désert aucune espèce d'animaux, ils n'y trouveraient aucune nourriture. Il est très-facile de s'égarer dans ces tristes lieux & alors on y périt infailliblement.

Après avoir voyagé dans ce désert pendant l'espace de trente jours, on arrive à une ville appartenant au grand Kan & située dans la province de *Tangut*; on la nomme *Sachion* (Schotscheu, Tschatscheu, sur la rivière Sirgentschi, qui coule dans le *Polonghir*, & dans le *Kara-Nor*, ou *Hara-Nor*, peut-être est-ce *Schotscheu* ou *Sotscheu*, sur la rivière *Ezina*, qui porte ses eaux dans deux lacs. On trouve dans cette ville quelques Neſtoriens chrétiens, des mahométans & des idolâtres qui ont une langue particulière. Ces peuples ne ſont point commerçans, ils ne s'adonnent qu'à l'agriculture & vivent des productions de leur pays. Ils ont pluſieurs temples remplis d'idoles qu'ils adorent avec la plus grande dévotion. S'il leur naît un fils, ils le recommandent à l'une de ces idoles en l'honneur de laquelle ils nourriſſent un bélier; à la fin de la première année, ils mènent cet animal au temple, avec l'enfant, le jour conſacré ſpécialement à l'idole; là ils tuent le bélier, en font bouillir la chair, la placent devant l'idole, & ſe mettent à faire leurs prières dans leſquelles il recommandent leur fils à cette idole en lui demandant de le conſerver en ſanté. Ils aſſurent que pendant ce temps l'idole a extrait le ſuc & le goût de toutes les viandes. Ils emportent ces viandes chez eux, & les mangent avec leurs parens & leurs amis qu'ils ont raſſemblés pour cette fête. On conſerve ſoigneuſement les os dans de beaux vaſes. Les prêtres de l'idole ont pour leur part, la tête, les pieds, les entrailles, la peau & une partie de la chair. Ces idolâtres obſervent encore de ſingulières coutumes en brûlant leurs morrs. Si le défunt était un homme de rang, on va à l'aſtrologue, on lui dit l'année, le jour & l'heure où était née cette perſonne.

Le ſage examine les ſignes, les planettes & les étoiles qui avaient préſidé à ſa naiſſance, & détermine par là le jour & l'heure à laquelle le corps doit être brûlé. Et ſi la planette ne règne pas alors, on garde le corps une ſémaine, & même ſix mois. On le place dans une bière faite de planches de trois pouces d'épaiſſeur, bien jointes, peintes; on la remplit de parfums, de camphre & d'autres épices. Après avoir bouché toutes les fentes avec de la poix & de la chaux, on couvre la bière de ſoie. Pendant tout le temps qu'on tient le corps ainſi, il y a une table couverte de pain, de vin & de viande & qui reſte devant le défunt autant de temps qu'il en faudrait à une perſonne pour prendre ſa nourriture. En outre l'aſtrologue imagine quelquefois qu'il ſerait ſiniſtre de faire paſſer le corps à travers la porte; alors pour plaire à la planette, on fait une brêche au mur de la maiſon, & on l'emporte par-là. S'il arrivait que quelqu'un voulût s'oppoſer à l'exécution de ces cérémonies, l'ombre du mort lui en voudrait beaucoup, & il pourrait lui arriver mal. Lorſque le corps eſt porté hors la ville, ils ont de petites maiſons de bois bâties exptès ſur le chemin, dans leſquelles ils placent le corps, & lui préſentent encore à manger. La marche ſe fait en muſique. Tandis que le corps brûle, ils jettent dans le ſeu des papiers où ils ont peint des figures d'hommes & de femmes, de monnoie, de chevaux, de chameaux & d'habits, dans l'idée que le mort aura autant de toutes ces choſes à ſa diſpoſition dans l'autre monde. La muſique joue pendant tout le temps que dure la céremonie de brûler le corps.

Kamul (autrement Chamul, Hamil, Hami, Khami, Came-xu) eſt un diſtrict de la grande province de *Tanguth*, & eſt ſujet au grand Kan. Il eſt ſitué entre le grand déſert dont on a parlé ci-deſſus, & un autre plus petit. La capitale porte le même nom que le diſtrict. On y recueille des fruits & des grains de toute eſpèce dont les habitans ſe nourriſſent. Ces peuples ont une langue particulière & adorent des idoles. Ils ſemblent n'être nés que pour la joie; la muſique, la danſe & le chant font leur principale occupation. Lorſqu'un voyageur arrive dans leur pays & qu'il deſire ſe loger chez l'un d'eux, celui dont il a choiſi la maiſon enjoint à ſa femme, à ſes filles & à toutes ſes parentes, de ſatisfaire en tout les deſirs de l'étranger. Alors le mari abandonne ſa maiſon, cherche dans la ville tout ce qui peut contribuer à la bonne réception qu'il veut faire à ſon hôte, & ne rentre chez lui que lorſque l'étranger en eſt parti. Pendant tout le temps de l'abſence du mari, l'heureux voyageur jouit de tous ses droits ; & il faut avouer que la beauté & la vivacité de ces femmes contribuent beaucoup à lui rendre ce séjour bien délicieux. Ces peuples sont dans l'opinion que l'hospitalité qu'ils exercent envers les voyageurs, est un devoir très-agréable à leurs divinités, & qu'ils doivent à cette coutume les biens que les dieux répandent sur eux en profusion, la protection qu'ils leur accordent contre tous les dangers, & l'accroissement de leurs familles. Lorsque *Mangu - Kan* fut sur le trône, & qu'il apprit cette coutume indécente, il ordonna à ces peuples de veiller à la chasteté de leurs femmes, de leurs filles, & de recevoir les étrangers & les voyageurs dans des maisons entretenues aux dépens du public. Cet ordre fut ponctuellement exécuté l'espace de trois ans. Mais pendant ce temps les productions de leurs champs & de leurs jardins étant venues à manquer, & d'autres malheurs dans leurs affaires domestiques s'étant fait sentir, ils envoyèrent des ambassadeurs à Mangu - Kan, pour lui demander la révocation de ses ordres. L'empereur écouta leurs remontrances, & leur répondit en ces termes : « Je sais qu'il est de mon devoir » de mettre des bornes à cette coutume scanda- » leuse ; mais puisque vous tirez gloire de votre » honte, vous pouvez vous en couvrir, & vos » femmes peuvent continuer désormais à rendre » leurs services charitables aux étrangers ». Les porteurs de cette nouvelle furent reçus avec la plus grande joie de toute la nation ; & cette coutume a toujours existé jusqu'à ce jour, c'est-à-dire jusqu'au temps où Marco Polo était dans cette partie du monde, car on ne sait aujourd'hui si elle y a encore lieu.

Au-delà de la province *Chamul*, est la contrée appelée *Chinchintalas* (autrement Chinchincalas, Sanghin-Talgin, Sankin-Talai, Chitalas-Dalai), qui est bornée au nord par le désert; elle a seize jours de marche en longueur, & appartient au grand Kan. On y trouve des villes & des bourgs. Parmi les habitans, il y a des Nestoriens chrétiens, mais en petit nombre ; il s'y trouve aussi des Mahométans, le reste est idolâtre. Une montagne de ces contrées fournit de la mine d'acier, & *l'andanicum* (ou *audanicum*) ainsi que la *salamandre*, c'est-à-dire, l'asbète ou l'amiante, dont les habitans de ce pays font une sorte d'étoffe incombustible.

En laissant la province de *Chinchintalas* derrière soi, on avance à l'est (ou plutôt au sud) à travers une contrée tout-à-fait inculte, pendant treize jours de marche, jusqu'à la province de *Suchur* (*a*) (autrement Succuir, Souck ou Suk)

(*a*) La contrée décrite en dernier lieu par M. Pallas où croît la vraie rhubarbe, & d'où elle est portée aux Russes

ſur la rivière de Suk, qui ſe jette dans celle de Pegu, au nord du Tibet, & au ſud-eſt de Kokonor. Cette province a quelques bourgs & pluſieurs villes, dont la principale porte le même nom que la contrée. Les habitans, excepté un petit nombre de chrétiens, ſont idolâtres & ſujets du grand Kan. Ils ont le teint très-brun, & vivent des productions de la terre, mais n'ont point de commerce. La *rhubarbe* (reubarbar, reobarbar) qui croît ſur les montagnes en abondance, eſt portée dans tout le monde. Il croît auſſi dans ces montagnes une plante vénéneuſe qui fait perdre aux troupeaux les ſabots lorſqu'ils en mangent. Les animaux élevés

---

à *Kjæchta* par les marchands de la Bucharie, eſt ſituée au ſud-oueſt du lac *Kokonor*, à peu de diſtance de la ville de *Sellin*, ſur la rivière *Selingol* qui ſe jete dans le *Chattungol*, ou comme les Chinois l'appellent, dans le *Hoangho* (Choango) nommé auſſi *Karamuren*. Toute cette partie eſt compoſée de hautes montagnes arides & découvertes. C'eſt là que croît la rhubarbe dans les fentes des rochers. Les racines qui ſont bonnes à employer pouſſent des tiges d'une groſſeur étonnante; on les tire de la terre en avril & en mai, on les nettoie & on les ſuſpend aux arbres. Les feuilles de cette plante ſont rondes & légèrement dentelées : conſéquemment le *Rheum compactum* ou *undulatum* doit être la vraie rhubarbe. L'indication de ce pays où croît la véritable rhubarbe, m'a engagé à rechercher la ville de *Suckuir* ou *Suckur* que j'ai aiſément trouvé être la même que la province & la ville de *Suck*.

dans ces contrées connaiſſent cette plante & l'évitent avec ſoin ; c'eſt pourquoi on doit toujours avoir attention lorſqu'on voyage dans ces montagnes, de ſe ſervir d'animaux du pays.

La ville appelée *Kampiou* (Kampitiou, Kantſcheu, dans la province de Schenſi, ſur la rivière Etziné Moren) eſt la capitale de tout le *Tangut*, elle eſt grande & belle. Les Neſtoriens chrétiens y ont trois belles égliſes. On y voit des Mahométans ; le reſte des habitans eſt idolâtre. Les nombreux couvens de leurs prêtres ſont remplis d'idoles de bois, de terre ou de pierre, & recouvertes d'or. Quelques-unes de ces ſtatues ont dix pieds de long, elles ſont couchées ſur la terre & environnées de plus petites idoles, qui ſemblent leur rendre hommage. Les prêtres des Idoles mènent une vie beaucoup plus régulière que celle des autres idolâtres. Ils s'abſtiennent de certains alimens & de certaines actions malhonnêtes, que ceux-ci ne regardent pas comme telles ; car ſi une femme fait les premières avances à un homme, il peut en toute conſcience & ſans péché accepter ſes faveurs ; mais ſi c'eſt l'homme qui les fait ; alors on regarde cela comme un péché. Les laïques ont pluſieurs femmes, quelquefois trente & plus, quelquefois moins ſelon leur fortune ; ils n'en reçoivent point de dot, au contraire ils leur en donnent en troupeaux, en eſclaves & en argent.

La première femme a toujours la préséance sur les autres. Si une de leurs femmes ne vit pas bien avec ses compagnes & qu'elle déplaise par d'autres raisons au mari, il peut la renvoyer. La loi leur permet de se marier à leurs parentes, même à leurs belles-mères. Ils ont une espèce de révolution périodique de mois lunaires, dans chacun desquels ils s'abstiennent pendant trois ou quatre jours du sang & de la chair des animaux; mais pendant cette abstinence ils commettent beaucoup de mauvaises actions & vivent comme des bêtes; ce que Marco Polo a très-bien observé pendant l'année qu'il a demeuré chez ces peuples avec son père & son oncle, pour ses affaires.

Après avoir marché pendant douze jours en sortant de *Kampion* (Kampition, Kantscheu), on arrive à une ville appelée *Etzina* (Eziva, Etziné, est le nom d'une rivière dans le nord de Schensi, qui se jette dans le lac de Sohuc-Nor & Sopu-Nor). Elle borde le grand désert de sable, & est dans la province de *Tanguth*. Les habitans sont idolâtres, ne font point de commerce, & vivent de leurs troupeaux & de l'agriculture. On trouve dans ce pays le faucon lanier (*falco lanarius*), le sacre (*falco sacer*). Il y a des forêts de pins, peuplées d'ânes sauvages & d'autres animaux. Les habitans ont un grand nombre de chameaux & d'autres bestiaux. Les voyageurs qui se disposent à traverser le grand désert, dont l'étendue est de quarante jours de marche, achètent leurs provisions dans cette ville, parce qu'on ne rencontre dans ce trajet ni hommes ni habitations, excepté quelques gens errans çà & là sur les montagnes & dans les vallées. A l'extrémité de ce désert, on trouve au nord, la ville de *Carachoran* (autrement Taracoram, Caracoram, Korakarum, Karakoran, Karakum, Karakarin & Holin). Tous les districts décrits précédemment, comme *Sachiou* (Schatscheu) *Chamul* (Khamil) *Chinchitalas* (Sankindalai) *Succuir* (Suck) *Campion* (Kantscheu) & *Ezina* (Etziné), sont dans la grande province de *Tangut.*

Carachoran (Carchoran, Kara-koran) est une ville dont la circonférence est de trois milles d'Italie. C'est le lieu d'où sont sortis autrefois les Tartares. Cette ville, aux environs de laquelle on ne trouve point de pierres, est environnée d'un simple rempart de terre. Au-dehors il y a un grand château avec un palais d'une structure assez élégante, dans lequel le gouverneur a coutume de faire sa résidence.

En allant au nord de *Carachoran* (Karakoran) & du mont *Altay*, où les empereurs sont ensevelis, on arrive à une vaste plaine appelée *Bergu* (Bargu-Sin est le nom d'une rivière à l'est du lac Baikal). Les habitans de cette plaine sont appelés

Metrites (autrement Medites, Meclites, Markaets). Ils ſont entièrement ſauvages & vivent de la chair des animaux & des oiſeaux qu'ils prennent à la chaſſe, & de poiſſons. Les plus grands de leurs animaux ſont comme des cerfs, & ils les attèlent à leurs voitures.

De la province de *Campion*, en ſe dirigeant vers l'eſt (ſud-oueſt) on marche pendant cinq (cinquante) jours, & l'on arrive ſur les terres de l'empire *Ergimul* (Erigimul, Eriginul), qui eſt ſoumis au grand Kan & qui appartient à la province de *Tanguth*. Les habitans ſont payens, mahométans & Neſtoriens chrétiens; la capitale porte auſſi le nom d'*Erginul* (Erdschi-Nur). De-là en allant vers le ſud-oueſt, au *Kathey* (nord de la Chine), vous trouvez la ville *Singui* (Sigan dans le Schenſi), ſituée dans le diſtrict du même nom, qui eſt auſſi de la province de *Tanguth*, & ſoumis au grand Kan. Les habitans ſont partie Neſtoriens, partie Mahométans, & les autres idolâtres. On trouve dans cette contrée beaucoup de bœufs ſauvages blancs & noirs, preſqu'auſſi grands que des éléphans; ils ont le poil du corps fort court, excepté celui des épaules qui a ſouvent neuf pouces de long, & qui eſt du plus beau blanc, & d'une fineſſe qui ſurpaſſe celle de la ſoie. Marco Polo apporta à Veniſe de ces poils, qui furent regardés comme un objet de curioſité.

On

On a apprivoisé quelques-uns de ces animaux, qu'on a fait accoupler avec des vaches ordinaires. Ceux qui proviennent de ces accouplemens sont propres à des travaux très-pénibles & capables de supporter les plus grandes fatigues. Ils peuvent labourer deux fois plus que les bœufs. On trouve encore dans cette contrée le meilleur musc ; il est produit par un petit animal de la forme d'une gazelle ou antiloppe, & de la grandeur d'une chèvre. Les poils de cet animal sont plus grossiers que ceux du cerf ; il a les pieds & la queue semblables à ceux d'une gazelle, mais il n'a point de cornes comme celle-ci. Il a quatre dents, aussi blanches que l'ivoire, de trois pouces de long, deux à la mâchoire d'en haut & deux à celle d'en bas : il a une assez belle forme (a). Vers l'époque de la pleine lune, il lui vient une tumeur à la région

(a) Cette description répond fort bien à celle qu'on a faite du porte-musc qui était encore à Versailles il y a peu de temps, excepté que celui-ci avait, outre les dents de trois pouces de long à la mâchoire supérieure, huit dents incisives à la mâchoire inférieure & six machelières dans chaque mâchoire. Il faut donc qu'il y ait une erreur dans la description de Marco-Polo, ou dans la traduction qu'on en a faite, ou enfin que l'animal dont il parle ait été différent de celui qu'on a gardé à Versailles. Mais que cet animal ne donne le musc que dans la pleine lune, & cela par un abcès ; c'est un préjugé d'histoire naturelle. M.

du nombril qui rend le meilleur muſc. La chair de cet animal eſt bonne à manger. Marco Polo apporta à Veniſe la tête & les pieds d'un de ces porte-muſc. Les habitans de cette contrée vivent du commerce & de quelques profeſſions mécaniques. Le blé y vient en abondance. Il faut vingt-cinq jours pour traverſer cette province. On y trouve auſſi des faiſans deux fois auſſi gros que les nôtres, & preſque auſſi forts que des paons. Leurs queues ont juſqu'à 25 à 30 pouces de long (*a*) : il y en a auſſi qui reſſemblent à-peu-près à nos faiſans. On y voit toutes ſortes d'oiſeaux du plus beau plumage. Les peuples y ſont idolâtres, fort

---

Daubenton a donné la deſcription du porte-muſc de Verſailles, dans ſes Mémoires de l'Académie des Sciences de Paris, & M. Pallas a décrit le même animal dans ſes *Spicilegia Zoologica*.

(*a*) Ces grands faiſans appartiennent ſans doute à la belle eſpèce que Linné appelle *Phaſianus-Argus*, & dont on trouve ſeulement quelques plumes de la queue & des aîles dans les cabinets des curieux de l'Europe. Pour l'animal, peut-être qu'aucun européen, excepté notre voyageur, ne l'a vu. Il eſt digne de remarque, qu'il y a déjà cinq cents ans que cet oiſeau a été vu, & qu'on n'en a pas encore une deſcription complette. Depuis que M. Forſter a écrit ceci, cet oiſeau a été apporté empaillé à Londres, & on en peut voir un très-bien conſervé dans le cabinet de M. le Chevalier Levaſt, actuellement à M. Parker.

gras, leur nez eſt petit, leurs cheveux ſont noirs, & ils n'ont point de barbe, mais ſeulement quelques poils çà & là au menton. Les femmes de diſtinction ont de beaux cheveux, ſont très-belles, & parfaitement bien proportionnées, d'ailleurs très-laſcives. Les hommes prennent autant de femmes qu'ils en peuvent nourrir; ils ne regardent point, pour les choiſir, à la richeſſe, mais à la beauté; & pour les obtenir ils font de grands préſens à la mère & aux parens.

Si d'*Ergimul* (Erdſchi-Nur) on marche huit jours à l'eſt (à l'oueſt), on arrive au diſtrict d'*Erigaia* (ou Eggaya, Organum, & Irganekon), dans lequel on trouve pluſieurs villes. C'eſt la grande province de *Tanguth*, dont la capitale eſt *Calacia* (autrement Cailac, Gailac, Golka). Les habitans en ſont idolâtres, & les Neſtoriens chrétiens y ont trois belles égliſes. Ils ſont tous ſujets du grand Kan. On fait à *Calacia*, avec de la laine blanche & le plus beau poil de chameau (peut-être chamois), une grande quantité de Zambelottes (chamlotte, kamlotte), c'eſt-à-dire, camelot le plus beau du monde, & qu'on tranſporte de ce pays dans toutes les parties du globe, & particulièrement dans le *Cathay* (ou nord de la Chine). *Tenduc* (Tenduch, Teuduch) eſt une province à l'eſt, qui appartenait autrefois au Prêtre Jean, & qui eſt maintenant ſoumiſe au grand

Kan. Elle contient plusieurs villes; la capitale se nomme *Tenduc.* Cette province a un roi de la famille du prêtre Jean, nommé George, auquel le grand Kan l'a cédée sous la condition que ce Roi reconnaîtrait sa supériorité. Les rois de cette contrée épousent assez ordinairement les filles du grand Kan. Le roi George est prêtre & chrétien. Ses sujets, pour la plus grande partie, sont aussi chrétiens. On trouve dans cette province des pierres avec lesquelles on prépare un très-beau bleu d'outremer. On y fait aussi du camelot de poil de chameau. Les habitans s'adonnent au commerce, à l'agriculture & aux arts mécaniques. Plusieurs, comme nous venons de le dire, sont chrétiens, d'autres mahométans, & le reste est idolâtre. Il y a aussi une espèce d'hommes qu'on nomme *Argon*, parce qu'ils doivent leur naissance à deux races, c'est-à-dire, aux idolâtres de *Tenduc* & aux mahométans. Ils sont certainement les plus beaux hommes de cette province, les plus ingénieux, & les plus habiles dans le commerce.

C'était le lieu de la résidence du prêtre Jean dans le nord, lorsqu'il régnait sur les Tartares; le roi George est le quatrième depuis lui. Il y a aussi dans cette contrée deux royaumes sur lesquels régnait autrefois le prêtre Jean; on les nomme dans notre partie du monde (c'est-à-dire l'Europe), *Gog* & *Magog*; & les habitans de ces provinces les appellent *Ung* & *Mongul* (a). Les habitans de *Ung* ſont *Gogs*, & ceux de *Mongul* ſont tartares. En voyageant à travers cette province pendant ſept jours & ſe dirigeant vers le *Cathay*, on rencontre pluſieurs villes dont les habitans ſont en partie neſtoriens, d'autres mahométans, & d'autres idolâtres. Ils s'appliquent au commerce & aux arts mécaniques. Ils font des étoffes tiſſues en or, & d'autres étoffes

(a) Le célébre prêtre Jean eſt, comme nous l'avons dit dans une note page 66, le *Ung-Chang*, ou *Unke-han*, nom dérivé du chinois *Uang* ou *Wang*, & que d'autres ont changé en *Aunœk* ou *Avenœk-Kan*. Il regnait ſur les *Karaites*, tribu qui habitait près de la rivière *Kallaſſui* (Karaſibi), qui ſe jete dans l'*Abakan* & enſuite dans le *Jeniſea;* c'eſt là que vivent aujourd'hui les *Kirgiſes*, qui ont parmi eux une tribu nommée *Karaites*. Vide *Fiſcher*, *Hiſtoire de la Sibérie*, *pag.* 698, 709 & 710. Selon la coutume des chrétiens de ce temps qui cherchaient à introduire la bible par-tout & en toutes occaſions, les chrétiens orientaux n'auront pas plutôt entendu parler de *Ung-Kan*, que ce nom leur aura rappelé celui de Jean; & comme peut-être le Ung-Kan ſe ſera converti à la religion chrétienne à la perſuaſion des Neſtoriens, & ſe ſera peut-être fait prêtre; ils auront ſans façon transformé le prêtre *Ung-Kan*, en prêtre Jean; d'ailleurs comme il eſt fait mention dans le prophète Ezéchiel de *Gog* & de *Magog*, par une raiſon ſemblable, ils auront changé *Ung* en *Gog*, & *Mogul* en *Magog*.

de soie & de laine de différentes couleurs & de toutes espèces comme celles que nous faisons. Ces peuples sont soumis au grand Kan. On trouve aussi dans le même pays une ville appelée *Sindicin* (autrement Sindacui), où tous les arts sont en vigueur. Cette ville fournit toutes les armes & les instrumens de guerre à l'usage des armées. Dans la partie la plus élevée de cette province, est un lieu nommé *Idifa* (Ydifu) où se trouve une bonne mine d'argent, de laquelle on tire ce métal en grande quantité.

A trois jours de marche en avant, on arrive à la ville de *Cianganor* (*a*) (Cianganior, Cyangamor, ou Tsahan-Nor) ce qui signifie *lac blanc*. Le grand Kan a dans cette ville un palais qu'il aime beaucoup habiter, il est environné de lacs

(*a*) Le *Cianganor* est, selon la description de Marco-Polo, la mer Blanche, c'est-à-dire, ce lac sur les bords duquel le souverain habite ordinairement; on le nomme proprement dans la langue des Mogols, *Tsahan-Nor*. Il est très-possible à la vérité qu'il faille plus de trois jours de marche pour aller de la contrée des *Karaites* & de la ville de *Tenduc* à *Tsahan-Nor*. Mais il ne faut pas pour cela entendre un autre Tsahan-Nor, que le lac de ce nom situé au quarante-cinquième degré trente minutes latitude nord, & au cent dix-septième degré de longitude. Il paraît que Marco-Polo ne place pas les villes dans leur situation respective, mais qu'il va de l'une à l'autre comme son imagination le conduit.

& de rivières où il ſe trouve beaucoup de cignes, les plaines abondent en grues, faiſans, perdrix & autres oiſeaux. Ce prince eſt paſſionné pour la chaſſe au vol avec les faucons & les gerfauts. On compte cinq eſpèces de grues; la première eſt toute noire comme un corbeau, & a de grandes aîles; la ſeconde a les aîles encore plus grandes que celles-ci, elles ſont blanches, fort belles, ornées d'yeux comme la queue du paon, & dorées; la tête de cette eſpèce de grue eſt noire & rouge & d'une jolie forme; le cou eſt blanc & noir: la troiſième eſpèce de grue reſſemble à celles d'Italie; la quatrième eſt une très-petite eſpèce de grue, agréablement marquée de bleu & de rouge; la cinquième eſt griſe, elle a la tête noire & rouge, celle-ci eſt fort groſſe. Fort près de la ville eſt une vallée où il y a une quantité étonnante de perdrix & de cailles, pour la nourriture deſquelles le grand Kan fait ſemer en été du millet & d'autres grains. Un grand nombre de gens ſont chargés d'empêcher qu'on ne les tue. Auſſi ces oiſeaux ſont-ils très-apprivoiſés, & leur gardien n'a beſoin que de ſiffler & de leur jeter leur nourriture, pour qu'ils viennent à lui. On a placé auſſi de petites maiſons où ils ſe retirent pendant la nuit. Lorſque l'empereur vient l'été dans cette province, il trouve ces oiſeaux très-multipliés. En hiver il n'y reſte pas à cauſe de l'âpreté du froid, mais il se fait apporter au lieu de sa résidence, sur des chameaux, celles qui sont engraissées.

De cette province, en tournant au sud-ouest, & marchant pendant trois jours, on arrive à une ville appelée *Xandu* (Ciandu, Cyandi, Tschangtu), bâtie par Kublai-Kan, dans laquelle il avait un palais magnifique, orné de marbre & d'autres pierres choisies. On y voit un parc de seize milles d'Italie en étendue, attenant à l'un des côtés de ce palais. Cette enceinte renferme de riches prairies, d'agréables bosquets, des rivières, des animaux de toute espèce, comme des cerfs, des daims, que le Kan y a fait mettre pour la nourriture de ses faucons & de ses gerfauts, qu'on garde là dans le temps de la mue. Lorsque l'empereur sort, il fait porter un ou plusieurs léopards derrière un homme à cheval, & lorsqu'il le veut, on lâche le léopard qui se jette sur les cerfs & les daims, & ce qu'il prend est pour la nourriture des faucons & des gerfauts. Au milieu de ces prairies est un bois dans lequel on a construit une maison très-élégante, vernissée par-tout, ornée de colonnes & de dragons, & soutenue contre l'effort des vents par plus de deux cents cordons de soie, car elle est faite de cannes, & conséquemment très-légère. Cette maison se démonte & peut se transporter à volonté. Le Kan passe dans ce lieu délicieux trois mois de l'année, juin, juillet & août;

mais le 28 de ce dernier mois, il désigne un autre lieu où il doit se rendre pour faire certains sacrifices. Ce prince a un haras de 10,000 chevaux aussi blancs que la neige. Les personnes de la famille de *Gengis-Kan* ont le droit de boire du lait de ces jumens; la famille de Boriat, a obtenu le même privilége pour avoir donné dans une bataille des preuves de la plus grande valeur. Le grand Kan a coutume de répandre le lait de ses jumens sur la terre, comme une offrande qu'il fait aux Dieux & aux Esprits pour obtenir d'eux la prospérité de ses sujets, de ses femmes & de ses enfans, ainsi que de ses troupeaux & des fruits de la terre. Kublai-Kan réside pendant les mois de décembre, de janvier & de février à *Cambalu*, appelée *Kan Balgassun*, ou par abbréviation *Kan-Balga*, nom que les auteurs Arabes ont converti en celui de *Khanbalich*, ou *Khambaligh*, & les Italiens en *Chanbalig* ou *Chanbalu*, *Cambalu* & *Gamalecco*, ce qui signifie la ville Royale; c'est la traduction du mot Chinois *King-Tsching*, nom de la partie septentrionale de la ville de *Pe-King*, c'est-à-dire la demeure du Nord; ce quartier renferme le palais impérial. Cette ville est sur la frontière du *Cathay*, au sud-est, & son nom signifie la *ville du Souverain Seigneur* (ou Kan). Elle est remplie de beaux édifices, les rues en sont droites & le palais de l'empereur eſt vaſte & magnifique. Elle renferme un très-grand parc où l'on trouve des bois, des lacs, des boſquets & beaucoup de gibier de toute eſpèce.

Tel eſt en abrégé, ce que contient la deſcription des parties ſeptentrionales de l'Aſie, donnée par Marco Polo.

Outre les obſervations intéreſſantes dont on vient de parler, nous apprenons que dans le Cathay, ou le nord de la Chine, on fait un vin de riz & d'aromates, d'un goût fort agréable & plus enivrant que notre vin. Mais il exiſte une relation beaucoup plus ancienne, donnée par un voyageur Mahométan, qui vivait en 851; elle a été traduite de l'arabe, & publiée par *Euſèbe Renaudot.* Ce voyageur dit: « Les Chinois ont » une ſorte de vin fait avec du riz; ils n'en ont » pas d'autre dans le pays, & on ne leur en » apporte point ». Et dans un autre endroit: « Ils » ne boivent point de vin, & ne ſavent pas même » ce que c'eſt que cette liqueur ». Ainſi nous voyons que c'eſt en Chine qu'on a fait le plus anciennement uſage de l'eau-de-vie. Il eſt très-probable que ces peuples ont pris la manière de faire une liqueur enivrante par la fermentation & le feu, des paſteurs du Nord qui ont ſi ſouvent conquis la Chine; car ſi nous liſons l'hiſtoire des nations nomades du nord de l'Aſie, nous trouverons qu'elles ſont dans l'uſage de faire fermenter le lait de leurs jumens, & d'en tirer une liqueur qu'ils nomment *Kumyſſ* (Koſmos); cette liqueur diſtilée eſt appelée *Arrak*, & ce nom eſt donné dans toute la Chine, l'Inde & même l'Europe, à l'eau-de-vie de riz.

L'obſervation de Marco Polo, relativement au charbon de terre, mérite d'être remarquée. Il nomme cette ſubſtance pierre noire combuſtible. On la tire des montagnes, elle brûle comme le bois, & ſi long-temps, que ſi on l'allume le ſoir elle continue de brûler toute la nuit. Cette pierre eſt très-en uſage dans quelques lieux à cauſe de la rareté du bois.

Enfin, *Marco Polo* confirme ce que *Rubruquis*, *Haitho*, & d'autres auteurs après eux, ont écrit ſur l'uſage du papier-monnoie en Chine. Il dit qu'on le fait de l'écorce du mûrier dont les feuilles ſervent à la nourriture des vers à ſoie. On ſépare l'écorce intérieure d'avec l'extérieure qui eſt trop groſſière; on la frotte & on la broie; enſuite on procède comme pour faire le papier de coton.

Cette monnoie eſt toute noire, de la forme d'un quarré long. Elle eſt faite avec beaucoup de préciſion & de ſoin. Tous les officiers engagés dans cette fabrication, mettent leur marque ſur chaque pièce, & l'intendant prépoſé à cette affaire par l'empereur, y met le dernier ſa marque avec du cinabre, ce qui donne à cette monnoie ſon cours

& sa valeur. Tous les paiemens en sont exactement faits, & la peine de mort est décernée contre ceux qui la refuseraient ou qui la contreferaient. Il est très-évident que l'écorce du mûrier de la Chine, *Morus papirifera*, & de celui avec lequel on élève les vers à soie dans ce royaume, & peut-être celle des mûriers blancs & noirs de Tartarie, sont propres à faire du papier, puisque celui qu'on fabrique encore à la *Chine* & au *Japon* est fait de l'écorce de ces arbres. Il serait donc très-utile, à cause de la rareté des chiffons, de cultiver le mûrier de Tartarie qui est très-vigoureux, car, non-seulement ses feuilles fourniraient une bonne nourriture aux vers à soie, mais encore on tirerait un grand parti de son écorce pour la fabrication du papier.

VII. *Oderic de Portenau* (*a*), religieux de l'ordre des frères mineurs, fit un voyage en 1318 dans l'Orient, & s'avança, avec d'autres moines,

(*a*) Cet *Oderic* est encore nommé de *Foro Julii de Porto Vahonis* (lisez Nahonis,) *Oldericus* & *Oderisius*. Portenau est probablement *Mutatio ad Nonum*, cité dans l'*Itinerarium Hierosolymitanum*; il est dérivé de station, port dans la langue cimmérienne, & de *Nar* ou *Naon*, neuf; & conséquemment *Portus Naonis* est Portenau. Dans le Trioul on nomme cette place *Pordanone*. La relation des voyages d'Oderic a pour titre: *de Mirabilibus mundi*, & se trouve avec l'histoire de sa vie in *Bollandi actis S. S. M. Jan. d.* 14, ainsi

jusqu'à la Chine. Après son retour il dicta l'histoire de son voyage sans ordre & comme cela se présentait à sa mémoire, au religieux *Guillaume* de Solona (ou Solangna), à Padoue en 1330.

Nous apprenons, par la relation d'*Oderic*, qu'il partit de Constantinople, traversa la mer Noire, & aborda à Trébizonde, où il vit un homme qui conduisait une troupe de plus de 4000 perdrix si apprivoisées, que, lorsqu'il s'asseyait pour se reposer, elles se rassemblaient autour de lui comme des oiseaux privés. L'empereur prit de ces oiseaux autant qu'il en eut besoin, & l'homme ramena les autres où il les avait pris. De-là Oderic alla dans la grande Arménie, à *Azaron* (Erz-el-Rum), ensuite à *Tauris* (Tebrig), *Soldania* (ou Soltania), *Cassan* (autrement Kassibin, ou Kasvin) & à *Gest* (ou Yezd), qui est situé à l'entrée de la mer de Sable (mare Arenosum), de-là à *Konnum* (autrement Kom, Komru, Ghomrun, ou Gombron), & enfin à *Ormes* (ou Ormus). De cette dernière ville il alla dans l'Inde, puis à *Manzi* (midi de la Chine), & arriva enfin au travers de mille difficultés, à la capitale de l'empire, nommée *Kambaleth* (appelée encore Kam-

---

que dans *Waddingii Annales minor. Tom. III.* Ce voyageur mourut à *Udine* en 1331. *Basilo Asquini*, Barnabite italien, a publié à *Udine* en 1737, *la Vitae Viaggi del beato Odorico da Udinea*, *in*-8°.

balick ou Kan-Balga, ſituée au-delà de la rivière *Khara-Moran* (Kara-Morin, ou Hoang-Ho). Après avoir vu pluſieurs choſes ſingulières dans le *Cathay*, il marcha pendant 50 jours à l'oueſt, entra dans le pays du prêtre Jean, & arriva à la capitale appelée *Tozan* (autrement Koſan, Tſahan, ou Tſahan-Nor). Enſuite, après un long voyage, il entra dans la province de *Kaſſan* (Kaſan, ou Turkeſtan), dont la largeur eſt de plus de 50 jours de marche, & la longueur de plus de 60. Cette contrée eſt couverte de villes très-peuplées, & produit abondamment toutes ſortes de proviſions & ſur-tout de châtaignes. Enfin, il arriva au *Tibek* (Tibet ou Tebet), dans la capitale duquel réſide un *Abaſſi*, chef des idolâtres. Les femmes portent leurs cheveux treſſés en plus de cent nattes. Lorſque quelqu'un meurt & que ſon fils deſire lui rendre des honneurs, il aſſemble un certain nombre de prêtres qui, ſuivis de tous les parens & amis du défunt, portent le corps en grande pompe dans la campagne ; là, on lui coupe la tête qu'on donne au fils ; enſuite on découpe en petits morceaux la chair, & l'on en ôte les os, tout cela en priant fort dévotement, après quoi chacun s'en va. Bientôt viennent les vautours, qui s'acquittent très-bien de leur emploi & emportent tous les morceaux de chair. Les anges ſont ſuppoſés avoir emporté ce corps en paradis, & on regarde le défunt comme un ſaint. Le fils cependant emporte la tête de ſon père il en mange la chair, & fait du crâne une coupe dans laquelle tous les parens du mort boivent aux fêtes ſolemnelles.

Comme nous n'avons que des fragmens du voyage d'Odéric, il eſt fort difficile de faire des extraits du reſte.

VIII. *Jean de Mandeville* était deſcendu d'une ancienne & noble famille d'Angleterre. Il était né à Saint-Alban. Son eſprit inſatiable de nouveautés, le porta vers toutes les ſciences qu'il étudia avec un égal ſuccès. Il s'appliqua à la phyſique & aux mathématiques avec beaucoup d'ardeur, même à la théologie, ſuivant la coutume du temps. Il avait écrit des livres ſur toutes ces parties. Il était également habile dans tous les exercices convenables à un jeune homme bien né. Son goût pour les aventures lui fit faire un voyage à la Terre-Sainte, en 1332 (1322). Il paſſa par la France, & revint dans ſa patrie après une abſence de trente-trois ans, ayant voyagé dans preſque toute l'Aſie, ſervi dans les armées du ſultan d'Egypte, *Mandybron*, (Malek el Naſer Mohammed qui règna de 1310 juſqu'en 1341), & dans celles du grand Kan en Chine (Schun Hoamti, ou Tokatmur). Il mourut le 17 novembre 1371, à Liége où il eſt enterré. Il écrivit une relation de ſes voyages en latin, en françois & en anglois; la meilleure me paraît avoir été publiée à Londres en 1727, in-8°., dans l'ancien dialecte anglais; tous ſes autres ouvrages ſont purement des extraits. Les voyages d'Odéric contiennent pluſieurs choſes qu'on trouve auſſi dans ceux de Mandeville. Les copiſtes ſemblent avoir voulu compléter leur copie, en y ajoutant la relation d'un autre auteur qui avait écrit ſur un ſemblable ſujet. C'eſt probablement la raiſon de l'exacte correſpondance qu'on obſerve entre ces deux voyages. Il y a auſſi des traductions du voyage de Mandeville, en italien, en eſpagnol & en allemand.

L'hiſtoire des parties méridionales de l'Aſie n'eſt pas de notre objet; il nous ſuffira d'obſerver que dans le temps de Mandeville, la guerre qui chaſſa du Cathay les deſcendans de Gengis-Kan, était déjà allumée. *Cambalu* était cependant encore la réſidence du grand Kan. Mandeville y demeura trois ans.

La province du Cathay (il faut probablement entendre Kara-Cathay) a le royaume de *Tharſis* à l'eſt, & à l'oueſt l'empire de *Turqueſcen* (le Turkeſtan). Elle contient de belles villes; la principale deſquelles eſt *Octopar* (ou Otrar). Le Turkeſtan eſt limité à l'oueſt (ſud-oueſt) par la Perſe, & au nord (nord-oueſt) par *Coraſine*, (Khuaresm

(Khuaresm, Korafmin). Cet empire eſt grand & contigu à l'eſt (au nord) au déſert. Il eſt très-fertile. La capitale eſt auſſi nommée *Coraſine*, (autrement Khuareſm, ou ſelon Abulfeda, Korkang). A l'oueſt (nord-oueſt) ce pays a pour limite l'empire de *Kommania*, qui eſt très-vaſte, mais moins habité, car la chaleur & la grande quantité de mouches qui infeſtent cette contrée, rendent inſupportable le ſéjour de cet Empire. Le froid qu'on reſſent dans d'autres parties eſt également inſoutenable.

IX. *François Balducci Pegoletti*, italien, a écrit en l'année 1335, un ſyſtême de géographie commerçante, ouvrage fort important, ſi l'on a égard au temps où il fut compoſé. Le titre eſt ainſi : *Di diviſamenti di paeſi, e di meſure, di mercatanzie, ed altre coſe biſognevoli di ſapere a mercatanti, di diverſi parti del mondo* (a), Aucun hiſtorien n'avait encore profité de ce traité. Le profeſſeur *Sprengel* en a le premier fait uſage dans ſon ouvrage ſur *les progrès des connoiſſances géographiques*. Nous inſérerons ici une traduction de cet ouvrage, pour ce qui a rapport à

(*a*) Cette géographie du commerce a été réimprimée en entier dans un livre où l'on ne penſerait aſſurément pas de l'aller chercher ; ſavoir le troiſième volume de l'ouvrage intitulé : *Della Decima e della altre gravezze*, *Lisbona e Lucca*. 1766, in-4°.

notre objet, & nous la mettrons sans l'abréger. L'auteur nomme cette partie de sa Géographie *Avisamento del viaggio de Gattajo per lo cammino della Tana ad andare e tornare con mercatanzia*, c'est-à-dire, indication de la route qu'on peut prendre avec des marchandises, de *Tana* (ou Azof) au *Gattai*, (Kathay ou nord de la Chine), & pour le retour.

« De *Tana à Azof*, *à Gintarchan* (a) ou Astra- » can, il y a vingt-cinq jours de marche avec » des charriots traînés par des bœufs; mais avec » des charriots tirés par des chevaux, il y en a » seulement dix ou onze. Sur la route on ren- » contre un grand nombre de *Moccols* (Mogols) » armés. De *Gintarchan* à *Sara* (b) par la rivière, » le voyage dure un jour. Mais de *Sara* à *Sara*-

(a) *Gintarchan* ou *Zintarchan* est encore nommé par *Joseph Barbaro*, *Gntarchan* & Witsen dans son *Noord en Oost Tartarye*, *pag.* 709 : *Astracan* était autrefois nommé *Citracan*. Les Calmoucs le nomment *Hadschi*, *Aidar-Kan*, *Bulgassun*, ou la ville de Hadschi, Aidar-Kan; d'où dérivent tous ces noms de *Zitarkhan*, *Sitrakhan* & *Astracan*.

(b) Sara est sans doute la ville de *Saray*, dont on a si souvent parlé plus haut, située sur le bras oriental du Wolga, qu'on nomme *Actuba*. L'*Astracan* dont parle *Balducci Pegoletti*, n'était pas à la même place où la ville de ce nom est maintenant. L'ancien Astracan fut démoli, avec *Saray*, par l'empereur *Timur* dans l'hiver de 1395. L'ancienne *Saray* était assez près du vieux Astracan.

» *canco* (*a*) on est huit jours par eau. On peut » cependant prendre la terre selon qu'il est plus » agréable; mais avec des marchandises il revient » meilleur marché d'aller par eau. De *Saracanco* » à *Organci* (*b*) on met vingt jours avec des cha» meaux. Quiconque voyage avec des marchan» dises fera bien d'aller à *Organci*, c'est un pays » où il se fait d'excellentes affaires. D'*Organci* à » *Oltrarra* (*c*) il y a trente-cinq ou quarante » jours de marche avec des chameaux. Mais en » allant de *Saracanco* droit à *Oltrarra* il faut » cinquante jours; si l'on n'a pas de marchan» dises, c'est un meilleur chemin que celui d'*Or-*

(*a*) *Saracanca* existait probablement sur les bords de l'*Jaik* ou *Ural*, comme semblent le prouver les ruines qu'on appelle encore *Saratschik*.

(*b*) Il est aisé de reconnaître *Organci* dans la ville de *Urgenz* en Keucaresm. Cette place est appelée par Abulfeda *Dschordschania*, & par les Persans *Korkang*. Mais il y avait deux villes de ce nom, le grand & le petit *Urgenz*. Le premier était près du lieu où le Gihun se jete dans le lac *Aral*, on le nommait *vieux Urgenz*; on trouve une autre ville appelée neuf Urgenz près de *Chiwa* sur le Gihon.

(*c*) *Oltrarre* est appelé proprement *Otrar* & *Farab*. Ce dernier nom se trouve dans Abulfeda. Cette ville est située sur la rivière *Sihon* ou *Sirr*. Les Chinois qui ne peuvent pas prononcer la lettre R, l'appellent *Uotala*.

» *ganci.* D'Oltrarra à Armalecco (*a*) on marche » pendant quarante-cinq jours monté sur des » ânes, & dans la route on rencontre souvent » des *Moccols* (Mogols). *D'Armalecco* à *Came-* » *xu* (*b*) il y a soixante & dix journées de marche » sur des ânes; & de *Camexu* à la rivière appe- » lée *Kara-Morin* (*c*), on marche pendant cin- » quante jours à cheval. De cette rivière le voya- » geur peut aller à *Cassai* (*d*) pour se défaire » de ses marchandises, car c'est un très-bon pays » où la vente est très-expéditive. De *Cassai* il va » par tout le Gattay, avec la monnoie qu'il a reçue » en échange de son argent. Cette monnoie est » du papier-monnoie appelé *Balischi*; quatre de » ces balischi font un *Somno* d'argent. De *Cassai*

(*a*) *Armalecco* est le nom d'une ville appelée *Almalig*, qui est située dans le Turkestan selon *Nassir-Ettusi* & *Ulughbegh*. D'après *Scherfeddin-Ali*, l'auteur de la vie de *Timur*, il paraît qu'*Almaleg* est situé entre la ville de Taschkent & la rivière Irtisch, dans la contrée de Geté, sur les bords de la rivière *Ab-Eile* qui se jete dans le *Sihon*, ou *Sirr-Daria*.

(*b*) *Came-Xu* est certainement le nom de *Khame* ou *Khami*, avec le mot *Xu*, à la place de *Tscheu*, qui en chinois signifie ville.

(*c*) Cette rivière de *Kara-Morin* est le *Kara-Moran*, que les Chinois appellent *Hoang-Ho*.

(*d*) *Kassai* semble être la ville appelée *Kissen* sur la sinuosité la plus septentrionale du *Hoang-Ho*.

» à *Gamalecco* (*a*), capitale du *Cathay*, il y a » trente journées de chemin ».

Si le lecteur a quelque idée de la difficulté qu'il y a à surmonter pour éclaircir tant de noms de villes déguisés par une orthographe si vicieuse, difficulté qui augmente encore par la nécessité de déterminer avec précision la situation de ces villes & leurs distances respectives ; il conviendra que cette tâche ne pouvait se remplir sans beaucoup de travail.

Balducci Pegoletti certifie aussi l'existence du papier monnoie dans la Chine, dont *Rubriquis*, *Haitho*, *Marco-Polo* & *Odéric de Portenau* avaient parlé avant lui. Quelques-uns ont dit qu'il était fait de papier de coton, d'autres au contraire, avec plus de vérité, qu'on le fabriquait avec l'écorce du mûrier. Odéric de Portenau le nomme *Balis*; Balducci Pegoletti l'appelle *Balischi*; Mandeville dit qu'il est fait de cuir. Un jésuite nommé *Gabriel de Magaillans*, prétend que *Marco-Polo* s'est trompé sur ce papier-monnoie. Mais il est très-clair par le témoignage de six voyageurs que ce papier-monnoie existait encore au temps des Empereurs Mogols, ou de la tribu royale de *Yu*, & qu'il n'a été aboli que dans la suite.

X. *Jean Schildtberger*, de Munich en Bavière, alla de *Hongrie* en l'année 1394, avec l'armée

(*a*) *Gamalecco* est sans doute *Cambalig* ou Pekin, de même que *Gattay* est mis pour *Cathay*.

du roi Sigiſmond contre les Turcs. Mais il fut fait priſonnier par Bajazet premier, en 1395, ou comme il écrit toujours ce nom, *Weyaſit*, qui regnait de 1389 à 1403, & envoyé en Aſie. Bajazet ayant été vaincu & fait priſonnier par *Timur* (Tamerlan), Schildtberger tomba auſſi en eſclavage, & accompagna l'empereur *Timur* dans ſes expéditions & même dans la dernière, pendant laquelle il mourut en 1405 à *Otrar* ou *Farab*, quoique ſelon Schildtberger cet empereur ſoit mort dans Samarkant, ſa capitale. Ce voyageur alla enſuite avec *Scharoch* (Schah-Rokh) & demeura avec les troupes auxiliaires que ce prince laiſſa à ſon frère *Miranſchah*, pour faire la guerre à *Kara-Joſeph, émir de Turcomanie*, de la tribu Noire. *Miranſchah* ayant été pris & décapité par l'ordre de *Kara-Joſeph*, Schildtberger ſuivit *Abubachir* (Abubekr), fils de Miranſchah. *Zegra* un fils du roi de la grande Tartarie, vivait avec Abubekr. Zegra reçut un avis d'*Edigi* (a) (Aideku,

(a) Il s'était déjà gliſſé pluſieurs abus dans la tribu dorée du *Wolga*. *Mamay* & *Yedighei* n'avaient pas à la vérité le titre de grand Kan de la tribu dorée dans le Kaptschak, mais ils en avaient le pouvoir, & donnaient ou ôtaient ſelon qu'il leur plaiſait le trône aux deſcendans de la famille royale. Ils étaient deſcendans de Tuſchin-Kan; ainſi il n'eſt pas étonnant qu'après la mort de Timur, *Yedighei-Kan* ait voulu mettre Zegra ſur le trône: ce prince était de la famille royale.

Ideku ou Yedighey - Kan), par lequel il lui offrait la ſouveraineté de *Kaptſchak*. Zegra partit donc pour la grande Tartarie, accompagné de Schildtberger & de quatre autres perſonnes. Ils dirigèrent leur route par *Strana* qui produit de fort belle ſoie; ils paſsèrent dans le *Gurſey* (Gurghia ou Georgia), où ils virent des chrétiens; delà ils traversèrent *Lahinſcham*, où l'on recueille auſſi de la ſoie; ils vinrent enſuite dans le *Schurban* (Schirwan), qui produit auſſi de la ſoie dont on fait des étoffes à *Damas* & à *Kaffer*. Ils paſsèrent par la ville appelée *Burſa* (la montagne de al-Burs) ſituée dans la Turquie (*a*). C'eſt delà qu'on envoie à Luques & à Veniſe la belle ſoie dont on fait le velours. C'eſt une contrée fort mal ſaine. Ils traversèrent la ville de *Temur-Capit* (Demirkapi ou Derbend), qui veut dire en langue tartare, la porte de fer; elle ſépare la Perſe de la Tartarie. Puis ils paſsèrent par une ville très-fortifiée appelée *Origens*, ſituée ſur la rivière d'*Edil*. Enfin ils traversèrent une contrée couverte de montagnes, qu'on nomme *Setzalet*, où ils virent des chrétiens qui avaient un évêque & quelques chartreux. Ces prêtres ne célèbrent pas le ſervice divin en latin, mais en

(*a*) Il eſt évident que Schildtberger prend ici la montagne *Al-Burs* pour la ville de *Burſa*, qui était ſituée dans ces contrées, & appartenait aux ſultans turcs de la famille d'Oſman.

langue tartare, afin que le peuple puiſſe entendre ce qu'on chante & ce qu'on lit. Nos voyageurs entrèrent alors dans la grande Tartarie & trouvèrent *Edigi*, qui voulait donner le royaume à Zegra. Cet Edigi avait préciſément dans ce moment raſſemblé toutes ſes troupes & les faiſait marcher dans le pays d'*Ibiſſibur* (Biſſibur ou Iſſibur). Ces troupes furent deux mois en marche avant d'y arriver. Une chaîne de montagnes traverſe cette contrée, elle a trente-deux jours de marche de longueur & eſt terminée par un déſert qui eſt l'extrémité de la terre. Ce déſert eſt inhabitable à cauſe de la grande quantité de reptiles & de bêtes ſauvages dont il eſt rempli. On trouve dans les montagnes quelques ſauvages errans; ils ont par-tout le corps des poils, excepté ſur le viſage & les mains. Ils vivent de feuilles & de racines, & de tout ce qu'ils peuvent trouver. On trouve auſſi dans ces montagnes des ânes ſauvages auſſi gros que des chevaux & pluſieurs autres bêtes ſauvages. Les chiens ſont accoutumés à tirer les traîneaux & les charrettes, ils ſont auſſi gros que des ânes, ils ſervent ſouvent de nourriture à leurs maîtres. Les habitans de *Biſſibur* croient en Jeſus-Chriſt. Ils enterrent avec des réjouiſſances leurs jeunes gens qui meurent dans le célibat, & boivent & mangent ſur leur tombeau. Dans cette contrée, on ne cultive que des féves & l'on ne mange pas de pain. Schildtberger observe qu'il a vu tout cela de ses propres yeux, tandis qu'il était avec Zegra fils du Roi.

Après avoir soumis le *Bissibur*, les troupes se portèrent sur *Walor* (Bulgar ou Wolgar) dont elles firent aussi la conquête, & s'en retournèrent ensuite dans leur pays. C'est une coutume dans cette contrée que le roi de la grande Tartarie soit soumis à un *Obmann* qui a le pouvoir d'élire & de déposer les rois; son pouvoir s'étend sur tous les seigneurs du pays. Cette dignité était alors dans les mains d'*Edigi*. Le Roi avec l'*Obmann*, toute la noblesse & tout le peuple avec femmes & enfans, leurs troupeaux & tous leurs biens, errent çà & là l'hiver & l'été dans des huttes qui sont bien au nombre de cent mille.

Il y avait alors un roi dans la grande Tartarie nommé *Schudichbochen* ou *Kom* (Schadibeck-Kan), fils de *Timur-Utluck*, le petit-fils de *Timur-Melik-Aglen*, & arrière-petit-fils d'*Urus-Kan*; il règna depuis l'année 1401 jusqu'en 1406. Dès qu'il sut qu'*Edigi* approchait, il prit la fuite; mais il fut poursuivi & tué dans une escarmouche. *Edigi* lui donna un successeur nommé *Polat*, (Pulad-Kan, fils de Schadibeck), il règna un an & demi (depuis 1406 jusqu'à 1408). Après lui *Segel-Alladie* (Zedy-Kan, fils de *Tokatmysch* ou *Toktemysch-Kan*) prit possession du trône, mais il en fut bientôt chassé par *Timir*, le frère de *Polat* (*Timur-Kan*, fils de *Timur-Utluck*) qui règna quatorze mois. Son frère *Thebak* lui déclara la guerre pour lui disputer la souveraineté, le défit & le tua. Malgré cette victoire, Thebak n'obtint pas le trône, ce fut son frère *Kerunhardin* qui y monta, mais il ne règna que cinq mois. *Thebak* pendant ce temps s'efforça de déposséder son frère ; Edigi arriva dans ces conjonctures & mit Zegra sur le trône si longtemps disputé. Mais ce prince ne fut Kan que neuf mois, car *Machmet* (Mohammed-Kan, fils de *Timur-Kan* mentionné ci-dessus & petit-fils de *Timur-Utluck*) combattit en bataille rangée *Edigi* & *Zegra* ; le premier fut fait prisonnier & le second s'enfuit dans la contrée appelée *Kesthihipschah* (Descht-Kiptschak). *Machmet* fut chassé à son tour par *Waroch*, sur lequel cependant il reprit bientôt ses états ; il les reperdit une seconde fois. *Doblaberd* les lui enleva, les garda pendant trois jours & fut détrôné à son tour par *Waroch*. Ce prince fut tué ensuite par Machmet qui reprit la souveraine puissance. Alors Zegra tenta encore une fois de remonter sur le trône, mais il fut tué. *Schildtberger* & les quatre autres chrétiens s'attachèrent à *Manuslzusch*, qui avait été conseiller de Zegra & qui s'en alla avec eux à Kaffa en Crimée où ils virent des chrétiens. Il y a parmi ce peuple six religions différentes. Après un séjour de cinq mois, à *Kaffa* ils traversèrent un bras de la mer Noire (le détroit de Zabach) & entrèrent dans le pays appelé *Zeckchas* (Zikchia) où ils demeurèrent six mois. Mais le sultan de Turquie envoya vers le souverain de cette contrée, pour le prier de ne pas permettre que *Manutszusch* demeurât dans ses états. Cet exilé alla donc dans la contrée appelée *Magrill* (Mangrill ou Mingrelie). Schiltdberger & ses compagnons se déterminèrent alors à revenir dans leur patrie, parce qu'ils n'étaient qu'à trois journées de la mer Noire; ils prirent donc congé de *Manustzusch*, & se rendirent dans la capitale de la province *Bathan* (Bedian, Bedias). Ils auraient desiré qu'on les transportât de l'autre côté de la mer, mais on refusa de leur rendre ce service. Ils errèrent pendant quatre jours le long de la côte, jusqu'à ce qu'enfin ils apperçurent un *kokan* (un vaisseau) à environ huit milles de distance en mer. Ils allumèrent des feux pour donner un signal à ce vaisseau qui leur envoya un *zullen* (une chaloupe). S'étant fait connaître pour chrétiens en récitant le *Credo* & l'*Ave Maria*, l'officier de la chaloupe alla rendre compte de cela au capitaine du vaisseau, qui renvoya la chaloupe pour les prendre à bord. Après avoir couru beaucoup de dangers, ils abordèrent enfin à Constantinople, où l'empereur grec, Jean Paléologue, les reçut fort bien & les envoya dans une galère au château de *Gili* (Kilia), à l'embouchure du *Tanauw* (Danube). Schildtberger prit congé de ses amis & vint avec quelques marchands à *White-Town* (Akkierman, Asprokastro, Tschetat-Alba, Bělgorod) situé dans la Valachie. Delà il gâgna la capitale de la petite Valachie (Moldavie) appelée *Sedhof* (Sutschawa, autrefois capitale de toute la Moldavie). Il passa ensuite par une ville appelée en allemand Lubich (Lwow ou Lemberg), capitale de toute la Russie-Blanche.; où il fut malade près de trois mois. Enfin, il revint par *Cracow* capitale de *Bolen* (Pologne), & par *Presla* (Breslau), capitale de la Silésie, traversa la *Misnie*, passa par *Eger* (Egra) Ratisbonne, *Freysingen*; à *Munich* sa patrie, après trente-deux ans d'absence.

La narration de Schildtberger nous fournit quelques observations qui déterminent avec certitude la situation de la Tartarie à cette époque. La succession des Kans de *Khaptschak* mérite de fixer notre attention. Nous pouvons remarquer aussi qu'il n'est plus fait mention de *Saray* & d'*Astracan*, car, si je ne me trompe, son *Origens* est *Agrachan*. Il dit que cette ville est située au milieu des eaux de l'*Edil* ou *Wolga*, mais c'est une erreur, car *Edil* signifie en général une rivière quelconque; & *Astracan* aussi bien que

Saray ont été détruites par l'empereur Timur vers l'année 1395. Il parle des ânes ſauvages des montagnes du déſert & des chiens attelés à des traîneaux. La ville d'*Iſſibur* ou *Biſſibur* eſt *Iſborsk*, ancienne ville de Ruſſie. En un mot, il faut convenir que Schildtberger eſt un écrivain digne de confiance, & que ſes écrits ſont marqués au coin de la vérité.

XI. Les ambaſſadeurs de *Schah-Rokh*, fils de l'empereur *Timur*, allèrent en 1420, de *Hérat* lieu de la réſidence de *Schah-Rokh*, au *Cathay*, à la cour de l'empereur *Yonglo*, de qui ils obtinrent audience. Ce voyage a été décrit par le célébre hiſtorien perſan *Emir-Khond* (ou *Emir-Khovand*, ou *Mirchond*) dans ſon livre des merveilles du monde. *Nicolas Witſen* (*a*), bourguemeſtre d'Amſterdam, a inſéré ce voyage traduit du perſan en hollandois, dans la ſeconde édition

(*a*) L'ouvrage de *Nicolas Witſen* eſt très-rare, quoiqu'il y en ait eu deux éditions; on ne ſait quel motif a eu *Witſen* pour ſupprimer ſon ouvrage, c'eſt la raiſon pourquoi on ne le trouve point même dans les plus grandes bibliothèques. La bibliothèque de notre univerſité, de Halle, eſt en poſſeſſion d'une copie de cet ouvrage qui avait appartenu premièrement à la bibliothèque de l'impératrice de Ruſſie, & a été achetée à la vente de feu M. *Thunmann*, 80 rixdalles. *Schaalecamp*, libraire d'Amſterdam, s'eſt procuré, des héritiers de *Witſen*, le reſte des exemplaires de ſon livre, & compte le donner dans peu au public.

de ſon excellent ouvrage qui a pour titre : *Nord en ooſt Tartarye*, depuis la page 435 jusqu'à la page 452. Nous donnerons ici un extrait de ce qu'on y trouve de plus intéreſſant. Quoique ce voyage n'ait pas été entrepris par des Italiens, cependant il peut jeter quelque jour ſur les parties intérieures du nord de l'Aſie qui ne ſont que très peu connues ; & nos lecteurs nous ſauront ſûrement gré de leur avoir fait connaître un ouvrage qui ne peut qu'être très-utile.

« Les ambaſſadeurs de *Mirza-Schah-Rokh*, le premier deſquels était *Shadi-Khodſcha*, partirent de *Hérat* en 1419 au mois de novembre, pour ſe rendre à *Balkh*. En janvier 1420, ils arrivèrent à *Samarkand*, qu'ils ne quittèrent qu'au mois de février, pour aller à *Taaſchkent* & à *Aſperah* ; immédiatement après ils entrèrent ſur les terres des Mogols : au premier avril, ils arrivèrent à *Piegultu* (Palchas)? place appartenant à *Muhammed-Beck*. Ils allèrent enſuite par eau ſur le *Lenger* (Abi-Leger, Abi-Longur), & viſitèrent le ſultan *Schadi-Gurgahn*, fils de *Muhammed-Beck*, qui les reçut très-bien. Huit jours après ils entrèrent dans le diſtrict où le *Jel* & la tribu de *Schier-Begrahm* faiſaient leur réſidence. C'eſt un déſert où le froid eſt ſi grand, que, même au ſolſtice d'été, on y trouve de la glace de deux pouces d'épaiſſeur. Quelque temps après ils apprirent que les ambaſſadeurs d'*Oweys-Kan* avaient été attaqués & pillés ; pour éviter un pareil malheur, ils ſe hâtèrent de traverſer les montagnes, & malgré les neiges & les pluies continuelles, ils arrivèrent le 12 de mai à la ville de *Turfan* (Turkhan, Tarfaan ou Tarkhaan). La plus grande partie des habitans de cette ville étaient idolâtres & adoraient une grande idole appelée *Schamku*, qu'ils gardaient dans un Temple. Deux jours après ces ambaſſadeurs partirent & arrivèrent en trois jours à *Kharadziah* (Haraſchar ou Aſaralic ou plutôt Haracoſa). Il y avait à peine cinq jours qu'ils étaient dans cette ville, qu'il arriva quelques ſecrétaires de l'empereur du Cathay qui prirent par écrit les noms des ambaſſadeurs & le nombre des gens de leur ſuite. Neuf jours après, nos voyageurs arrivèrent à une ville appelée *Naaz* (ou Naar). Quelques *Zeijids*, ou deſcendans de Mahomet ſont établis dans les environs de cette ville, en un certain lieu nommé *Termed*. En deux jours il vinrent à la ville de *Kabul* (Kamyl ou Khamil), où les Mahométans ont une belle moſquée bâtie par leur ſurintendant l'*Emir Fakhr-Eddien*. Delà ils voyagèrent pendant vingt-cinq jours à travers un déſert, où ils ne trouvèrenr de l'eau que tous les deux jours. Ils y virent des lions, ce qui eſt contraire à l'opinion de quelques perſonnes qui prétendent qu'il n'y en a point dans le Cathay. Ils obſervèrent auſſi une ſingulière eſpèce de taureaux ſauvages appelés *Gau-Khottahs*; ils ſont ſi forts qu'ils peuvent enlever un homme de deſſus ſon cheval. Ils ont une queue très-touffue, fort eſtimée dans toute l'Aſie; quelques Aſiatiques la portent au bout d'un bâton comme un ornement, d'autres la ſuſpendent au cou de leurs chevaux; enfin, on s'en ſert en guiſe d'émouchoir. Enſuite ils trouvèrent une petite ville du Cathay appelée *Kataſekt-Scheu* (Sektſcheu, Schatſcheu). La dernière partie de leur voyage s'étant faite à travers le déſert, ils furent pendant dix jours ſans eau; enfin, ils rencontrèrent, dans une campagne couverte de verdure, quelques Cathayens, que l'empereur avait envoyés au-devant d'eux. On leur dreſſa de tentes, ſous leſquelles on leur ſervit dans des plats de porcelaine des oyes & pluſieurs ſortes d'oiſeaux rôtis ainſi que des fruits ſecs & frais; après le repas on leur préſenta des liqueurs fermentées. Les tentes où ils furent reçus étaient ornées de rameaux chargés de feuillages. Cette réception ne fut cependant ni ſi élégante, ni ſi diſpendieuſe que celles qu'on leur fit dans les grandes villes. On dreſſa dans ce lieu des liſtes exactes de tous les domeſtiques de l'ambaſſade, & l'on pria inſtamment les ambaſſadeurs d'en donner l'état au juſte. Les marchands furent comptés au nombre

nombre des domeſtiqnes, ils furent obligés 'en faire le ſervice. Les gens attachés à l'*émir Khodſcha*, & à l'ambaſſadeur *Kukſchah* étaient au nombre de deux cents perſonnes; il y en avait cinquante à la ſuite d'*Ardewahn*. Les ambaſſadeurs de *Mirza-Ulug-Bek*, fils de *Schah-Rokh*, avaient pris les devants, mais ceux du ſultan *Mirza-Ibrahim* (*a*) n'étaient pas encore arrivés. Il faut remarquer qu'il ſe trouva, parmi les liqueurs qu'on leur ſervit, du thé de la Chine; boiſſon que le jéſuite *Trigault* (*b*) croyait n'être en uſage dans la Chine que depuis quelques années.

Ils partirent de ce lieu & traversèrent encore

(*a*) Le ſultan *Mirza-Ibrahim* était fils auſſi de *Schah-Rokh*, & ſa puiſſance s'étendait ſur la province de *Fars*, dont la capitale était *Schiras*.

(*b*) Le thé eſt appelé par les Chinois *Tſcha*, & ſon uſage eſt très-ancien parmi eux. Nous avons deux auteurs arabes, l'un deſquels a écrit en 851, & l'autre en 867. Le premier dit que dès cette époque les Chinois faiſaient un fréquent uſage de l'infuſion des feuilles d'un arbriſſeau qu'ils nomment *Sah* ou *Tſcha*. L'uſage de cette boiſſon devait certainement être très-néceſſaire à ces peuples, puiſque l'empereur tirait un grand revenu d'une taxe impoſée ſur cette denrée. *Euſebe Renaudot* a publié en français la traduction des voyages de ces deux écrivains arabes ſous ce titre : *Anciennes relations des Indes & de la Chine, traduites de l'arabe par l'abbé Renaudot, à Paris*, 1718, *in*-8°.

un désert, dans lequel, après quelques jours de marche, ils rencontrèrent un *karawul* (*a*), ou poste avancé qui était non-seulement très-fortifié, mais encore fort bien gardé. C'est un pas dans les montagnes par lequel tous les voyageurs doivent nécessairement passer. Là, leur suite fut encore examinée. De ce pas, ils allèrent à la ville de *Natschiu* (Nang-Tsieu-Naatsieu) qui est très-grande, entourée d'une forte muraille & qui renferme plusieurs marchés pour toutes les espèces de marchandises & de denrées. Ces places sont enduites d'un cîment de stuc, & sont tenues très-proprement. Les quatre rues principales se coupent à angles droits. De Nang-Tsieu ils allèrent à une autre ville appelée *Khamtschu.* Quelques jours après ils arrivèrent au bord de l'*Abi-Daraan* (ou l'eau de Daraan, qu'on appelle tout de suite *Kharaaan*, ce doit être probablement *Kara-Moran*). Ils pafsèrent cette rivière sur un *pont-volant*, & entrèrent dans une très-belle ville ornée de magnifiques temples. Ils virent trois maisons où se trouvaient des femmes publiques fort belles & très-élégamment parées, la plupart desquelles étaient du pays. Les Persans appelaient cette ville dans

---

(*a*) Ce mot persan est aussi en usage dans la langue tartare, d'où les Russes l'ont pris. Car un garde se nomme *Karaul* dans leur langue.

leur langue (*Rhosnabaad*) le séjour de la beauté. Ils traversèrent encore plusieurs villes & arrivèrent à une rivière deux fois aussi large que l'*Oxus* (ou Gihon), ils en rencontrèrent plusieurs autres qu'ils traversèrent ou sur des ponts ou dans des bacs. Ils arrivèrent enfin à *Chiendienpuhr*, ville très-grande & très-peuplée; là ils virent une statue de métal doré, de cent pieds de haut, elle avait un grand nombre de mains dans chacune desquelles il y avait un œil; cette figure était placée sur un piédestal de pierre polie, & environnée de six balustrades. Ils partirent de cette ville, & arrivèrent enfin au mois de décembre 1420, dans la ville de *Chaan-Balig* (Khanbaligh). On était alors occupé à bâtir les murs de la ville, qui est carrée, & dont les murailles de chaque côté ont quatre milles d'étendue. Les ambassadeurs étant arrivés au palais impérial qui était magnifique, furent bientôt après présentés à l'empereur; on leur fit prendre des rafraîchissemens & on les congédia. Quelques jours après l'empereur leur donna une très-belle fête, & ils furent toujours bien reçus à la cour, où ils demeurèrent cinq mois. L'empereur fit de beaux présens aux ambassadeurs pour eux & pour leurs maîtres; ces présens consistaient principalement en faucons. Il faut observer que chacun des principaux ambassadeurs reçut quelques *balisches* d'argent. Delà il paraît que le *balisch* était une monnoie ou un poids. Mais comme nous avons vu ci-dessus que le papier-monnoie des *Gengiskanides* était aussi nommé *balisch*, il paraît évident que ces *balisches* étaient des pièces d'argent d'une certaine valeur. Nous savons d'ailleurs que cette valeur ne pouvait pas être considérable, puisque l'argent a toujours été rare à la Chine. Le premier ambassadeur ne reçut que dix balisches & les autres seulement sept ou huit. Enfin je trouve aussi parmi les présens plusieurs choses dont nous n'avons pas la moindre connoissance, & surtout 2000 ou 5000 *dzjau*, ou *tzjau* que *Witsen* suppose être une espèce de monnoie inconnue. Il est cependant possible que *Witsen* se soit trompé en cela, comme il l'a fait à l'égard des *balisches* d'argent, qu'il suppose avoir été des oreillers. Il me paraît probable qu'il a voulu dire *tasch* ou thé, dont ils auraient eu 2000 ou 5000 *kasch* ou *kanderins*; ce sont de certains petits poids de la Chine. Ce qui n'est pas moins remarquable, c'est qu'on voit aussi parmi les présens de l'étain en 70 ou 24 petites pièces.

Un peu avant le départ des ambassadeurs, une des femmes favorites du prince vint à mourir & on fit de grands préparatifs pour ses funérailles. Le palais qui était tout nouvellement bâti, peint & doré par-tout, fut frappé de la foudre, ainsi que plusieurs bâtimens voisins qui furent entièrement consumés. Tous ces évènemens affectèrent si sensiblement l'empereur, qu'il tomba malade & mourut de chagrin. Son fils conduisit les affaires de l'empire tout le temps que les ambassadeurs demeurèrent encore dans cette ville.

Vers le milieu de mai 1421, les ambassadeurs partirent de *Chanbaligh*, accompagnés de quelques-uns des principaux officiers de l'empire, & furent traités par-tout comme ils l'avaient été en allant. Ils arrivèrent après quinze jours de marche à *Sekaan* ou *Segaan* (Sigan-Fu); on leur permit de continuer leur route sans être retardés & sans visiter leurs bagages comme on avait coutume de le faire. Ils mirent trente-cinq jours de ce lieu pour arriver à la rivière de *Kharamuran;* & dix-neuf jours après ils vinrent à *Khamtsiu* (Khantscheu) où on leur rendit tout ce qui leur avait été ôté par les Cathayens, lorsqu'ils allaient à la capitale, ainsi que ce qu'ils y avaient laissé pour être gardé jusqu'à leur retour. Ils s'arrêtèrent là soixante-quinze jours, ensuite ils vinrent à *Nangtschiu*. Ils en partirent en janvier 1422. Alors ils revinrent à *Karawul*, place fortifiée, près du défilé dans les montagnes. Pour éviter les mauvaises routes ils marchèrent avec les plus grandes difficultés à travers le désert depuis le milieu de janvier jusqu'au 10 de mars; au bout de cinquante-cinq jours ils arrivèrent au commencement de mai à *Chotan* (Khoten,

Hotum). Dans les premiers jours d'août ils vinrent à *Khasiger* (Kaschar ou Hasiker). Quinze jours après ils arrivèrent à *Andegan* (Andischdan ou Dedschan), & enfin au bout de vingt jours ils entrèrent au commencement de septembre 1422, dans *Herat*, lieu de la résidence de *Schahrokh*.

Cette expédition est remarquable en ce que les ambassadeurs revinrent par une route très-différente de celle par laquelle ils avaient été, car les deux routes sont en quelques lieux distantes de cinq degrés de latitude. Nous trouvons que le thé était déjà en usage dans cette contrée. Nous voyons qu'à cette époque les *balisches* d'argent avaient remplacé les balisches ou papier-monnoie; que l'étain doit avoir eu une grande valeur chez les Chinois. Nous remarquons avec plaisir la réception distinguée que ces peuples firent aux ambassadeurs, l'attention qu'ils eurent d'enregistrer le nombre des gens de leur suite, & combien ils furent exacts à rendre les choses que les ambassadeurs avaient confiées à leurs soins. Enfin il est digne de remarque que les maisons dorées & vernissées, dont ces peuples font usage, sont fort exposées à être frappées de la foudre; l'or agit comme conducteur & attire le feu dans l'intérieur de ces maisons, qui ne sont que de bois & vernies, en sorte qu'il est très-difficile à éteindre lorsqu'une fois il a pris à une substance aussi combustible que la laque, dont ces maisons sont revêtues.

XII. *Josaphat Barbaro*, vénitien, fut envoyé par la république de Venise en 1436, en qualité d'ambassadeur à *Tana*, ville appelée aujourd'hui *Azof*, & qui alors appartenait aux Génois. Il alla aussi en 1471, en cette qualité dans la Perse vers *Ussum-Hassam* (ou Assambei), prince turcomanien de la tribu Blanche. Il resta seize ans parmi les Tartares, & à son retour dans sa patrie, il donna la relation de ses deux voyages. Elle fut imprimée chez *Alde Manuce* à Venise, en 1543, dans une petite collection assez rare aujourd'hui, publiée par *Antoine Minutio*, & insérée ensuite dans la grande collection des voyages par *Jean-Baptiste Ramusio*, en trois volumes in-folio. On la trouve aussi traduite en latin dans les *Scriptores rerum persicarum*, ouvrage publié à Francfort en 1607. Ce voyageur mourut dans sa patrie fort avancé en âge, en 1494.

Le voyage de Perse contient peu d'observations sur les parties du Nord qui sont l'objet de nos recherches. Je donnerai seulement quelques extraits du premier voyage à *Tana* ou *Azof*.

Josaphat Barbaro commença son voyage de *Tana* en 1436; il examina ce pays avec une attention & un esprit d'observation qui lui font vraiment honneur; il l'a parcouru pendant seize ans par eau & par terre. La plaine de la Tartarie est limitée à l'est par la grande rivière le *Ledil* (Wolga), à l'ouest par la Pologne, au nord par la Russie, & au sud par la *grande mer*, ou mer Noire, *Alania*, *Kumania* & *Gazaria* qui tous ensemble bordent la mer de *Tabache* (Zabachi de Tschaback-Denghissi, c'est-à-dire, la *mer Saumatre*). *Alania* prend son nom d'un peuple appelé *Alani*, qui dans leur propre langue se nomment *As*. Ils étaient chrétiens. Les Tartares, c'est-à-dire, les Mogols avaient ravagé leur contrée & en avaient fait un désert. Cette province renferme des montagnes, des rivières & des plaines. On trouve dans ces plaines un grand nombre de petites éminences faites de mains d'hommes, elles servent de tombeaux; sur le sommet de chacune d'elles, est une large pierre dans laquelle est plantée une croix également de pierre. On assure qu'on trouve quelquefois de grands trésors renfermés dans ces tombeaux. Ce n'était que depuis 110 ans que la religion de Mahomet s'était introduite chez les Tartares ou plutôt les Mogols. Avant ce temps il y avait à la vérité quelques mahométans parmi eux, mais tout le monde pouvait alors suivre la religion qu'il lui plaisait. Aussi quelques-uns adoraient des idoles de bois qu'ils portaient avec eux sur leurs charriots. Ces peuples ne furent contraints à embrasser le mahométisme qu'au temps d'*Hedighi* (autrement Edigi & Jedighi) général de l'empereur tartare, *Sidahameth-Kan*. Cet *Hedighi* était père de *Naurus*, dont au rapport de Barbaro, *Ulu-Mahometh*, c'est-à-dire, Mahomet-le-Grand était kan. Mais ce Naurus ayant eu quelque sujet de mécontentement de l'empereur, se retira avec les Tartares qui lui étaient attachés, vers le *Ledil* ou Wolga, où vivait un des parens de l'empereur appelé *Khezi-Mahometh*, c'est-à-dire, petit Mahomet. Ces deux princes résolus de faire la guerre à *Ulu-Mahometh*, se mirent en marche par *Giterchan* (ou Astracan) & les plaines de *Tumen*, c'est-à-dire, le grand désert qui s'étend entre le Wolga & le Don jusqu'au Caucase; ils passèrent sur les frontières de la Circassie, tournèrent vers le *Tana* (ou Don) & la mer de *Tabache* (Tschabaki, Zabach) qui était gelée ainsi que la rivière de *Tana* (le Don). Ils marchèrent à des distances considérables l'un de l'autre, afin de trouver des pâturages pour leurs troupeaux; ils passèrent le Don, l'un à un lieu appelé *Palastra*, l'autre dans un endroit où cette rivière était couverte de glace, près de *Bosagaz*; ces deux places sont éloignées l'une de l'autre de 120 milles. Ils tombèrent si inopinément sur *Ulu-Mahometh* qu'il prit la fuite avec sa femme & ses enfans, & laissa tout derrière lui dans la plus grande confusion. Alors *Khezi-Ma-*

homed s'empara des états de ce prince fugitif, & repassa le Don au mois de juin suivant.

Allant de *Tana* à l'ouest, le long de la mer de *Tabache* à gauche & à quelque distance le long de la mer Noire, vers la province de *Mengleria* (Mingrelie), on arrive, après trois jours de marche le long de la mer, dans la province de *Chremuch* (Kremuk & Kromuk). Le souverain de cette contrée est appelé *Biperdi*, c'est-à-dire, Dieu-Donné, & son fils *Chertibei*, (ou Khertibey), c'est-à-dire, le vrai Seigneur. La fertilité des champs, le grand nombre de belles forêts, les rivières qui arrosent cette province, en rendent la possession très-utile à ce prince. Les grands de cette contrée vivent du pillage des caravannes. Les chevaux sont très-bons (le roi peut en lever mille), les hommes sont très-vaillans & très-rusés. Ils n'ont rien d'extraordinaire dans leurs manières. Ce pays abonde en blé, en miel & en tout ce qui est nécessaire à la vie; mais il ne produit point de vin. Derrière cette province il s'en trouve plusieurs autres assez voisines l'une de l'autre, mais qui diffèrent par les langages qu'on y parle. 1°. *Elipehe* (Chippiche, Kippike), 2°. *Tatarkosia* (Tatakosia, Titarcossa, Tatartofia, Tatartupia); 3° .*Sobai*, 4°. *Chenerthei* (Cheverthei, Khewerthei, Kharbatei, Khabarthei, Khabarda); 5°. *As*, c'est-à-dire, les *Alani*. Ces provinces s'étendent dans un eſpace de douze jours de marche, juſqu'à la Mingrelie. Cette contrée borde la province des *Kaitacchi* (ou Chaitaki), qui ſont aux environs des montagnes voiſines de la mer Caſpienne, ſur les confins de la Géorgie, ſur les bords de la mer Noire, & ſur la chaîne des montagnes qui s'étend dans la Circaſſie. D'un autre côté cette province de Mingrelie eſt bornée par le Phaſe qui porte ſes eaux à la mer Noire. Le ſouverain de cette contrée eſt appelé *Bendian* (*Dadian*) ; il eſt maître de deux places fortes ſur la mer, l'une eſt appelée *Vathi* (Badias), l'autre *Savaſtopoli* (Sabaſtopoli , Isguriah , ou Dioskurias). Outre ces deux villes, il a pluſieurs châteaux fortifiés. Tout ce pays eſt ſtérile & ne produit que du millet; ces peuples prennent le ſel à *Kaffe*. Il ne ſort de leurs manufactures que de groſſes étoffes. Ce ſont en général de vilaines gens. Dans cette province le mot blanc ſe rend par *Tetarti* , & ſignifie une monnoie d'argent ; les Grecs appellent auſſi la monnoie d'argent *Aſpro* , les Turcs *Akeia*, & les habitans du Zagathai, *Tengh;* tous ces mots ſignifient blanc ; par la même raiſon en Eſpagne & à Veniſe on nomme certaines pièces de monnoie, *Bianchi*. Il eſt fort étonnant de trouver tant de conformité entre des nations ſi différentes dans la ſignification d'un nom que l'une & l'autre donnent à une même choſe.

« De *Tana* traversant la rivière & suivant le long de *Tabache*, sur la droite de l'embouchure du Don jusqu'à à Kaffa, on trouve un isthme qui unit l'île à la terre-ferme, & qu'on appelle *Zuchala*, semblable à celui qui unit la Morée avec le continent, qu'on nomme *Essimillia* (Haxamile). On trouve là de grands lacs d'eau salée où le sel se cristallise.

« En avançant dans la péninsule sur la mer de *Tabache*, la première province qu'on rencontre c'est *Kumania*, nommée ainsi des Kumaniens qui l'habitent. Ensuite vient la principale province qui est appelée *Gazzaria* (Chazaria), où se trouve aussi *Kaffa*. L'aune avec laquelle on mesure dans ces contrées ainsi qu'à Tana, est appelée l'aune, de *Gazzaria* (*Pico de Gazzaria.*)

» La partie basse de l'île de Kaffa est gouvernée par les Tartares qui ont un souverain appelé *Ulubi*, fils d'*Azicharei*. Ils peuvent mettre, au besoin, trois ou quatre mille chevaux en campagne. Ils ont deux places qui ne sont fortifiées que d'une muraille. L'une de ces places est *Sorgathi* (*a*) (Solgathi); ces peuples la nomment aussi *Incremia* (Chirmia), ce qui signifie une

---

(*a*) *Sorgathi* est la ville qu'Abulféda avait appelée, avant cet auteur, *Solget* ou *Kirm*; on l'appelle aujourd'hui *Eskykyrym*, c'est-à-dire, la vieille citadelle.

fortification; l'autre eſt appelée *Cherchiarde* (*a*) (Kerkiarde), qui veut dire dans leur langue quarante villes. Dans l'île à l'entrée de la mer de *Tabaccha*, on trouve une ville nommée *Cherz* (*b*) (Kerſch, ou Kars), que les Italiens ont appelé *Boſphore-Cimmérien.* Enſuite viennent *Kaffa* (*c*), *Saldaia* (*d*), (ou Soldadia, Soldaja & mieux Sugdaja, & aujourd'hui Sudak ou Sudag), *Graſui* (*e*)

(*a*) *Kerkierda* eſt le *Kerkri* d'Abulféda, ſitué ſur une montagne inacceſſible, & ſignifie en langue turque, quarante hommes. Quelques-uns la nomment *Kyrk* & les Polonais lui donnent le nom de *Kirkjel.* C'était un château appartenant aux Juifs ou aux Goths qui habitaient dans ces montagnes, dont il reſtait encore il n'y a pas long-temps des traces. Ces peuples avaient une langue particulière dans laquelle il y avait beaucoup de mots allemands.

(*b*) *Kerz* eſt encore aujourd'hui appelé *Kerſch*, c'était l'ancien *Pantikapæum* des rois du Boſphore, il portait du temps de Philippe de Macédoine, le nom de Boſphore. C'eſt le *Ol-Kars* d'Abulféda.

(*c*) *Kaffa* ou *Kapha* eſt preſque dans le même lieu où exiſtait, du temps des Grecs & des Romains, la ville de *Theodoſie.*

(*d*) *Saldaia* était déjà appelée *Sudak* du temps d'Abulféda, comme on la nomme encore aujourd'hui. C'était autrefois une ville fort célébre & qui faiſait un grand commerce.

(*e*) *Graſui* eſt une place entièrement inconnue aujourd'hui. Il eſt très-probable qu'elle était ſous la dénomi-

(ou Grusui), *Cymbalo* (*a*) (Cimbalo, Simbolon, Hormos ou Limen), (port des augures); *Sarsona* (*b*) (ou Cherson) & Kalamita (*c*). Toutes ces villes sont actuellement soumises aux Turcs. Au-delà de Kaffa, dans l'île qui est environnée de la mer Noire, est située Gothie, & plus loin encore & hors de l'île vers Moncastro (*d*), est

nation de *Krusimusen;* nom dans lequel on peut reconnaître quelques traces de celui de Grasui.

(*a*) *Cymbalo* est certainement le Συμβολων λιμην des anciens & le port du *Buluklawa* des modernes.

(*b*) *Sarson* (Sarsona, Scherson & Schurschi), était anciennement appelée *Cherson Trachea ;* les habitans d'Héraclée dans le Pont en jetèrent les fondemens six cens ans avant la naissance de Jesus-Christ. On la nommait encore *Chersonèse*, c'est-à-dire, péninsule; on entendait par-là, la presqu'île comprise entre le port de Cherson & celui de Symbolon. Elle était entièrement habitée par les Grecs. Les Russes prirent cette ville sous le règne de *Wolodimir-le-Grand*, & dans leurs anciennes annales elle est appelée *Korsun.*

(*c*) *Kalamita* me paraît être une corruption du mot *Klimata.* Car toutes ces villes que *Josaphat Barbaro* nomme depuis *Kaffa* jusqu'à *Cherson*, appartenaient autrefois aux villes & aux châteaux fortifiés appelés καστρα των κλιματων.

(*d*) *Moncastro* est une ville à l'embouchure de Dniester, que les Turcs nomment aujourd'hui *Ak-Kierman ; les* Walaques *Tschetat-Alba;* les Russes *Belgorod*; les Grecs

située *Alania* (Alanie). Les Goths de cette contrée parlent allemand. J'ai appris cette particularité d'un domestique allemand que j'avais, il parlait avec eux & ils l'entendaient assez bien; à-peu-près comme un habitant de *Furli* dans les états du pape entendrait un florentin (*a*). De

---

Aspro-Castro; & les Génois trois cents cinquante ans avant, l'appelaient *Moncastro*. Tous ces noms prennent leur origine de celui d'*Alba Julia*, que les Romains donnaient à cette ville.

(*a*) Cette remarque est digne d'attention, *Rubruquis* l'a faite avant notre auteur, & *Busbek* ne l'a pas passée sous silence. Le père *Mohndorf* rencontra plusieurs esclaves sur les galères de Constantinople, qui étaient descendus des Goths & qui parlaient une langue très-semblable à l'allemand. Il serait à desirer que la Russie, qui est actuellement en possession de la Crimée, voulût faire des recherches sur le langage des Goths, dont on trouverait sans doute des traces parmi les restes de ce peuple goth qui doivent habiter quelque part dans la Crimée. Les connaissances qu'on pourrait acquérir sur cette langue serviraient à éclaircir le peu que nous possédons de la traduction de l'évangile en langue gothique faite par l'évêque *Ulfilas*. Les noms & les coutumes de ce peuple, ainsi que leurs phrases & leurs tours d'expression, jeteraient un grand jour sur les mœurs & les usages des anciens Allemands. D'ailleurs, il est possible que quelques familles du premier rang parmi eux aient conservé quelques livres, dont la découverte serait très-importante. Notre ingé-

ce voisinage des Goths & des Alaniens vient sans doute le nom de *Gottalani.* Les Alaniens étaient les premiers habitans de cette contrée, les Goths vinrent & en firent la conquête; du mélange de ces deux nations vint ce nom composé de *Gottani.* Tous ces peuples professent la religion grecque, ainsi que les *Tscherkasiens.*

Puisque j'ai parlé ci-devant de *Tumen* & de *Githercan*, nommé encore Citracan & Astracan, je ferai quelques observations sur ces villes. De *Tumen* en allant au sud-ouest, on arrive après sept jours de marche à la rivière *Ledil* (Erdir, Erdil, Atel, Athol, enfin Wolga) sur les bords de laquelle est situé *Githercan*, petite ville peu remarquable, déserte & ruinée. Elle était autrefois considérable & célèbre. Avant que Tamerlan l'eût détruite, c'était l'entrepôt de toutes les épiceries & de toutes les soieries qu'on portait à la Syrie; les Vénitiens, seule nation qui commerçât alors avec la Syrie, envoyaient tous les ans six

---

nieux voyageur compare ici la différence qu'il y a entre le langage d'un goth de Crimée, & celui d'un allemand, à celle qui existe entre le dialecte d'un habitant de *Furli*, dans les états du pape, qui traîne ses mots, & celle d'un florentin qui parle du gosier. Ces deux peuples, quoique proches voisins, parlent deux dialactes fort différents, & cependant s'entendent très-bien l'un l'autre.

ou

ou sept galères dans ce port. Ledil est une rivière très-grande, poissonneuse, qui se jette dans la mer de *Baku*, à vingt-cinq milles d'Italie au dessous de Githercan ; cette mer qui n'est pas très-salée, abonde en poissons : on en trouve comme des thons, (*morone*), & des esturgeons (schenali). La rivière porte bateau jusqu'à la distance de trois journées de *Mosco* (Moscow ou Moskwa), en Russie. Les habitans de cette ville viennent tous les ans avec leurs barques chercher du sel à Githercan. La rivière de Musco se jette dans l'*Occa*, & celle-ci dans le *Ledil*, ce qui rend la communication facile de Mosco à Githercan. Dans cette rivière, Ledil, il y a plusieurs îles couvertes de bois, dont quelques-unes ont jusqu'à trente milles de circonférence ; les bois renferment des arbres si gros qu'on peut d'un seul tronc en les creusant faire une barque qui ne peut être traînée que par huit à dix chevaux, ou par seize hommes. En traversant la rivière, & marchant pendant quinze jours au nord-ouest de Mosco, le long de la même rivière, on rencontre des hordes innombrables de Tartares. Mais si l'on se porte au nord & qu'on approche des frontières de la Russie, on gagne une petite ville appelée *Risan* (ou Rezan) qui appartient à un parent du grand-duc de Russie, Jean. Les habitans de cette ville sont tous chrétiens & suivent les rites de l'églife grecque. On fait ufage dans cette ville de *boffa* (*a*), qui eft une efpèce de bière. La contrée abonde en blé, en miel, en beftiaux & fournit toutes fortes de provifions. Les bois y font en grand nombre, & il y a beaucoup de villages. Un peu plus loin on trouve une ville appelée *Colona* (ou Colonna). Les fortifications de ces villes font en bois, ce font les feuls matériaux qu'on emploie dans la conftruction des maifons, on ne trouve dans le pays ni pierre ni brique. Trois jours de marche au-delà, on entre dans la province de *Mofco*, où Jean, duc de Ruffie fait fa réfidence. La rivière de *Mofco* (Moskwa, ou Mofcow) traverfe cette province & lui a donné fon nom. Il y a dans plufieurs endroits de cette rivière des ponts. Le château de Mofco eft fitué fur une hauteur, & environné de bois. On concevra la fertilité de cette province, par la manière dont y vend la viande; on ne la pèfe point, mais on la vend en gros morceaux, du poids d'environ quatre livres. Soixante & dix poules fe vendent un ducat, qui vaut cinq ou fix livres.

Cette contrée eft très-froide, & les rivières font très-fouvent gelées. En hiver, on porte aux mar-

(*a*) Les Ruffes font encore ufage d'une liqueur enivrante faite avec le millet; ils la nomment *Bufa*, c'eft probablement la même dont parle notre auteur.

chés des bœufs & d'autres animaux nouvellement tués, mais que la gelée a rendus si fermes qu'on les met sur leurs jambes, & qu'ils s'y tiennent comme des figures de pierre. On en porte quelquefois ainsi plus de deux cents. Comme on ne peut pas les couper par morceaux, on est obligé de les acheter tout entiers. Pour des fruits, on n'en voit point, excepté quelques pommes, de petites noix & des noisettes.

Lorsque ces peuples veulent voyager, sur-tout si les distances sont grandes, ils préférent l'hiver, parce que tout est gelé. Ils voyagent fort commodément alors, & n'ont à supporter que les désagrémens du froid. Ils emportent, avec la plus grande facilité, sur leurs *Sani*, traîneaux, tout ce dont ils ont besoin. En été, au contraire ils n'entreprennent point de voyages, parce que cette contrée qui est très-boisée, n'est point habitée dans de grands espaces, & que les routes sont extrêmement mauvaises. Ils n'ont pas de vignes, mais ils font une espèce de vin de miel, & une sorte de bière avec le millet. Ils mettent dans cette bière des fleurs de houblon (*fiori di bruscandoli*), dont l'odeur est si forte qu'elle provoque l'éternuement; cette liqueur est aussi enivrante que le vin. Je ne puis passer sous silence ce que fit le grand-duc il y a environ vingt-cinq ans. Ce prince trouvant que ses sujets s'adonnaient trop à la boiſſon, & que ce vice leur faiſait négliger les affaires les plus importantes, ordonna qu'on ne fît plus déſormais ni bière ni hydromel, & qu'on n'employât plus le houblon ; cet ordre fut exécuté, & ſes peuples menèrent depuis une vie ſobre & régulière.

Avant cette époque les Ruſſes payaient tribut à l'empereur de Tartarie, mais ils ont conquis depuis le royaume de *Kaſan*, ſitué à cinq milles de Moſcow, & qui s'étend à la gauche du *Ledil* (le Wolga), lorſqu'on va à la mer de *Bochri* (ou Bakhu). Cette contrée fait un grand commerce en fourrures qu'on tranſporte, par la voie de Moſcow, en Pologne, en Pruſſe & en Flandre. Ces fourrures viennent de très-loin vers le nord-eſt de l'empire de *Zagathai* (*a*) & de *Moxia* (*b*). Ces provinces au nord ſont habitées par des Tartares, qui ſont en partie idolâtres, comme le ſont encore aujourd'hui les *Moxians*. Ces Moxians ont des coutumes fort ſingulières. Dans un certain temps ils prennent un cheval qu'ils mènent au milieu

(*a*) *Zagathai* était le nom d'un des fils de *Gengis-Kan*. Et comme la partie de l'empire qui lui tomba en partage comprenait le *Turkeſtan*, *Mawaraluchara*, & le *Kuareſen*, ces provinces furent nommées dans la ſuite, l'empire de *Zagathai*.

(*b*) *Moxia* eſt la contrée des *Morduaniens*, une partie deſquels ſe nomment *Mokscha*.

de leur aſſemblée, ils lui attachent les jambes & la tête à autant de poteaux plantés en terre; enſuite l'un d'eux prend ſon arc & ſes flêches, ſe place à une grande diſtance & tire au cœur de l'animal, juſqu'à ce qu'il l'ait tué. Puis il l'écorche, & en mange la chair. Après avoir fait quelques cérémonies on empaille la peau & on coud enſemble les parties ſéparées, de manière qu'elle paraît entière. On enfonce des morceaux de bois dans la partie de la peau qui couvrait les jambes, ſi bien que l'animal ſe tient ſur ſes pieds comme s'il était vivant. Enfin on coupe les branches d'un gros arbre, on forme une eſpèce de plate-forme ſur le ſommet de ce tronc, & l'on y place le cheval. Alors, on l'adore, on lui offre des peaux de martres, d'hermines, d'écureuils gris, de renards, de zibelines, qu'on ſuſpend à l'arbre. La nourriture de ces peuples conſiſte principalement en viande & ſur-tout en gibier, ils vivent auſſi de poiſſon qu'ils pêchent dans les rivières. Quant aux Tartares, ils ſont pour la plupart idolâtres, ils portent avec eux leurs idoles. Il y en a qui ont coutume d'adorer tous les jours le premier animal qu'ils rencontrent en ſortant de leurs maiſons.

Le grand-duc a également conquis *Nowgorod* (qui ſignifie château neuf). C'eſt un grand diſtrict à huit journées au nord-oueſt de Moſcow.

Le gouvernement de cette province était d'abord démocratique. Il y avait un grand nombre d'hérétiques parmi cette nation; mais à présent la foi catholique s'étend par degrés, quoique aujourd'hui encore quelques habitans soient attachés à leurs anciens usages, ils mènent une vie régulière, & la justice est fort bien rendue parmi eux.

Il faut vingt-deux jours de marche pour aller de Moscow en Pologne. La première place qu'on rencontre en Pologne se nomme *Trocki* (*a*), mais on ne peut y arriver qu'en traversant des forêts & des montagnes. On trouve à la vérité des hôtelleries où les voyageurs peuvent s'arrêter & faire du feu. Quelquefois, mais rarement, on rencontre de petits villages à quelque distance hors de la route. En allant plus loin que *Trocki*, on trouve encore des bois & des montagnes & quelques habitations. A neuf jours de marche de *Trocki*, est une place fortifiée appelée *Loniri* (ou *Lonin*) (*b*).

(*a*) *Trocki* est aussi appelé *Trozk*, c'est une ville bien connue dans la Lithuanie près de *Wilna*.

(*b*) Je n'ai pas la moindre connaissance de *Loniri* ou *Lonin*. Je pense seulement que nous devrions lire *Slonym*, qui était une ville considérable & faisait partie de l'apanage des princes de la famille des grands-ducs de Lithuanie.

Après cela on entre en Lithuanie (*a*), où l'on trouve un district qu'on nomme *Varsonich* (*b*), lequel appartient à plusieurs seigneurs sujets de Casimir, roi de Pologne. La contrée est fertile & renferme un grand nombre de villes fermées de murailles, & des villages, mais aucune de ces villes n'est importante. De *Trocki* il faut sept jours pour arriver en Pologne. La contrée est belle & fertile. On y trouve *Mersaga* (*c*) ville

(*a*) Il faut lire ici *hors* & non en Lithuanie ; car *Warsovie* n'est pas dans cette province, mais dans celle de *Masurca* ou *Masovie*.

(*b*) Par *Varsonich* il faut certainement entendre la ville de *Varsovie*.

(*c*) Il n'est pas aisé de déterminer la situation de *Mersaga*; mais de sa position sur les frontières de la Pologne, vers le territoire de Brandebourg, & dans le voisinage de Francfort sur l'Oder, je conclurais qu'il faut entendre *Meseriz* ou *Miedzyrzyez*. A l'égard des noms des trois dernières villes en Pologne, dont j'ai essayé de rechercher la situation, j'ai remarqué que ces villes, dont Barbaro dit que nous avons une connaissance suffisante, m'ont donné plus de peine pour en éclaircir les noms, que les villes situées dans des régions moins connues Et en effet, j'ai reçu moins de satisfaction des recherches que ces premières m'ont occasionnées. Nous pouvons sans doute attribuer aux progrès de la civilisation dans ces pays, la difficulté que nous avons aujourd'hui de reconnaitre les lieux dont on a fait mention il y a quatre cents ans.

assez grande, & là se termine ce que j'ai à dire concernant les villes & les provinces de la Pologne. J'ajouterai seulement que le roi, ses fils & toute sa cour sont bons chrétiens, & que l'aîné des princes est actuellement roi de Bohême.

En sortant de la Pologne, & marchant quatre jours, on arrive à *Francfort*, ville qui appartient au Margrave de Brandebourg. Nous sommes actuellement en Allemagne, & je n'ai rien à dire de la contrée ni des peuples qui l'habitent, ils nous sont assez connus.

Il nous faut actuellement dire quelque chose de *Giorgiania*, située directement vis-à-vis les lieux dont nous venons de faire mention, & qui confine *Mongrelia* (la Mingrelie). On donne le nom de *Pancratius* au roi de cette province. C'est un pays délicieux où l'on trouve en grande abondance du pain, du vin, de la viande; on y recueille du blé & d'autres végétaux nourrissans. Les ceps de vigne qu'on fait monter le long des arbres de même qu'à Trébisonde, fournissent une grande quantité de raisins. Les Mingreliens sont beaux, bien faits; mais je n'ai jamais vu de peuple dont les mœurs fussent aussi dépravées & les usages aussi ridicules que les leurs. Ils ont la tête presque entièrement rasée, ne laissant que quelques cheveux coupés en rond à-peu-près comme la tonsure des abbés. Ils portent des moustaches de plus de ſix pouces de longueur ; leur tête eſt couverte d'un bonnet de différentes couleurs, dont le ſommet eſt garni d'une plume. Ils couvrent leurs corps d'une jaquette aſſez longue & étroite ; elle eſt entièrement fendue juſqu'aux reins, elle les empêcherait ſans cela de monter à cheval. Je ne ſaurais, ajoute Joſaphat Barbaro, les blâmer de porter un pareil habillement, puiſque je vois les Français en avoir de ſemblables. Ces peuples font uſage d'une ſorte de brodequin, dont les ſemelles ſont faites de façon que lorſque celui qui les porte ſe tient debout, le talon & la pointe du pied portent ſeuls ſur la terre & de manière, qu'en appuyant ſur le ſol elles laiſſent ſous le milieu de la ſemelle un eſpace aſſez conſidérable pour que l'on puiſſe y paſſer aiſément le poing. C'eſt à cela qu'il faut attribuer la difficulté qu'ils ont à marcher. Quelque ridicule que ſoit une pareille chauſſure, elle eſt, à ce que j'ai appris, également en uſage en Perſe.

Aſſiſtant un jour au repas d'un de leurs principaux chefs, j'ai vu qu'ils ſe ſervaient d'une table carrée ayant une demi-aune en tous ſens, avec un rebord. Au milieu de cette table, ils mirent un tas de millet bouilli ſans ſel ni graiſſe, ni aucun autre ingrédient ; ils s'en ſervaient en guiſe de ſauce. Sur une autre table pareille à la première, ils mirent de la viande de ſanglier rôtie ſi peu cuite que le ſang coulait lorſqu'on la coupait ; ils trouvaient ce mets excellent. Quant à moi je ne pus y toucher ; je me contentai de prendre un peu de millet. Il y avait du vin en abondance & on le faiſait paſſer autour de la table avec une grande complaiſance. Voilà tout ce qui compoſait le repas.

Il y a dans cette contrée beaucoup de grandes forêts & de montagnes. Auprès d'un diſtrict appelé Ziſilis (Teflis), coule une rivière nommée *Tigris* (*a*) ou *Tygris*, (le Tigre). C'eſt un très-bon pays, mais il y a peu d'habitans ; on y voit encore le fort de *Gori* (*b*) (Gonich) ſitué vers la mer Noire.

Voilà tout ce que j'avais à dire de remarquable ſur ce pays

XIII. La famille des *Zenos* à Veniſe eſt très-ancienne, elle eſt célèbre non-ſeulement par ſa très-haute nobleſſe, mais encore par les grandes

---

(*a*) Ce n'eſt pas le *Tigre* qui coule à côté de *Teflis* ou *Tbiliſſi*, mais plutôt le *Kur* ou le *Kyrus* des anciens, & le Mrknari des Géorgiens.

(*b*) Il y a près de *Teflis* & vers l'oueſt un endroit appelé *Gori* ; mais c'eſt toujours à une grande diſtance de la mer Noire. *Gonich* eſt ſur les bords de cette mer. Il y a également la province de Guria ſituée entre le *Phasch* & le *Bathum* (ou Bathys).

actions qu'ont faites, & les hautes charges & dignités qu'ont remplies avec honneur dans cette république & de temps immémorial, différentes personnes de cette famille.

Vers l'an 1200, Martin Zeno aida à faire la conquête de Constantinople, & fut *Podesta* ou gouverneur de cette ville vers l'an 1205. Il eut pour fils *Pierre Zeno*, le père de *Rinieri Zeno*, qui fut en 1282, duc ou doge de Venise, qu'il gouverna pendant dix-sept ans, & fit avec grand succès la guerre contre les Génois. Il adopta André, fils de Marc, son frère, qui fut capitaine-général de la flotte vénitienne armée contre les Génois. Rinieri II son fils, fut le père de *Pierre* qui, en 1362, était capitaine-général de l'Etat dans la ligue que formèrent les chrétiens contre les Turcs, & il était surnommé le *Dragon*, d'un dragon qu'il portait sur son bouclier. Il eut trois fils, savoir, *Carlo Léone*, *Nicolo il Cavalière* & *Antonio*. *Carlo Léone* fut procurateur & capitaine-général de la République, qu'il tira du péril imminent où l'avait mise une guerre dans laquelle presque toute l'Europe s'était unie contr'elle. *Nicolo* le second fils, était chevalier, il avait montré une grande valeur dans la guerre déjà citée de *Chioggia* contre la république de Gênes. Il avait un très-grand desir de voyager pour connaître les mœurs & les langues des nations étrangères, dans le dessein de se rendre encore plus utile à sa patrie & de se faire un nom; dans cette vue il équippa à ses dépens, car il possédait de grandes richesses, un vaisseau sur lequel il fut jusqu'à Gibraltar; il se dirigea ensuite vers le nord pour se rendre en Angleterre & en Flandre; mais un gros temps qui dura plusieurs jours, jeta enfin le vaisseau sur les côtes de *Frislanda;* l'équipage fut sauvé avec une grande partie de la cargaison. Cet événement eut lieu en 1380; Nicolo & ses gens furent bientôt attaqués par les naturels du pays contre lesquels ils eurent de la peine à se défendre, épuisés & fatigués comme ils étaient. Heureusement pour eux, le prince règnant de *Porland* (Porlanda), nommé *Zichmni*, qui était alors à Friesland, ayant appris leur malheur, vint en toute diligence leur donner du secours, dont en effet ils avaient grand besoin dans la circonstance où ils se trouvaient. Le roi, après avoir parlé en latin quelque temps avec eux, trouvant *Nicolo Zeno* très-expérimenté, soit dans l'art militaire, soit dans celui de la navigation, lui offrit la place d'amiral de toute sa flotte, qu'il refusa cependant d'abord. Nicolo écrivit bientôt après à son frère Antonio, l'invitant à venir en Friesland, où celui-ci ne tarda pas à s'y rendre. Il resta auprès du prince Zichmni pendant quatre ans avec son frère, & il en passa ensuite dix de plus sans lui. Toute cette relation a été écrite par *Francisco Marcolini* qui l'a extraite des lettres qu'*Antonio Zeno* écrivait à *Carlo*, son frère aîné. Marcolini regrette de ce que ces écrits étant tombés entre ses mains lorsqu'il était très-jeune, il les avait déchirés sans en connaître la valeur. Mais s'étant apperçu par la suite qu'ils étaient de grande conséquence, il rassembla ce qui lui en restait, & il les mit en ordre, afin qu'une si précieuse découverte ne tombât pas entièrement dans l'oubli.

C'est ce que nous apprend *Ramusio*, *Vol. II*, *pag.* 23, *fol.* 2. D'autres auteurs paraissent avoir extrait du manuscrit de Marcolini, ce qu'ils rapportent de cette découverte. Quoique ces relations paraissent tenir un peu du merveilleux, il y a cependant tout lieu de croire à leur authenticité, & elles font naître diverses conjectures qui nous paraissent très-plausibles sur l'existence des pays dont il est fait mention dans cette relation.

Nicolo Zeno après avoir été battu par la tempête & avoir fait naufrage sur l'île de Friesland, en 1380, ayant été délivré par le prince Zichmni des attaques des habitans, se mit lui & tout son équipage sous sa protection. Ce prince avait sous sa domination quelques petites îles appelées *Porland*: ces îles situées au sud de Friesland étoient les plus fertiles & les mieux peuplées de toutes celles des environs. Zichmni était encore duc de *Sorany*, endroit situé de l'autre côté & vis-à-vis l'Ecosse. J'ai dressé, dit Antonio Zeno, & suspendu dans ma maison, une carte de ces parties du nord, qui, quoique gâtée par le temps, peut fournir quelques éclaircissemens aux personnes qui seraient curieuses d'en avoir sur ces matières.

Zichmni, maître de toutes ces contrées, était un homme d'un grand courage & fameux par ses connaissances dans l'art de la navigation. Un an avant l'arrivée de Nicolo, savoir en 1379 (*a*),

---

(*a*) Quoiqu'il y ait tout lieu de croire que *Friesland*, *Porland* & *Sorany* ont été engloutis par la mer, par des tremblemens de terre ou par d'autres grandes révolutions, je ne puis m'empêcher de faire part au lecteur d'une conjecture que j'ai formée en m'occupant de cet objet. Précisément dans la même année 1379, Hakon, roi de Norwège, mit en possession des Orcades une personne nommée Henri Sinclair, qui descendait par les femmes des anciens comtes des Orcades. Ce nom de *Sinclair* me paraît exprimé par le mot Zichmni. Friesland dérive suivant toute apparence de *Faira*, *north Fara*, *South Fara* ou *terre de Fara*. *Porland* n'est autre chose que les îles de Fara (le *Far-Ver* ou *Farland*), & *Sorany*, rien autre que le *Soderoe* ou *Soreona*; c'est-à-dire, les îles Western. Ajoutez à ceci que les noms des différentes îles de *Schetland* correspondent aux noms de plusieurs de celles qui furent conquises par Zichmni en Estland : *Bras* est indubitablement *Brassa Sound*; *Talas*

il avait défait en bataille rangée le roi de Norwège (Hakon), & il était alors venu avec ses forces pour faire la conquête de Friesland, pays beaucoup plus étendu que l'Islande. Ayant reconnu dans Nicolo Zeno de grandes connaissances dans la science maritime, le prince le mit lui & ses gens sur ses vaisseaux, & commanda à son amiral de le traiter avec distinction & de prendre son avis sur toutes les affaires importantes.

---

paraît être *Yell* ou *Zeal*; *Broas* ne peut être pris que pour *Brassa*; *Iscand* pour *Uust*; *Trans* pour *Trondra*; plusieurs ressemblances de ce genre viennent encore à l'appui de ces conjectures. Ce qui est dit encore de la quantité étonnante de poisson qui était prise annuellement à la hauteur des Orcades, ou suivant la relation de Zeno, à celle de Friesland, & dont on approvisionnait la Flandre, la Bretagne, l'Angleterre, l'Ecosse, la Norwège & le Danemarck, commerce très-lucratif pour les habitans de Friesland, peut être rapporté aux harengs qu'on prend chaque année en si grande abondance dans les mêmes parages. L'Islande était trop puissante pour pouvoir être soumise par *Sinclair* ou *Zichmni*. *Nicolo Zeno* visita également l'*est Groenland*. Quant à Estotiland & à Drogio qui furent découverts ensuite, ils paraissent être quelque pays situé au sud du vieux Groenland, peut être Terre-Neuve ou *Winland*, endroit où quelques Normands s'étaient établis avant cette époque, & où ils avaient, comme il y a tout lieu de le présumer, apporté avec eux d'Europe les livres latins qu'on trouva dans ce temps-là dans la bibliothèque du roi.

La flotte de *Zichmni* consistait en treize bâtimens, dont deux seulement à rames; le reste de la flotte était composé de petites barques, & il y avait un seul vaisseau : cette flotte fit voile vers l'ouest, & soumit sans beaucoup de difficulté *Ledovo* & *Ilofe* (*a*), & plusieurs autres petites îles. Etant ensuite entrés dans une baie nommée *Sudero*, dans le havre d'une ville appelée *Sanestol*, ils prirent plusieurs barques chargées de poisson (*b*); c'est-là qu'ils trouvèrent *Zichmni* qui était venu

(*a*) Il est presqu'impossible de faire mention de toutes les petites îles & des endroits situés sur la plus grande île des Orcades, appelée par les anciens *Pomona*; elle avait encore, à cause de sa grandeur, le nom de *Mainland* & de *Hross-Ey*, c'est-à-dire, *Gross-Ey*, la grande île. La ville était nommée *Kirkiuwog*, ou pour mieux dire, port près de l'église, qui est encore appelée de nos jours par les Ecossais, *Kirkwal*.

(*b*) Ceci est une mention très-ancienne qui a été faite du poisson salé, cependant on suppose que William Beuckels John, qui mourut en 1397, avoit inventé l'art de préparer les harengs. Mais le professeur Sprengel a fait voir qu'on pêchait des harengs à *Gernemve*, c'est-à-dire (Yarmouth) dès l'an 1283; nous trouvons même encore dans la *Collect. de Leland*, *Vol. III*, *pag.* 173, qu'on vendait des harengs pecs en 1273; & il existe des manuscrits allemans où l'on voit qu'il s'en vendait déjà en 1236. Vid. *Gerken Codex diplomat. Brandenburg. Tom. I*, *pag.* 45; *Tom. II*, *pag.* 431.

par

par terre avec son armée, subjuguant tout le pays qui se trouvait sur sa route. Ils s'y arrêtèrent peu de temps & firent voile vers l'ouest jusqu'à l'autre cap du golfe ou baie ; ils revinrent sur leurs pas & ils trouvèrent quelques îles & quelques terres basses qu'ils mirent toutes sous la domination de Zichmni. Ces mers étaient si remplies de bancs de sable & de rochers, que si Nicolo Zeno & les Vénitiens n'avaient conduit toute la flotte, elle aurait infailliblement péri, suivant l'opinion de tous ceux qui étaient à bord ; tant les connaissances des Vénitiens dans l'art de la navigation étaient supérieures à celles des sujets de Zichmni. L'amiral, d'après l'avis de Nicolo Zeno, aborda à la ville de *Bondendan*, pour s'informer des succès que Zichmni avait eus dans la guerre ; ils apprirent avec beaucoup de satisfaction qu'il avait gagné une grande bataille & mis l'armée ennemie en fuite ; qu'en conséquence les habitans lui avaient envoyé des ambassadeurs, des différentes parties de l'île pour porter les soumissions de tout le peuple. Ils apprirent aussi qu'on avait mis bas les pavillons dans chaque ville & dans chaque château ; c'est pourquoi ils jugèrent à propos d'attendre le prince dans cette ville, où comme on l'assurait, il serait rendu dans très-peu de temps. A son arrivée il reçut des complimens de congratulation, & on lui fit des réjouissances pour la victoire qu'il avait remportée tant sur terre que sur mer, & dont on faisait tout l'honneur aux Vénitiens. On ne parlait que d'eux & des grands exploits de Nicolo Zeno : le prince de son côté, fit venir Zeno devant lui, & après lui avoir donné les plus grands éloges, & avoir en particulier exalté sa grande valeur & ses connaissances maritimes; qualités qui avaient été pour lui d'un avantage inestimable & qui lui avaient valu en particulier la conservation de sa flotte & la conquête facile de plusieurs villes; il le créa chevalier, & fit à ses compagnons de très-riches & de très-magnifiques présens. Ils furent ensuite en triomphe vers *Friesland*, ville capitale de cette île située sur le côté sud-est & dans un golfe; il y a plusieurs golfes dans l'île; on prend dans celui-ci une telle quantité de poisson, que plusieurs vaisseaux en sont chargés pour fournir la *Flandre*, la *Bretagne*, l'*Angleterre*, l'*Ecosse*, la *Norwège* & le *Danemarck*, ce qui forme un commerce très-lucratif pour ce pays.

Tel est le contenu d'une lettre envoyée par *Nicolo Zeno* à son frère *Antonio*, & dans laquelle il l'invitait à venir le joindre à *Friesland*. Celui-ci mit en conséquence à la voile, & après avoir essuyé beaucoup de dangers, il rejoignit son frère. *Antonio* resta en Friesland quatorze ans en tout, dix ans seul, & quatre avec son frère Nicolo, qui s'insinua si bien dans la faveur du prince, que ce dernier le fit amiral de la flotte envoyée pour l'expédition qu'il fit en *Estland*, pays situé entre le Friesland & la Norwège. Ils y firent de grands ravages ; mais apprenant que le roi de Norwège s'avançait avec une flotte considérable, ils en partirent à la hâte ; le vent soufflait avec une telle violence qu'ils furent jetés sur quelques bancs de sable où une grande partie de leurs vaisseaux fut perdue ; le reste se sauva à *Grisland*, grande île inhabitée. La flotte du roi de Norwège fut surprise par la même tempête & périt. *Zichmni* apprit cet événement par un vaisseau de l'ennemi, qui, comme les siens, avait été jeté sur les côtes de *Grisland* (*a*). Après avoir réparé sa flotte, ce prince s'appercevant combien il avait été porté loin vers le nord, résolut d'attaquer l'Islande, qui appartenait au roi de Norwège ; mais la trouvant trop bien fortifiée & défendue, & réfléchissant que sa flotte était petite & mal équipée, il crut devoir se retirer. Il se jeta sur d'autres îles, au nombre de sept, savoir, *Talas* (Zeal), *Broas* (Brassa-Sound), *Iscant* (Unst ou Vust), *Trans* (Trondra), *Mimant*, *Dambert* & *Bres* (Brassa),

(*a*) *Grisland* paraît être le nom de l'île qui est dans le voisinage de l'Islande à l'est, & qui est appelée par les modernes *Enkhuyzen*.

qu'il pilla toutes ; il bâtit un fort à *Bres*, où il laiſſa *Nicolo Zeno* avec pluſieurs petites barques, tandis que lui-même revint à Frieſland. Au printemps ſuivant, Nicolo Zeno réſolut de ſortir pour faire des découvertes ; ayant équipé trois petits vaiſſeaux il mit à la voile dans le mois de juillet, & dirigeant ſa courſe vers le nord, il arriva en *Engroveland* (Engroneland), Groenland, où il trouva un monaſtère de frères prêcheurs & une égliſe dédiée à ſaint Thomas, ſituée près d'une montagne qui jetait du feu comme l'Etna & le Véſuve.

Il y a dans cet endroit une ſource d'eau bouillante, avec laquelle les moines échauffent l'égliſe, le monaſtère & leurs chambres ; l'eau eſt encore ſi chaude lorſqu'elle eſt parvenue à la cuiſine, qu'on n'a pas beſoin de feu pour apprêter les mets. Pour faire le pain il ſuffit de mettre la pâte dans des pots de cuivre & de tenir ces pots dans l'eau ; le pain cuit de cette manière comme s'il était dans un four. Il y a auſſi dans ce monaſtère de petits jardins couverts en hiver ; on les arroſe avec cette eau, ce qui les garantit de la neige & du froid, qui, dans ces pays ſitués ſi près du pôle, eſt extrêmement piquant. Par ce moyen ces moines font venir des fleurs, mûrir des fruits & pouſſer diverſes eſpèces de plantes qui végètent auſſi bien que ſi elles ſe trouvaient dans des climats tempérés ; au point que les ſauvages groſſiers qui habitent ces contrées, étonnés de ces effets qu'ils regardent comme ſurnaturels, prennent ces moines pour des dieux, & leur portent divers préſens, tels que des poules (polli.) (ces polli peuvent fort bien n'être que des gelinottes) de la viande, c'eſt-à-dire, des rennes, &c., & différentes autres choſes ; ils regardent de plus les moines comme leurs ſeigneurs. Lorſqu'il y a beaucoup de glace & de neige, ceux-ci chauffent leurs maiſons de la manière mentionnée ci-deſſus ; & en ouvrant leurs fenêtres, ils peuvent en un inſtant tempérer la chaleur à volonté.

Ils n'employent pour les bâtimens de leur monaſtère, d'autres matériaux que ceux qui leur ſont fournis par ce volcan ; ils prennent à cet effet les pierres brûlantes qui ſont lancées, en forme de ſcories ou fraiſil, par la bouche de la montagne, & lorſqu'elles ſont le plus chaudes, ils y jettent de l'eau deſſus ; elles ſe diſſolvent entièrement par ce moyen & ſe convertiſſent en une bonne chaux, qui ſe lie ſi bien après avoir été employée, qu'elle ne ſe détruit jamais. Les ſcories, lorſqu'elles ſont froides, ſervent au lieu de pierres à faire des murs & des voûtes très-ſolides. Car lorſque ces matières ſont une fois refroidies, elles ne peuvent être entamées que par un inſtrument de fer : les voûtes faites avec ces ſcories ſont ſi légères, qu'il n'eſt pas beſoin d'appui pour les ſoutenir, & qu'elles ſe maintiennent toujours entières. Ces facilités ſont cauſe que les moines ont conſtruit une quantité étonnante de murs & de bâtimens de différentes eſpèces. Les couvertures ou les faîtes de leurs maiſons ſe font pour la plûpart, de la manière ſuivante : le mur eſt élevé d'abord perpendiculairement à la hauteur qu'on veut lui donner, on le fait enſuite incliné ou penché peu-à-peu juſqu'à ce qu'il forme une voûte régulière. On n'eſt cependant dans ce pays guère incommodé de la pluie ; car le climat étant, comme je l'ai déjà dit, extrêmement froid, la première neige qui tombe, reſte gelée pendant l'eſpace de neuf mois, temps que dure l'hiver.

Ils vivent d'oiſeaux ſauvages & de poiſſon ; l'eau chaude du volcan ſe jetant dans un grand havre fait que la mer ne gèle jamais, ce qui attire en cet endroit une ſi grande quantité de poiſſons & d'oiſeaux, que ces religieux en prennent autant qu'il leur en faut pour leur ſubſiſtance & pour celle d'un grand nombre d'habitans du pays qu'ils occupent continuellement, tant à bâtir qu'à prendre des oiſeaux & du poiſſon, ainſi qu'à divers autres ouvrages & affaires relatives au monaſtère.

Leurs maiſons ſont bâties autour de la montagne de chaque côté; la forme en eſt ronde; elles ont vingt-cinq pieds de largeur; elles s'élèvent en cône, au ſommet duquel ils ménagent une petite ouverture pour avoir du jour & de l'air. Le plancher de la maiſon eſt ſi chaud que, pour ſi vif que ſoit le froid, on ne le ſent plus dès qu'on eſt entré dans la maiſon. Il vient dans cet endroit pendant l'été, un grand nombre de barques des îles voiſines & du cap au-deſſus de la Norwège, & de *Trondron* (ou Drontheim); elles ſont chargées de toutes ſortes d'objets d'agrémens ou d'utilité qu'on apporte aux pères, qui donnent en échange du poiſſon qu'ils ont fait ſécher au ſoleil, ou qu'ils ont conſervé au moyen du froid, & des peaux de différens animaux. Les moines reçoivent à leur tour du bois pour le chauffage & des uſtenſiles de bois très-ingénieuſement gravés, avec différens grains & du drap pour faire leurs vêtemens. Ces deux derniers articles, dont toutes les nations voiſines ont beſoin, font que les moines ſe procurent ainſi ſans peine & ſans dépenſe tout ce qu'ils peuvent deſirer. Des moines de *Norwège*, de *Suède* & d'autres pays, mais principalement d'*Iſlande*, ſe rendent à ce monaſtère. On y trouve toujours un grand nombre de barques durant l'hiver, qui ne peuvent ſortir parce que la mer eſt tout-à-fait gelée; mais on attend pour cela que la glace soit fondue, ce qui arrive au retour du printemps. Les barques des pêcheurs ont la forme d'une navette de tisserand. Elles sont faites d'os de poissons, recouvertes de peaux de poissons cousues en plusieurs doubles ; par ce moyen ces barques sont si imperméables & si solides, que dans les plus grandes tempêtes, ceux qui les montent se contentent de se tenir tranquilles, peu inquiets de l'endroit où les vents ou les vagues les porteront ; bien persuadés d'ailleurs que leurs barques ne courent pas risque d'être fendues ou submergées : & s'il arrive qu'elles soient jetées sur un roc, elles ne sont pas endommagées. Ils ont au fond de ces barques une espèce de manche qui est toujours serrée fortement dans le milieu ; & lorsqu'il est entré de l'eau dans la barque, ils la font couler dans une moitié de la manche, dont ils lient le bout avec deux morceaux de bois ; lâchant ensuite la manche en bas & en dehors, ils évacuent l'eau. Cette opération est répétée aussi souvent qu'il est nécessaire, sans le moindre danger ni dommage.

L'eau du monastère étant d'une nature sulfureuse & très-chaude, est conduite dans les cellules des principaux moines au moyen de tuyaux de cuivre, d'étain ou de pierre ; la chaleur qu'elle procure dans les divers endroits par où elle passe, est si grande qu'on croirait être dans une étuve ;

elle n'a d'ailleurs aucune odeur désagréable ni malfaisante.

L'eau fraîche bonne à boire est conduite au monastère par un aquéduc de pierre sous terre, afin que l'eau ne gele pas ; elle sort au milieu de la cour pour tomber dans un grand vaisseau de cuivre qu'on tient dans un réservoir d'eau bouillante ; & de cette manière ils chauffent l'eau pour leur propre boisson & pour arroser leurs jardins ; en sorte que, par le moyen de cette montagne, ils jouissent de toutes sortes de commodités. Ces bons moines font leur principale étude & leur occupation de tenir leurs jardins en ordre, & d'élever des bâtimens propres & élégans. Comme ils donnent de très-bons gages, les bons ouvriers & les artisans ingénieux ne leur manquent pas ; ils sont même de la plus grande générosité envers ceux qui leur portent des fruits ou des graines. Les vivres d'ailleurs y sont à très-bon marché. La plupart de ces moines parlent latin, & particulièrement les supérieurs & les principaux du monastère.

Voilà tout ce qui nous est connu de l'*Engroveland* (Engroneland, Groenland) par la relation de Nicolo Zeno, qui donne encore la description d'une rivière qu'il découvrit, comme on peut le voir dans la carte qu'Antonio a dessinée. Nicolo ne pouvant supporter le froid rigoureux de ces climats du nord, tomba malade, & peu de temps après il retourna à Friesland, où il mourut. Il laissa deux *fils*, l'un nommé *Jean*, & l'autre *Thomas*; celui-ci a eu pareillement deux fils, *Nicolo*, père du célèbre *cardinal Zeno*, & *Pierre*, d'où sont descendus les *Zenos* actuellement vivans.

Après la mort de *Nicolo*, sa fortune, aussi bien que sa dignité & ses honneurs passèrent à Antonio; celui-ci eut envie de retourner dans sa patrie, mais quelques supplications qu'il fît, il ne put en obtenir la permission, car *Zichmni* homme d'un génie élevé & d'une grande valeur, avait pris la résolution de se rendre maître de la mer, & il avait besoin pour cela des talens & des conseils d'Antonio. Il lui donna ordre d'aller avec un petit nombre de barques vers l'ouest, pour y reconnaître plusieurs îles qui avaient été découvertes pendant l'été par quelques-uns de ses pêcheurs. *Antonio* donne de cette découverte une description dans une lettre qu'il adressa à son frère *Carlo*: nous la transcrivons ici telle qu'elle a été écrite & sans autre changement que celui qu'a exigé un petit nombre de mots italiens qui ont vieilli (*Lettre III*).

« Il y a vingt-six ans que quatre barques de pêcheurs surprises par une violente tempête furent chassées & poussées çà & là d'une terrible manière ſur la mer, pendant un grand nombre de jours; la tempête ayant enfin ceſſé & le beau temps prenant le deſſus, ces pêcheurs découvrirent une île appelée *Eſtotiland*, à plus de mille milles à l'oueſt de Frieſland. Un des bateaux fut jeté ſur cette île, & les ſix hommes qui s'y trouvaient furent pris ſur le champ par les habitans, & conduits à une ville belle & peuplée, où ſe trouvait le roi de l'endroit. Celui-ci envoya chercher différens interprètes, mais il ne s'en trouva aucun qui entendît le langage de ces nouveaux venus; ſeulement un de ces interprètes parlait latin. Cet homme qui avait été auſſi jeté par accident ſur la même île, leur demanda de la part du roi de quel pays ils étaient; lorſqu'ils eurent raconté leur hiſtoire & que l'interprète en eut informé le roi, il ordonna qu'ils reſteraient dans le pays : ordre auquel ils ſe ſoumirent dans l'impoſſibilité où ils étaient de s'y ſouſtraire. Ils reſtèrent dans ce pays cinq ans & en apprirent la langue; l'un d'eux ayant parcouru diverſes parties de l'île, aſſure que c'eſt un pays très-riche, abondant en toute ſorte de denrées & de commodités de la vie, qu'il a moins d'étendue, mais qu'il eſt beaucoup plus fertile que l'Iſlande, ayant dans le centre une très-haute montagne d'où ſortent quatre rivières qui arroſent tout le pays.

» Les habitans en ſont très-ingénieux & inſtruits. On y exerce les arts & les métiers de toute eſpèce, comme dans nos pays. Il eſt très-probable qu'ils ont été autrefois en commerce avec les Européens ; car la lettre d'Antonio porte qu'il y avait dans la bibliothèque du roi quelques livres latins qu'ils n'entendaient pas. Ils ont une langue, des lettres & des caractères qui leur ſont particuliers (*a*). Ils commercent avec l'*Engroneland* d'où ils tirent des fourrures, du ſoufre & de la poix. Au midi de ce pays il y en a un autre très-grand & très-peuplé, qui abonde principalement en or. On y ſeme du blé, on y fait de la bière (cervoſa), liqueur qui tient lieu de vin chez les peuples du nord. Ils ont de vaſtes

---

(*a*) Dans la Collection des voyages de *Hakluyt*, *vol. III*, *pag.* 124 « on ajoute qu'ils ont des mines de toutes ſortes de métaux & particulièrement abondantes en or ». Ce paſſage ne ſe trouve pas dans l'original italien de Ramuſio.

En rapprochant pluſieurs circonſtances il paraît que la Collection de Hakluyt, était faite dans la vue d'exciter ſes compatriotes à pourſuivre les nouvelles découvertes en Amérique & à étendre leur commerce dans cette partie du globe. Si l'on conſidère qu'on ne priſait guère dans le ſiècle où vivait ce voyageur que les mines d'argent & les montagnes d'or, on ne ſera point étonné de cette interpolation. Cependant ce même paſſage ſe trouve dans *Ortelius*. Vid. la même *Collection*, *pag.* 127, *E. T.*

forêts ; leurs maiſons ſont conſtruites avec des pierres ; ils ont un grand nombre de villes & de châteaux forts. Ils conſtruiſent des vaiſſeaux & courent la mer ; mais ils ne connaiſſent pas la bouſſole. C'eſt à cet inſtrument que les naufragés dont nous venons de parler durent la grande eſtime qu'on leur témoigna, & qui fut telle que le roi les envoya avec douze vaiſſeaux vers le ſud, à un pays appelé *Drogio*. Ils eurent dans ce voyage un temps ſi contraire, qu'ils ſe virent ſur le point d'être engloutis dans la mer ; ils échappèrent à ce genre de mort ſi terrible ; mais ce fut pour en rencontrer un encore plus effrayant ; car ayant été faits priſonniers dans le pays, la plupart d'entr'eux furent dévorés par les ſauvages, qui regardent la chair humaine comme une des nourritures les plus délicieuſes. Heureuſement un de ces pêcheurs ayant montré à ces antropophages la manière de prendre du poiſſon avec des filets, il ſauva ſa vie & celle de ſes camarades. Chaque jour il allait à la mer & ſur les rivières où il prenait une grande quantité de poiſſon qu'il portait aux principaux du pays ; par ce moyen il fut parmi ces peuples en ſi grande faveur qu'il ſe fit aimer & reſpecter de tout le monde.

» La réputation de cet étranger s'étant répandue dans le pays, un des chefs fut très-deſireux de l'avoir avec lui, afin d'être témoin de ſon habileté à prendre du poiſſon ; il fit en conſéquence la guerre à un autre chef du pays auprès duquel ce pêcheur ſe trouvait alors. Et ayant eu enfin l'avantage ſur lui, parce qu'il était plus puiſſant & meilleur guerrier, le pêcheur & ſes compagnons lui furent envoyés ; & pendant treize années qu'il réſida dans le pays, ce pêcheur fut envoyé de la même manière à plus de vingt-cinq différens ſeigneurs qui étaient ſucceſſivement en guerre les uns avec les autres, pour ſe rendre maîtres de ſa perſonne. De ſorte que changeant à tout moment de lieu, il fut à portée de connaître très-bien toute cette contrée. Il aſſure que c'eſt un pays très-étendu, & comme un nouveau monde. Les habitans en ſont ignorans & groſſiers, ils ne jouiſſent d'aucune commodité de la vie ; car ils vont tout nus, de ſorte qu'ils ſouffrent cruellement du froid ; ils n'ont pas même l'eſprit de ſe couvrir avec les peaux des bêtes qu'ils prennent à la chaſſe. Ils ne poſſédent aucune eſpèce de métal, & ils vivent de la chaſſe. Ils portent des lances de bois pointues à l'une de leurs extrémités. Ils ſe ſervent d'arcs dont les cordes ſont faites de peaux de bêtes. C'eſt un peuple très-ſauvage ; les guerres qu'ils ſe font entr'eux ſont très-cruelles, ils commettent des ravages affreux & vont juſqu'à ſe dévorer les uns les autres. Ils ont des chefs dans chaque diſtrict,

& leurs loix sont très-différentes dans les divers cantons. Plus loin & en tirant vers le sud-ouest les peuples sont plus civilisés, à mesure que le climat devient plus doux; en sorte qu'on rencontre des villes & des temples dédiés à des idoles auxquelles cependant on offre des hommes en sacrifice qu'on mange ensuite. Les habitans de ces contrées possédent quelques connaissances, & l'usage de l'or & de l'argent ne leur est point inconnu.

» Enfin, ce pêcheur après avoir passé un grand nombre d'années au milieu de ces peuples, voulut tenter de retourner dans sa patrie; ses compagnons désespérant de la revoir jamais & n'osant pas le suivre, lui souhaitèrent un heureux voyage & restèrent dans le pays. Quant à lui, après leur avoir fait ses adieux, il se sauva à travers les bois, par le chemin qui menait à *Drogio*; il fut très-bien reçu du chef de l'endroit voisin de celui d'où il venait, ce chef le connaissait, & c'était un grand ennemi de celui qu'avait quitté le pêcheur: ce dernier cependant se rendant successivement chez les différens chefs qu'il connaissait déjà pour avoir été auprès d'eux, arriva enfin, non sans beaucoup de difficultés & après un long espace de temps, à la ville de *Drogio* où il resta trois ans. Au bout de ce temps il apprit heureusement de quelques-uns des habitans, que plusieurs petits vaisseaux étaient arrivés sur la côte: cette nouvelle ranima l'espérance qu'il avait de revoir son pays natal ; il se rendit au bord de la mer, & ayant demandé aux gens qui étaient arrivés dans ces vaisseaux de quel pays ils étaient, il apprit avec une joie inexprimable qu'ils étaient d'*Estotiland*. En conséquence il les pria de le prendre à bord, ce qu'ils lui accordèrent très-volontiers ; & comme il parlait la langue du pays qu'aucun d'eux n'entendait, il leur servit d'interprète. Faisant ensuite avec ses nouveaux compagnons plusieurs voyages dans le pays, il devint très-riche ; & ayant équipé une barque à ses propres dépens, il retourna à *Friesland*, où il fit part à son seigneur de la découverte de ce pays opulent ; on ajouta foi à sa relation quelque extraordinaire & merveilleuse qu'elle parût, parce que tout ce qu'il disait était confirmé par le témoignage des matelots.

» D'après ces renseignemens Zichmni s'est déterminé à m'envoyer avec une flotte dans ces pays. Un si grand nombre de personnes desire faire le voyage avec nous, à cause de la nouveauté & de la singularité de ce qu'on dit de ces contrées, que nous serons, je crois, très-bien montés & équipés sans qu'il en coûte rien au public ». Tel est le contenu de la lettre mentionnée ci-dessus, & que j'ai transcrite ici pour l'intelligence de la relation d'un autre voyage fait par Antonio Zeno, qui

qui mit à la voile avec un grand nombre d'hommes & de vaisseaux. Il n'était pas alors commandant, comme il a passé d'abord pour l'avoir été, car Zichmni fut en personne à cette expédition : j'ai en ma possession, sur ce voyage, une lettre dont voici la teneur :

» Nos derniers préparatifs pour le voyage d'*Estotiland* n'ont pas été faits sous d'heureux auspices, le pêcheur qui devait nous servir de guide est mort trois jours avant notre départ. Zichmni n'a point abandonné pour cela l'entreprise ; mais au lieu du pêcheur, il a pris pour lui servir de guides, plusieurs matelots qui étaient revenus de l'île avec ce pêcheur. Et ainsi dirigeant notre course vers l'ouest, nous découvrîmes plusieurs îles sujettes de Friesland ; passant ensuite près d'un ou deux bancs de sable, nous arrivâmes à Ledovo, où nous restâmes une semaine pour nous rafraîchir & pourvoir aux choses nécessaires à la flotte. Nous partîmes ensuite delà, & nous arrivâmes le premier de juillet à la hauteur de l'île d'*Ilofe* ; comme le vent nous était favorable, nous ne nous y arrêtâmes pas & nous poussâmes plus loin notre route. Peu de temps après, étant en haute mer, nous fûmes surpris par une tempête si violente, que, pendant l'espace de huit jours, nous fûmes jetés de côté & d'autre par les vents & les vagues, sans savoir dans quel endroit nous étions. Nous perdîmes, par la violence de la tempête, une grande partie de nos vaisseaux ; le beau temps étant survenu, nous rassemblâmes le reste de nos bâtimens qui étaient fort maltraités ; & ayant l'avantage d'un bon vent, nous continuâmes notre route jusqu'à ce que nous découvrîmes, du côté de l'ouest, une terre vers laquelle nous dirigeâmes notre course, & nous arrivâmes à un havre sûr & bon. Nous apperçumes en cet endroit un nombre infini d'hommes armés accourant sur le rivage avec précipitation comme s'ils voulaient défendre l'entrée de l'île. Zichmni ayant donné ordre à ses gens de leur faire des signes de paix ; ils nous envoyèrent dix hommes, qui parlaient dix langues différentes, nous n'en pûmes comprendre qu'un qui était islandais. Cet homme amené devant notre prince, qui lui demanda quel était le nom de l'île ? quel peuple l'habitait ? & qui la gouvernait ? répondit que la terre était appelée *Icaria*, que tous les rois de l'île étaient appelés *Icari*, du nom de leur premier roi, qui, suivant eux, était fils de *Dædalus*, roi d'Ecosse, qui conquit cette île, leur donna son fils pour roi, & leur laissa les lois sous lesquelles ils avaient toujours vécu. *Icarus* ensuite fit voile plus loin ; mais ayant été surpris par une violente tempête, il fut noyé ; en mémoire de ce fatal événement, ces peuples ont appelé cette mer, *mer Icarienne*, & les rois de l'île *Icari*. Contens de l'état qu'ils avaient reçu de la providence, ils ne voulaient pas faire le moindre changement dans leurs mœurs & dans leurs usages ; ils ne recevaient aucun étranger ; & l'Islandais qui nous avait donné ces renseignemens, pria en conséquence notre prince de ne point entreprendre de violer ces lois qu'ils avaient reçues de leur roi de glorieuse mémoire, & qu'ils avaient exactement observées jusqu'à ce moment ; il le prévint que s'il n'avait aucun égard à cette prière, il courrait de très-grands risques ; les insulaires étant entièrement décidés à perdre la vie plutôt que d'abandonner leurs lois. Et afin que nous n'imaginassions pas qu'ils évitaient toute communication avec d'autres peuples, il finit par nous dire, qu'ils étaient très-disposés à recevoir un de nos gens parmi eux, à le nommer l'un de leurs chefs, & cela seulement en vue d'apprendre notre langue, & de connaître nos mœurs & nos usages; comme ils l'avaient fait pour les dix hommes des dix nations différentes qui étaient venus dans leur pays. Zichmni ne fit aucune réponse à tout ceci, mais il ordonna à ses gens de chercher un havre sûr, & il parut disposé à partir ; cependant en faisant voile autour de l'île, il apperçut enfin sur la côte orientale un havre dans lequel il entra avec toute sa flotte. Ses gens furent alors à terre pour faire du bois & de l'eau, ce qu'ils exécutèrent avec toute la diligence possible, crainte d'être attaqués par les naturels. En effet, cette précaution ne leur fut pas inutile, car les habitans qui demeuraient près de cet endroit, firent des signes aux autres par le moyen du feu & de la fumée; ils prirent immédiatement leurs armes, & tombèrent tous ensemble au bord de la mer sur nos gens; ils en tuèrent plusieurs & en blessèrent d'autres dangereusement; ils avaient des arcs, des flèches & d'autres armes. Nous leur fîmes en vain des signes de paix, ils n'en devinrent même que plus furieux & combatirent comme s'il y fût allé de tout leur bonheur. Nous fûmes donc obligés de partir & de faire voile en faisant un grand circuit autour de l'île, où l'on voyait sur les montagnes & sur les bords de la mer un grand nombre d'hommes armés qui paraissaient nous suivre des yeux. Lorsque nous nous trouvâmes vers cet endroit de l'île qui forme une pointe vers le nord, nous rencontrâmes plusieurs bancs de sable très-étendus, sur lesquels nous fûmes, l'espace de dix jours, en danger de perdre toute notre flotte; heureusement pour nous la mer fut belle pendant tout ce temps. Cependant nous fîmes voile jusqu'au cap de l'est; & nous vîmes les habitans se tenant toujours sur les montagnes, les collines, le bord de la mer & aussi près de nous qu'ils le pouvaient. Ils pouſſaient de grands cris, nous faiſaient des ſignes menaçans & nous donnaient enfin les marques les plus évidentes de leur averſion pour nous. Cependant nous nous décidâmes à mouiller encore dans quelque havre sûr, & à faire nos efforts pour parler une ſeconde fois à *l'iſlandais*; mais toutes nos tentatives furent vaines, car ces peuples, à peine au-deſſus des brutes, ſe tinrent continuellement ſous les armes avec l'intention de nous attaquer, ſi nous entreprenions d'aller à terre. Zichmni voyant qu'il ne pourrait rien faire avec eux, & que s'il perſévérait dans ſes premières intentions, la flotte manquerait de proviſions, leva l'ancre, & fit voile ſix jours conſécutifs vers l'oueſt, avec un vent favorable; mais bientôt il ſe porta au ſud-oueſt, & la mer devenant agitée, nous avançâmes ayant pendant quatre jours le vent en poupe, & enfin nous découvrîmes une terre que nous n'osâmes approcher de trop près, parce que la mer était très-agitée & que la côté nous était inconnue. Heureuſement le vent ceſſa & la mer devint calme. Quelques perſonnes de l'équipage furent vers la terre & revinrent avec d'agréables nouvelles; ils avaient trouvé un très-bon pays & un excellent mouillage. D'après ce rapport nous remorquâmes nos vaiſſeaux & nos petites barques dans ce havre. Lorſque nous y fûmes entrés, nous découvrîmes une grande montagne d'où il s'élevait de la fumée, ce qui nous fit espérer que nous trouverions des habitans dans l'île. Et quoique l'endroit d'où la fumée paraissait sortir fût à une grande distance de nous, Zichmni ne put rester tranquille jusqu'à ce qu'il eût envoyé cent soldats pour reconnaître le pays & découvrir quels peuples l'habitaient. Cependant on apporta du bois & de l'eau pour approvisionner la flotte; on prit beaucoup de poissons & d'oiseaux de mer, & une si grande quantité d'œufs d'oiseaux, que nos gens, qui auparavant étaient à moitié affamés, en eurent plus qu'ils ne purent en manger. Le mois de juin (*a*) commença pendant que nous étions dans ce havre; le temps était alors aussi doux & aussi tempéré qu'on pouvait le desirer; mais ne voyant personne, nous commençâmes à soupçonner que ce pays délicieux était inhabité. Nous donnâmes au havre le nom

(*a*) La flotte, suivant cette même relation, était arrivée à la hauteur de l'île d'Ilofe le premier de juillet; & actuellement on nous dit « qu'elle était dans le port mentionné ci-dessus, au commencement du mois de juin », ce qui fait voir très-évidemment qu'il doit y avoir une erreur dans l'un de ces passages; & comme Zeno aussitôt après ceci, nous dit que ses gens se plaignaient « que l'hiver était arrivé »; il est hors de doute qu'il ne faille lire dans ce passage, août au lieu de juin.

de *Trin*, & à la pointe qui s'avance dans la mer celui de *Cap-Trin*. Les cent ſoldats qui avaient été envoyés à la découverte revinrent au bout de huit jours ; ils nous apprirent qu'ils avaient traverſé directement l'île juſqu'à la montagne où nous avions vu de la fumée, laquelle provenait d'un feu qui ſe trouvait au bas de cette montagne ; qu'il y avait dans cet endroit une ſource d'où il ſortait une liqueur ſemblable à de la poix, & qui coulait dans la mer. Ils ajoutèrent que l'intérieur du pays était habité par un peuple ſauvage qui ſe cachait dans des cavernes ; que ces hommes étaient de petite ſtature & très-timides ; car auſſi-tôt qu'ils apperçurent nos gens, ils ſe ſauvèrent dans leurs trous. Nous apprîmes encore qu'il y avait dans l'autre partie de l'île une grande rivière & un mouillage sûr. Zichmni conſidérant, d'après ce récit, combien cette île dont l'air était pur & ſain, dont le ſol était bon, où il y avait de belles rivières & qui réuniſſait pluſieurs autres avantages, devenait une acquiſition précieuſe, réſolut de la peupler & d'y bâtir une ville. Mais ſon équipage extrêmement fatigué par un voyage auſſi long & auſſi fatigant, commença à murmurer, il diſait qu'il aimait mieux retourner à ſon propre pays, car l'hiver s'approchait, lequel une fois arrivé, on ne pourrait plus s'en aller avant l'été ſuivant. En conſéquence,

Zichmni retenant ſeulement les bâtimens à rames & ceux des hommes qui étaient diſpoſés à reſter avec lui, renvoya tout le reſte, & je fus choiſi, quoique contre ma volonté, pour les commander.

» Partant (puiſqu'en effet j'étais obligé de le faire) je fis voile pendant vingt jours vers l'eſt, ſans découvrir aucune terre; enſuite changeant ma direction vers le ſud-eſt, en cinq jours je vis la terre & j'apperçus que j'étais près de l'île de *Neome* (*a*); connaiſſant le pays, je trouvais que j'avais déjà paſſé la hauteur de l'Iſlande; de ſorte que prenant des rafraîchiſſemens des habitans qui étaient ſujets de Zichmni, nous fûmes dans trois jours, avec un vent favorable à Frieſland; où les peuples, qui à raiſon de notre longue abſence, croyaient qu'ils avaient perdu leur prince, nous reçurent avec les démonſtrations de la plus grande joie ».

Voilà ce qui eſt contenu dans cette lettre, je ne ſais rien de plus que ce qu'on peut conjecturer d'après les fragmens d'une autre lettre; c'eſt-à-dire,

(*a*) *Neome* ſemble être l'île de *Stromoe*, une des îles Feroe, puiſqu'elle eſt en effet au ſud-oueſt de l'Iſlande, & ſeulement à trois journées de navigation des Orcades ou îles Faras, c'eſt-à-dire, Frieſland.

« que Zichmni bâtit une petite ville (*a*) dans le havre qu'il avait découvert, qu'il prit beaucoup de peine pour reconnaître le pays, lequel il reconnut très-bien, ainsi que les rivières sur les deux côtés d'*Engroneland* (Groenland) : ce que j'ai d'autant plus lieu de présumer que je vois cette contrée particulièrement décrite dans la carte qu'il en a donnée. Quant à l'histoire détaillée qu'il en a faite, elle est perdue. Le passage de la lettre qui fait allusion à cette relation est conçu en ces termes : « Quant aux particularités que vous desirez apprendre de moi sur les coutumes du peuple, sur les animaux, sur les pays voisins de celui-ci; j'ai traité spécialement chacun de ces objets dans un livre séparé, que je me propose d'emporter avec moi : vous y verrez des détails sur cette contrée; sur quelques poissons singuliers qu'on y pêche; sur les lois & les coutumes de *Friesland*, d'*Islande*, d'*Estland*, du royaume de *Norwège*, d'*Estotiland*, de *Drogio*, & enfin l'histoire du chevalier Nicolo Zeno, notre frère; celle de ses découvertes; & l'état du *Groenland*. J'ai écrit aussi la vie de *Zichmni*, prince dont le nom mérite de passer à la postérité autant que celui d'aucun autre prince, à cause de sa valeur & de son humanité. J'ai

(*a*) Hakluyt le rapporte ainsi : « il bâtit une ville » ; l'original dit : *Fece una terra*.

donné dans le même ouvrage des détails ſur la découverte d'*Engroveland* (Engroneland ou Groenland) , ſur ſes deux côtes & ſur la ville que Zichmni y bâtit. Ainſi je ne m'étendrai pas davantage là-deſſus dans cette lettre ; j'eſpère d'ailleurs être bientôt auprès de vous , & vous donner ces renſeignemens & d'autres encore de vive voix ».

Toutes ces lettres furent écrites par Antonio, à ſon frère Carlo.

Telle eſt la relation des voyages faits dans le nord par les deux Zenos. Quelques perſonnes ont été portées à regarder tout ceci comme fabuleux, parce que les noms des pays de Frieſland, d'Eſtland , de Porland, de Sorani , d'Eſtotiland , de Drogio & d'Engroveland , ne ſe trouvent plus nulle part. Mais après avoir examiné attentivement cette narration , & l'avoir traduite moi-même de l'italien *de Franceſco Marcolini* , conſervée dans la collection de Ramuſio , j'ai reconnu évidemment qu'elle était très-vraie , & qu'elle portait avec elle de très-fortes preuves de ſon authenticité.

Marcolini l'a extraite des lettres originales des deux *Zenos*, appartenant à l'une des premières maiſons de Veniſe ; & ſur laquelle on ne peut ſuppoſer qu'on eût oſé faire des hiſtoires auſſi fauſſes qu'on prétend que celles-ci le ſont. D'après ce qui ſe trouve dans les actes originaux

& dans les archives de Venise, je ne pense pas qu'on puisse révoquer en doute l'existence des pays dont parlent les frères Carlo, Nicolo & Antonio Zeno ; car ces actes font foi que le Chevalier entreprit un voyage au nord, & que son frère Antonio l'y suivit ; que ce même Antonio traça sur une carte & la route qu'il avait prise & les pays où il avait été ; qu'il emporta avec lui cette carte & qu'elle fut suspendue dans sa maison où elle était encore du temps de Marcolini (où tout le monde pouvait la voir & l'examiner), comme un gage sûr & une preuve incontestable de la vérité de ce qu'il avançait. Ceci posé, comment est-il possible qu'il reste à qui que ce soit le moindre doute sur la vérité de ces relations, encore plus qu'on ose les rejeter entièrement comme fabuleuses ? Quel motif de crédibilité peut-il y avoir pour celui qui malgré cela persisterait dans une pareille incrédulité ? à quelle histoire pourrait-on ajouter foi, si l'on se refusait à des preuves aussi évidentes que celles-ci ? On doit renoncer à convaincre ceux qui de propos délibéré ferment les yeux à la vérité.

Mais on a avancé que la narration entière avait l'apparence d'une pure fable. Dans quelle partie du nord trouve-t-on actuellement *Friesland* & les autres pays dont parle le même voyageur ? Qui jamais a entendu parler d'un *Zichmni*, lequel en 1379 ou 1380, vainquit un roi de Norwège appelé Hakon? Il faut avouer qu'il y a quelque chose de plausible dans ces objections; nous pensons néanmoins qu'il est très-possible d'éclaircir ces difficultés.

J'essayerai d'abord de répondre aux objections qui concernent la géographie. Long-temps avant que j'eusse entrepris ce travail sur les découvertes faites dans le nord, je croyais que les pays décrits par les Zenos existaient de leur temps, mais qu'ils avaient été engloutis depuis dans la mer par un grand tremblement de terre. Je persistais encore dans cette opinion en 1782, lorsque je donnai la carte des pays situés près du pôle-nord. Il paraît certain que dans toutes les îles élevées qui ont été découvertes jusqu'à présent dans le milieu des grandes mers, on trouve ou des volcans qui brûlent encore, ou les traces les plus évidentes de volcans éteints, telles que des cratères, des pozzolanes, des laves & des pierres-ponces. On en trouve des preuves incontestables dans les îles de Madère, les Açores, celles du Cap-Vert, de Sainte-Helène, de l'Ascension, d'Otaheite & dans tout le groupe des îles de la Société; dans l'île de Pâques, dans les Marquises; dans plusieurs des nouvelles Hébrides & des îles de l'Amitié, d'Islande & de Feroë. Il était donc vraisemblable que les îles dont parſent les Zenos, fuſſent pareillement volcaniques, & qu'elles euſſent été englouties dans la mer par un violent tremblement de terre. Mais réfléchiſſant enſuite qu'une révolution auſſi grande que celle-ci, nous aurait été tranſmiſe par quelques veſtiges hiſtoriques ou par tradition, j'ai examiné encore une fois les noms des pays décrits; & j'ai trouvé qu'ils avaient les plus grands rapports avec ceux des *Orcades*, de *Schetland*, des îles *Weſtern*, &c. Comme j'ai déjà fait plus haut quelque mention de ceci, je paſſerai rapidement ſur ce ſujet. Les Zenos ayant repréſenté *Porland* comme entièrement compoſé de petites îles, j'ai préſumé que tous ces noms généraux de pays étaient applicables à un grouppe entier d'îles. Conſéquemment *Eſtland* me paraîtrait fort reſſembler aux îles de *Zetland* ou *Schetland*, & en comparant les noms de *Talas*, *Broas*, *Iſcant*, *Trans*, *Mimant*, *Dambere* & *Bres* avec ceux d'*Yel* ou *Zeal* (probablement *Teal*), *Burray*, (ou *Bura*, nom donné à deux endroits différens, *Weſt-Bura* & *Eaſt-Bura*, leſquels pris collectivement ſont appelés *Buras*) *Unſt*, *Tronda*, *Mainland*, *Hamer* (endroit ſur le continent & vers le nord), *Braſſa* ou *Breſſa*; la reſſemblance me parut ſi frappante qu'il ne me reſta pas le moindre doute ſur cet objet. J'ai examiné enſuite dans quel endroit il me fallait chercher les autres îles & les grouppes d'îles dont parle Zeno, & j'ai trouvé que la terre de *Sorani* dont *Zichmni* était duc, était située vis-à-vis l'*Ecosse* (selon la traduction anglaise dans Hakluyt) ; mais on lit dans l'orignal italien de *Marcolini* (*posta della banda verso Scotia*), elle est sur la côte d'Ecosse. Or, *Soderoe*, ou les îles du sud des Normands & des Danois se présentèrent naturellement à moi. Ces îles sont en effet les mêmes que celles qu'on appelle à prèsent *îles Western*, lesquelles sont près de l'Ecosse, & se trouvent au sud relativement à *Schetland* & à *Feroe*. D'ailleurs de *Soderoer* composé de deux mots, dont l'un *Soder*, signifie sud, & l'autre *Oer*, signifie île, on peut former par contraction *Soroer*, & donnant ensuite à ce mot la terminaison du pluriel Soroen, on en formera, en corrompant un peu la prononciation, le nom de *Sorani*. Zeno rapporte qu'il trouva la baie de *Sudero* près des îles de *Ledovo* & *Ilofe*, qui ne sont autre chose que *Soderoe* & les îles de *Lewis* (*a*) & d'*Ylay*. *Sanestol* me

(*a*) L'île de *Lewis* était appelée par les Normands *Lodhus*, d'où était probablement dérivé le nom de *Ledovo*. Vid. *Pennant's Tour in Scotland, and a voyage to Hebrides* 1782, *part. I, pag.* 326. Sous le nom de Sodéroë étaient comprises toutes les îles Western qui sont au sud de la pointe *Ardnamurchan* en Ecosse, au cin-

paraît devoir être placé près de l'île de *Lewis*, & être ce grouppe d'îles appelé *Schantſoer*, d'où le mot Saneſtol eſt évidemment dérivé. La ville de *Bondendon* n'eſt qu'un endroit dans l'île de Skye, appelé *Pondon* ou *Pondontown*, mot qui, par un très-léger changement dans la prononciation, eſt aiſément transformé en celui de *Bondendon*. Après la conquête des *îles Weſtern*, la flotte de Zichmni retourna en triomphe à *Frieſland*, la capitale de l'île de ce nom, dans une baie de laquelle, & entièrement vers le ſud-oueſt, elle était ſituée. Ici nous avons donc encore une île, ou peut-être un aſſemblage d'îles; ces îles ſont remarquables par la grande quantité de poiſſons qu'on en exporte pour la Flandre, les côtes de Bretagne, d'Angleterre, d'Ecoſſe, de Norwège & de Danemarck. *Frieſland* dont il eſt ici queſtion n'eſt peut-être que l'île *Faira* ou *Fera*, appelée auſſi *Feras-land*, *terre de Feras*; elle appartient aux Orcades & ſe trouve environnée d'un ſi grand nombre d'îles qu'elle paraît être entièrement dans un golfe ou une baie; on y pêche toutes les années un grand nombre de harengs; en ſorte que cet endroit ſemble être le même que *Faireſland*, par abréviation *Frieſland*.

---

quante-ſeptième degré de latitude nord, & celles qui ſont au nord étaient appelées *îles du Nord.*

La descente dans Estland n'eut pas lieu à cause des nouvelles qu'on reçut de l'arrivée du roi de Norwège. Les deux flottes souffrirent par la tempête, mais celle des Normands plus que celle de Zichmni, & quelques vaisseaux des deux flottes qui avaient été sauvés du naufrage général arrivèrent à *Grisland*, île inhabitée. Ce *Grisland* est situé au loin vers le nord, & près de l'Islande. Il semblerait conséquemment que c'est l'île appelée aujourd'hui *Grims-ey*, laquelle est au nord de l'Islande. A la vérité, je prendrais plutôt Grisland pour l'île *Enkuyzen* qu'on suppose être vers l'est de l'Islande, & d'après le nom qu'elle porte nous pouvons conclure qu'elle a été vue par quelques navigateurs hollandais; mais comme plusieurs autres navigateurs, & très-récemment M. *de Kerguelen*, ont cherché cette île très-soigneusement, sans pouvoir la trouver, c'est selon toute apparence une île autrefois sortie tout-à-coup de la mer par les secousses répétées du volcan d'Islande, & qui ensuite a été engloutie une seconde fois dans les flots par une nouvelle secousse. Il est également possible que cette île *Enkuysen* n'ait été qu'une montagne flottante de glace, que conséquemment on n'aura plus revue. D'après ce que je viens de dire, il paraît plus naturel de supposer que *Grisland* est le *Grims-ey* des modernes, ce dernier mot dans l'ancienne orthographe pouvait

vait très-bien être écrit *Grisland*. Quant à la syllabe *land* qui termine plusieurs mots de la narration de Zeno, on doit, suivant l'idiôme danois & islandais, lui substituer celles en *oe* ou en *ey*; conséquemment *Grisland* est la même expression que *Grims-ey*. Zichmni desirait faire une descente en Islande; mais il trouva ce pays trop bien défendu, & sa flotte, qui avait été fatiguée par la tempête, lui parut trop faible pour qu'il pût se promettre des succès. Il tourna alors ses forces contre les autres îles d'*Estland*, c'est-à-dire, *Schetland*, & il en fit la conquête. Autrefois ces îles étaient appelées *Yaltaland* ou *Hitland*, nom qui, dans la suite des temps, fut change en celui de *Zet-Land* & *Schetland*, & d'où dérive facilement l'*Estland* de Zeno; sur-tout si nous faisons attention aux noms qu'avaient ces îles prises séparément, noms que nous avons déjà comparés entr'eux & expliqués.

Nicolo Zeno entreprit, de *Bressa* une des îles *Schetland*, un voyage au *Groenland*; car son *Engroveland* aussi bien l'*Engroneland* de la traduction anglaise n'est autre chose que le Groenland, dont il donne une très-exacte description, ainsi que du monastère de saint Thomas. Il parle des sauvages grossiers qui, suivant cette relation, étaient dès l'an 1380, sur les côtes orientales de l'île près du monastère de saint Thomas. Le commerce des moines était entretenu par le moyen des vaisseaux qui abordaient en cet endroit, & qui venaient des Orcades, des îles Schetland, des îles Féroë, de Drontheim en Norwège, de Suède & d'autres pays septentrionaux. Zeno décrit même les petits bateaux de cuir, dans lesquels les Groenlandais sont presqu'enfermés, en sorte qu'il est évident qu'il a fait des recherches très-exactes, & qu'il a vu de ses propres yeux chaque chose qu'il rapporte.

Après la mort de Nicolo Zeno, Antonio fut à *Estotiland*, & à cette occasion il nous apprend par quel accident cette contrée avait été découverte. Elle se trouvait, dit-il, à plus de mille milles à l'ouest de Friesland; les habitans en étaient civilisés; ils avaient des arts & des métiers; ils faisaient un commerce de fourrures avec le Groenland, & ils en rapportaient du soufre & de la poix; ils avaient des livres latins qu'à la vérité ils n'entendaient plus depuis long-temps, mais ils avaient une langue & une écriture particulières. Vers le sud d'Estotiland il se trouvait des pays abondans en or; il y avait des villes murées, on y construisait des vaisseaux; les habitans connaissaient l'agriculture & brassaient de la bière. Toutes ces désignations sont de forts indices d'un peuple qui tirait son origine des nations septentrionales de l'Europe. Même, il est évident que cet *Estotiland* ne peut être que le Winland qui fut découvert en 1001, & que nous avons montré d'une manière assez claire à la page 138, être le pays que les modernes appellent Terre-Neuve. Il est hors de doute que plusieurs Normands se sont établis en cet endroit; qu'ils y ont porté les arts, les métiers, le commerce connus alors, & qu'ils ont commercé avec le Groenland d'où ils étaient venus. Il est très-possible en effet que leur langue ait été altérée par leur mêlange avec les naturels; & l'on peut bien supposer qu'un pêcheur des Orcades ignorait la langue runique. Quant aux livres latins trouvés dans la collection du roi ou chef, il n'y a rien en cela de surprenant, car il est bien connu & nous l'avons observé à la page 145, qu'Eric, évêque du Groenland, fut en l'année 1121 au *Winland*, afin de convertir ses compatriotes qui étaient encore payens dans ces pays. Il n'est pas à supposer que cet évêque eût pris la peine de faire un voyage au Winland plus de cent ans après la première découverte qui en avait été faite, s'il n'eût été certain d'y trouver plusieurs descendans des Groenlandais qui s'y étaient établis. Et comme il n'a jamais été fait mention du retour de ce prélat dans le Groenland, il n'est pas invraisemblable qu'il soit mort dans le Winland, & que les livres latins qu'on y a trouvés aient été apportés par lui. Les Normands y avaient aussi introduit l'art de brasser la bière, & l'agriculture. Les habitans de ce pays connaissaient aussi la navigation, & allaient & venaient au Groenland; mais lorsque les Normands s'établirent pour la permière fois dans le Winland, l'usage de la boussole n'était pas connu. Car l'opinion communément reçue est que *Flavio Gioia*, d'Amalfi dans le royaume de Naples, en fit la découverte en 1302; quoique d'autres soutiennent, que Marco Polo qui demeura dans le Levant depuis 1271 jusqu'en 1295, ait porté dans sa patrie l'usage de cet instrument qu'il avait trouvé à la Chine, où il apprit qu'il était connu depuis long-temps. D'un autre côté, *Fauchet* cite un passage de Guyot de Provence, poëte provençal qui florissait vers l'an 1200, dans lequel il est fait mention de la boussole sous le nom de *la marinette*, & il en conclut qu'elle était alors en usage en Europe parmi les marins. Quoi qu'il en soit, il est évident que les pêcheurs des Orcades l'employaient dèslors dans leurs navigations, & qu'elle était encore inconnue aux habitans d'*Estotiland*.

La terre de *Drogio* est plus au sud qu'*Estotiland*; il en est de même des autres pays dans lesquels le pêcheur dont nous avons parlé voyagea l'espace de treize ans, & où il trouva enfin des hommes qui vivaient dans un climat très-tempéré, & avaient des villes & des temples où ils offraient en ſacrifice des hommes qu'ils dévoraient enſuite. Ces peuples auſſi n'étaient pas abſolument ſans connaiſſances, ils poſſédaient de l'or & de l'argent. C'eſt à-peu-près ce qui a été dit depuis des anciens habitans de la *Floride*, qui avaient des villes, des temples, de l'or & de l'argent, lorſque les Européens firent pour la ſeconde fois la découverte de ce pays.

Antonio Zeno continue ainſi l'hiſtoire du dernier voyage qu'il fit avec Zichmni, dans le deſſein de reconnaître le pays décrit par le pêcheur. « De *Frieſland*, c'eſt-à-dire, de *Faira* dans les Orcades, la flotte fut à *Ledovo* ou *Lewis*, une des îles Weſtern, & enſuite à *Ilofe*, c'eſt-à-dire, *Ilay*, ou, comme elle était probablement appelée, *Ili-Oe*. Lorſqu'ils eurent fait voile un peu à l'eſt, ils furent portés de côté & d'autre par une tempête qui dura huit jours, & auſſi-tôt que le vent devint favorable, ils découvrirent terre. Les habitans ne voulurent point ſouffrir qu'ils débarquaſſent, mais ils leur parlèrent par un interprète iſlandais. Le pays était appelé *Icaria* : vient une hiſtoire ſingulière d'un *Dædalus*, roi d'Ecoſſe, & de ſon fils *Icarus*, devenu leur roi & leur légiſlateur. Ce pays qui avait été nouvellement peuplé était l'Irlande; on s'y ſouvenait encore très-bien des pirateries des Normands, & cela fut cause qu'on s'opposa au débarquement des gens de Zichmni qui leur étaient entièrement inconnus. C'est peut-être du comté de *Kerry* que le nom d'*Icaria* a pris son origine ; & le nom du père d'*Icarus* doit être naturellement *Dædalus*, qui, suivant toute apparence, était quelque prince Ecossais, dont le nom avait quelque rapport avec celui de *Dædalus*. Delà ils firent voile pendant six jours vers l'ouest avec un vent favorable. Mais au bout de quatre jours un vent impétueux soufflant du sud-ouest, poussait les vaisseaux vers le nord, lorsqu'on découvrit une terre où il y avait une montagne d'où sortait de la fumée & du feu, & une rivière qui charriait de l'asphalte, espèce de bitume. Une petite race d'hommes à demi-sauvages y vivaient dans des cavernes. Ensuite Zeno nous dit lui-même, que Zichmni avait reconnu tout le pays, & qu'ils avaient découvert ensemble des rivières sur les deux différens côtés d'*Engroneland* (Groenland) & qu'ils y avaient bâti une ville. De sorte qu'il est hors de doute que c'est du Groenland dont il est ici question. Il est singulier que ces navigateurs n'y aient trouvé aucun Européen ni de leurs descendans, non plus que les moines que Nicolo Zeno avait vus peu d'années auparavant dans le couvent de saint Thomas. Les habitans sont, d'après la description qu'on en vient de donner, réellement Groenlandais, de petite ſtature & demi-ſauvages; ils vivaient dans des cavernes qui ſont encore actuellement les habitations d'hiver des naturels du Groenland. Ceci ſemble donner à entendre que les naturels du pays, ou les ancêtres de la race actuelle des Groenlandais, entre 1380 & 1384 ou environ, avaient fait périr les nouveaux venus d'Europe, ainſi que les moines. Il eſt encore évident, d'après cette narration, que les côtes orientales & occidentales du Groenland étaient non-ſeulement connues des Européens, mais qu'elles étaient, l'une & l'autre, tracées ſur une carte par Antonio Zeno.

Ce même Zeno en retournant à Frieſland, vit l'île de *Neome* que je prétends être *Stromoe*, l'une des îles *Ferroe*, ce qui ſemble indiquer avec plus de certitude le cours de ſa navigation. J'obſerverai ici en paſſant, que *Porland* était auſſi ſous la domination de Zichmni, & que, par ce nom, ſuivant toute apparence, on doit entendre *Faroer* ou les îles *Ferroe :* le grand nombre de moutons qu'on y nourriſſait & qui fourniſſaient aux habitans le néceſſaire, a valu auſſi à ces îles le nom qu'elles portent; car *Far*, en danois, ſignifie un bélier. Or, *Far-Oe* ou *Farland* peut avoir été aiſément changé en *Porland.*

J'oſe croire qu'au moyen des éclairciſſemens

que je viens de donner, ceux d'entre mes lecteurs qui sont exempts de préjugés, n'auront plus, malgré quelques difficultés qui restent encore relativement à la géographie, le moindre doute sur la vérité de cette relation; ayant fait mes efforts pour démontrer avec toute l'évidence dont le sujet est susceptible, que ces pays visités & décrits par les deux Zenos, sont du nombre de ceux qui sont actuellement connus & que le Groenland a été visité par ces illustres navigateurs qui connurent même l'Amérique.

Pour en venir maintenant aux preuves historiques, nous conviendrons d'abord qu'il est vrai que, parmi les princes ou souverains des Orcades, entre les années 1370 & 1394, on ne trouve pas de nom tel que celui de *Zichmni*, & conséquemment aucun roi ou prince Orcadien qui vers ce temps ait vaincu un roi de Norwège en bataille rangée. Mais consultons l'histoire des Orcades de ce temps, & nous y trouverons peut-être des faits qui pourront jeter quelque jour sur cette discussion.

La maison des anciens comtes des Orcades, les descendans du *Jarl Einar-Torf* étant éteinte, le roi de Norwège, *Magnus-Smak*, vers l'an 1343, nomma *Erngisel-Sunason-Bot*, noble suèdois, *Jarl* ou comte des Orcades, & le trésor du comté fut saisi par le roi. En 1357, *Malic-Conda* ou *Mallis-Sperre* fit connaître par son tuteur, *Duncan-Anderson*, aux états des Orcades, ses prétentions au comté, dont il était héritier légitime par les femmes, & ses prétentions furent présentées au roi par les états. En 1369, *Henri Sinclair* (de Santa-Clara) réclama les mêmes droits & par les mêmes raisons. Il fut nommé comte des Orcades en 1370, par le roi *Hakon*. Cependant comme *Alexandre de Ard* ou *le Ard*, prétendait aussi que ce comté lui venait de droit, comme descendant des anciens comtes en ligne féminine, il se commit sous ce prétexte, dans ces îles plusieurs pirateries. Hakon pria alors David, roi d'Ecosse, de faire cesser le mal qui allait toujours en croissant, & ce dernier défendit en conséquence sous peine de mort, à tous ses sujets d'aller aux Orcades, excepté pour y commercer. En 1375, Hakon nomma Alexandre *Le-Ard*, pour un an, au comté. Ces fréquentes révolutions donnent lieu de présumer que les rois de Norwège, à cause des troubles qui régnaient dans ce royaume & en Suède, n'étaient point en état de défendre les Orcades contre les invasions des étrangers, & que ces îles continuèrent d'être exposées aux dépradations des divers prétendans au comté.

Le manque d'argent fut encore auprès des rois

de Norwège un motif pour favoriser successivement chacun de ces prétendans, auxquels ils accordaient des lettres d'investiture selon qu'ils en recevaient une plus forte rétribution. En conséquence les comtes mécontens de se voir dépouillés avaient continuellement des querelles avec les seigneurs nouvellement investis, & ils leur firent même quelquefois une guerre ouverte. *Henri Sinclair* paraît avoir tout-à-fait vaincu *Le-Ard*, & après s'être emparé des Orcades, avoir demandé à Hakon l'investiture du comté, qui lui fut accordée après sa victoire qu'il avait remportée sur *Le-Ard*; à condition cependant qu'il se soumettrait à payer, au roi de Norwège, 1000 nobles d'or, & qu'il s'arrangerait avec *Mallis Sperre* & *Alexandre Le-Ard* l'autre prétendant, de manière que ceux-ci renonçassent à toutes leurs prétentions sur les Orcades; & depuis 1379, il conste, d'après quelques passages historiques, que Henri Sinclair était encore comte des Orcades en 1406, & qu'il était même en possession d'*Hialtaland* (ou des îles *Schetland*).

Au moyen de ce petit nombre de faits historiques, nous sommes actuellement en état d'éclaircir plusieurs particularités qui auparavant semblaient enveloppées dans l'obscurité. Le nom de *Sinclair* ou *Siclair* peut être pris pour celui de *Zichmni* par un italien qui entend seulement prononcer ce mot ; & comme ce Sinclair vainquit Alexandre Le-Ard qui était le représentant du roi de Norwège dans les Orcades, & qu'il se rendit maître de ces îles, n'ayant recours à ce roi qu'après sa victoire & seulement pour l'investiture qu'il obtint en 1379, on peut, sans tomber dans aucune contradiction, assurer qu'il battit le roi de Norwège, c'est-à-dire, dans la personne de son vassal. Les mille nobles d'or aussi contribuèrent sans doute un peu à empêcher le roi Hakon de faire de grandes difficultés dans cette affaire. Au moyen de ces éclaircissemens il ne peut rester de doute sur la vérité de cette relation des Zenos, qui, relativement à la géographie du nord de ce temps, est d'une grande importance.

XIV. *Pierre Quirini*, noble vénitien, était commerçant dans l'île de *Candie*, alors sous la domination des Vénitiens, & il avait un vaisseau à lui. Excité par le double motif de la gloire & de l'intérêt, il entreprit en 1431, un voyage par mer de Candie en Flandre, & vers la fin de l'automne il fit naufrage sur la côte de Norwège, non loin de l'île de *Rost*, où il passa l'hiver, & l'été suivant il alla par *Drontheim*, jusqu'à *Wadstena* en Suède, & fut de retour à Venise en 1432. Il a publié lui-même l'histoire de son voyage, dont une seconde relation a été donnée par deux de ses compagnons de voyage, *Christophe*

Fioravante & *Nicolas di Michiel*. Ces deux ouvrages se trouvent dans la *Collection de Ramusio*, publiée à Venise, en deux volumes, en 1583, pag. 200, 211. *Hieronymus Megiserus* a donné en allemand l'histoire abrégée de ce même voyage, extraite du livre de Ramusio, & qui a été imprimée en un seul volume in-8°., à Leipsic, sous le titre de *Septentrio Novantiquus* : 1613.

Quirini nous apprend que le 25 d'avril 1431, il fit voile de Candie, en se dirigeant vers l'ouest, mais les vents contraires l'obligèrent de ranger la côte d'Afrique. Le 2 de juin il passa le détroit de Gibraltar, & par l'ignorance de son pilote il fut jeté sur les bancs de sable de Saint-Pierre ; ce qui lui fit perdre son gouvernail qui fut jeté hors de ses gonds, & l'eau entra dans le vaisseau par trois endroits. En un mot, ce ne fut qu'avec beaucoup de difficultés qu'on empêcha le bâtiment de couler à fond & qu'on le conduisit à Cadix, où ayant été déchargé & entièrement radoubé au bout de vingt-cinq jours, on reprit la cargaison. Quirini ayant appris alors que la république de Venise était en guerre avec celle de Gènes, prit un équipage plus nombreux & qui consistait en soixante-huit hommes. Le 14 juillet il mit à la voile & s'avança vers le cap Saint-Vincent ; mais un vent contraire qui soufflait de terre dans la direction du nord-est, & qui sur cette côte est appelé

Agione, l'obligea de naviguer, pendant plus de vingt-cinq jours, à une grande diſtance de la terre, & juſque vers les îles Canaries, dans des parages très-dangereux & qui lui étaient entièrement inconnus. Enfin dans le moment où les proviſions commençaient à manquer, il eut un vent favorable du ſud-oueſt, & ſe dirigea vers le nord-eſt : quelques-unes des pièces de fer qui ſoutenaient le gouvernail manquèrent ; on les raccommoda le mieux qu'il fut poſſible, & le 25 d'août on gagna *Liſbonne*.

Quirini ayant fait réparer avec ſoin dans ce port les pièces de fer du gouvernail, & ayant renouvellé ſes proviſions, mit encore à la voile le 14 ſeptembre. Le vaiſſeau fut une ſeconde fois porté de côté & d'autre par des vents contraires juſqu'au 26 octobre qu'il entra dans le port de *Mures*, d'où Quirini ſuivi de treize hommes de l'équipage fut à ſaint *Jacques de Compoſtelle*, faire ſes dévotions. Ils revinrent au bâtiment avec toute la diligence poſſible, & mirent à la voile avec un vent favorable du ſud-oueſt. Ils étaient dans l'eſpérance que le vent ſe ſoutiendrait à deux cents milles de la terre & du *cap Finiſtère* ; juſqu'à ce que le 5 novembre le vent paſſant à l'eſt & au ſud-eſt, ils ne purent entrer dans la Manche & ils furent portés au-delà des *Sorlingues* (ou *Scilly*). Le vent devint plus fort, & le 10 novembre il emporta une ſeconde fois le gouvernail hors de ſes gonds : on l'attacha à la vérité avec des cordages, mais il fut auſſi-tôt détaché & fut traîné après le vaiſſeau pendant trois jours; ils vinrent pourtant à bout, après bien des efforts, de l'attacher ſolidement.

Le navire cependant fut continuellement pouſſé loin de la terre; & comme l'équipage conſommait imprudemment & ſans meſure les proviſions, on choiſit enfin deux ou trois perſonnes pour en faire la diſtribution, laquelle avait lieu deux fois par jour. Quirini lui-même fut ſoumis à cette règle. Dans cet état, d'après l'avis du charpentier, on conſtruiſit avec une portion du grand mât & de la petite vergue, deux gouvernails garnis de bouts de planches triangulaires, afin d'empêcher le vaiſſeau de vaciller. Ces nouveaux gouvernails convenablement attachés, devinrent très-utiles, & cela donna à tout l'équipage de nouvelles eſpérances; mais cette dernière reſſource leur fut encore ôtée par la violence des vents qui les briſa l'un & l'autre. Le 26 novembre la tempête augmenta à tel point qu'ils ne doutèrent point que ce jour ne fût leur dernier, elle devint cependant par degrés un peu moins violente; mais ils furent chaſſés dans la pleine mer vers l'oueſt-nord-oueſt ; & les voiles qui avaient été continuellement fatiguées par la pluie & le vent, furent déchirées par lambeaux ; celles qu'on mit à leur place ne durèrent pas long-temps. Alors le vaiſſeau alla ſans voiles & ſans gouvernail, & fut tellement rempli d'eau par les vagues qui le battaient continuellement, que les gens de l'équipage accablés de fatigue & d'anxiété pouvaient ſuffire à peine à vider l'eau. Ayant jeté la ſonde, qui rapporta quatre-vingts braſſes de fond, ils joignirent les quatre cables enſemble, & ſe tinrent à l'ancre l'eſpace de quarante heures. Cependant un homme de l'équipage épouvanté des terribles ſecouſſes que le vent & les vagues donnaient au vaiſſeau, & ayant perdu la tête, coupa le cable ; de manière que le bâtiment fut comme auparavant pouſſé fortement de côté & d'autre. Le 4 décembre, quatre grandes vagues ſe briſant contre le vaiſſeau, le remplirent tellement d'eau qu'il fut ſur le point de couler à fond. Les gens de l'équipage cependant reprenant courage ſe mirent à jeter l'eau, & quoiqu'ils en euſſent juſqu'à la ceinture, ils parvinrent à vider entièrement le navire. Le 7, la tempête augmenta tellement que l'eau y entra par le côté qui ſe trouvait au vent, & leur perte paraiſſait inévitable. Ils pensèrent alors que ſi le grand mât était enlevé, le vaiſſeau ſerait allégé. Ils ſe mirent en conſéquence à le couper, mais une grande vague ſurvint qui heureuſement emporta le grand mât & la vergue, & le bâtiment fut alors moins agité. Le vent & les vagues diminuant un peu, ils jetèrent encore l'ancre. Malheureusement le vaisseau n'ayant plus de mât, ne se tenait plus droit, & était même couché si fort sur le côté que l'eau y entrait par torrens. Enfin, épuisés par le travail & le manque de nourriture & n'ayant plus la force d'étancher l'eau, les gens de l'équipage résolurent de se sauver dans leurs bateaux dont le plus grand contenait quarante-sept hommes & le plus petit vingt-un. *Quirini* qui avait le choix se jeta avec ses gens dans le grand bateau où il avait vu entrer les officiers. Ils prirent des provisions avec eux, & aussi-tôt que les vents & la mer se furent un peu appaisés, ce qui eut lieu le 17 décembre, ils quittèrent le vaisseau qui, entr'autres objets précieux de commerce était chargé de huit cents barriques de vin de Malvoisie, d'une grande quantité de bois odorant de Chypre, de gingembre & de poivre. La nuit suivante le petit bateau monté par vingt & un hommes fut séparé d'eux par la violence d'une tempête, & ils ne le revirent plus depuis. Quant à ceux qui se trouvaient dans le grand bateau, ils furent obligés, pour l'alléger un peu, de jeter à la mer, le vin qu'ils avaient embarqué, leurs provisions, avec tous leurs habits, excepté ceux qu'ils avaient sur le corps. Le temps s'étant mis au beau pendant

dant quelques jours, ils firent voile vers l'eſt, dans le deſſein de gagner l'Iſlande, comme ils ſuppoſaient pouvoir le faire; mais le vent changea ſouvent & ils furent encore jetés de côté & d'autre. Le manque de boiſſon, un travail continuel, de longues veilles & d'autres ſouffrances qu'ils éprouvaient depuis long-temps, en firent mourir un grand nombre: la diſette de boiſſon en particulier fut ſi grande, que chaque homme n'en avait pour ſa portion toutes les vingt-quatre heures que le quart d'une taſſe (& qui n'était pas même fort grande). Ils étaient mieux fournis de viande ſalée, de fromage, de biſcuit; mais cette nourriture ſalée & ſeche excita en eux une ſoif qu'ils ne pouvaient éteindre; ce qui en fit mourir quelques-uns ſubitement & ſans qu'il ſe fût manifeſté auparavant aucun ſymptôme de maladie. On obſerva que les premiers emportés, furent ceux qui, avant cette époque, avaient été le plus adonnés à la boiſſon, ou à d'autres excès; & qui ayant la tête continuellement penchée ſur le feu ne ſe donnaient aucun mouvement, & paſſaient ſeulement d'un coin du feu à l'autre. Ceux-ci, quoiqu'ils paruſſent forts & bien portans furent cependant les moins capables de tous de ſupporter les fatigues qu'ils étaient obligés de ſouffrir, en ſorte qu'il en périſſait deux, trois & même quatre dans un jour. Cette mortalité eut lieu parmi l'équipage depuis le 19 de décembre jusqu'au 29; les cadavres étaient jetés à la mer. Le 19, tout ce qui restait de vin fut achevé, & chacun se prépara à la mort. Quelques-uns burent de l'eau de la mer, ce qui hâta leur trépas; d'autres avalèrent de leur propre urine. Cette dernière boisson jointe à la précaution de manger aussi peu de provisions salées qu'il leur était possible, contribua plus qu'aucune autre chose à leur conservation. Ils se trouvèrent pendant cinq jours dans cette cruelle situation, faisant toujours voile vers le nord-est. Le 4 de janvier un d'eux qui était assis sur la partie antérieure du bateau crut appercevoir la terre & annonça cette nouvelle à l'équipage avec une voix presque éteinte. Tous les yeux furent alors tournés de ce côté, & ils continuèrent d'être fixés sur cet objet jusqu'à la pointe du jour, que ces malheureux navigateurs s'assurèrent avec une joie extrême qu'ils voyaient réellement la terre.

A cette vue leur vigueur se ranima, & ils prirent leurs rames afin d'aborder plutôt en cet endroit; mais outre qu'ils étaient encore à une trop grande distance, la briéveté du jour, qui n'était que de deux heures, ne leur permit point de remplir leur dessein; épuisés de fatigue, ils ne pouvaient d'ailleurs faire plus long-temps usage de leurs rames. L'impatience naturelle à des perſonnes qui ſe voyaient dans une pareille poſition, leur fit trouver la nuit naturellement très-longue dans cet endroit, encore plus longue qu'elle ne l'était réellement. Le lendemain à la pointe du jour, ils perdirent la terre de vue; cependant, du côté du vent, ils découvrirent à peu de diſtance un autre pays montagneux, & de peur qu'ils ne le perdiſſent de vue la nuit ſuivante, ils s'aſſurèrent de ſa poſition au moyen de la bouſſole, & ils dirigèrent auſſi-tôt qu'ils le purent leur bateau vers cette terre où ils arrivèrent à l'aide d'un vent favorable vers les quatre heures du ſoir. Au moment où ils s'en approchèrent, ils s'apperçurent que cette terre était environnée d'écueils, car ils entendirent diſtinctement les vagues ſe briſer avec violence contre ces écueils. Ils s'abandonnèrent à la providence, & leur bateau porté d'abord ſur un banc de ſable, fut emporté de nouveau & ſans danger ſur un rocher. Le roc ſur lequel ils furent jetés était le ſeul endroit où ils pouvaient aborder; la côte n'offrait par-tout ailleurs que des rocs qui s'avançaient dans la mer. Le bateau fut en conſéquence traîné ſur le rivage ceux qui placés ſur le devant du bateau ſautèrent à terre les premiers, trouvant qu'elle était entièrement couverte de neige, en avalèrent en grande quantité, rafraîchiſſant leur eſtomac & leurs entrailles sèches & brûlantes; ils en remplirent pareillement une chaudière & une cruche pour ceux qui par faibleſſe étaient reſtés dans le bateau. Quant à moi, dit Quirini, j'avalai plus de neige qu'il ne m'eut été poſſible d'en porter ſur mon dos. Cette quantité exorbitante de neige incommoda tellement cinq de nos gens qu'ils moururent la même nuit; nous attribuâmes cependant plutôt leur mort à l'eau de mer qu'ils avaient bue.

Manquant de cables pour attacher le bateau & l'empêcher d'être mis en pièces, nos voyageurs y reſtèrent dedans toute la nuit. Le jour ſuivant au point du jour, dix-ſept hommes, reſte malheureux de quarante-ſix, furent à terre, & ſe couchèrent ſur la neige. La faim cependant les obligea d'examiner s'il ne leur reſtait pas encore quelques proviſions; mais ils ne trouvèrent que de petites miettes de biſcuit dans un ſac, mêlées avec du crotin de ſouris, un très-petit jambon & une petite quantité de fromage. Ils les chauffèrent au moyen d'un petit feu qu'ils avaient fait avec les bancs du bateau, & cela appaiſa en quelque manière leur faim. Le jour ſuivant, s'étant pleinement aſſurés que le rocher ſur lequel ils ſe trouvaient, était entièrement déſert, ils réſolurent de le quitter; ils remplirent en conſéquence cinq petits tonneaux d'eau de neige pour les porter dans le bateau; mais il y furent à peine dedans que l'eau y entra de tous les côtés par les jointures qui avaient été ouvertes par les différens chocs que le bateau avait éprouvés la nuit précédente contre le roc, en ſorte qu'il fut bientôt ſubmergé. Ces infortunés navigateurs entièrement mouillés furent obligés d'aller à terre une ſeconde fois. Alors ils firent avec les rames & les voiles du bateau deux petites tentes pour ſe mettre à l'abri du mauvais temps ; & avec le reſte des planches de ce même bateau, qu'ils avaient miſes en pièces, ils allumèrent du feu pour ſe chauffer. Ils n'avaient pour toute nourriture qu'un petit nombre de moules & d'autres coquillages qu'ils trouvaient ſur le bord de la mer. Treize d'entr'eux étaient ſous une même tente, & trois ſous une autre. La fumée du bois humide fit tellement enfler leur viſage & leurs yeux qu'ils craignirent de perdre la vue ; & ce qui ajouta encore à leurs ſouffrances, c'eſt qu'ils furent preſque dévorés par les poux & les vers qu'ils jetaient à poignées dans le feu. Le ſecrétaire de Quirini avait le cou déchiré, & la chair rongée juſqu'aux nerfs par cette vermine ; ce qui occaſionna ſa mort. Il mourut encore alors trois eſpagnols très-robuſtes, mais qui ne perdirent la vie qu'à cauſe de l'eau de mer qu'ils avaient bue (*a*).

(*a*) Cette obſervation & celle qui a été rapportée un

Les treize qui leur survécurent se trouvèrent si faibles qu'ils ne purent dans l'espace de trois jours traîner loin du feu les cadavres de leurs compagnons qui y étaient restés.

---

peu plus haut, savoir, que les plus forts buveurs, qui en même temps étaient les plus indolens, succombèrent les premiers, est fondée en probabilité : car, même actuellement on observe que dans les voyages de long cours, les personnes qui restent oisives & indolentes & qui boivent une grande quantité de liqueurs fortes, de quelque espèce qu'elles soient, sont toujours les premières attaquées du scorbut & meurent subitement. Je ne puis, à ce sujet, m'empêcher de rapporter un événement réellement arrivé, & qui m'a été communiqué en Angleterre par des personnes dont le témoignage n'est point suspect. Un vaisseau allant de la Jamaïque en Angleterre souffrit tellement d'une tempête, qu'il fut sur le point de couler à fond. L'équipage eut aussi-tôt recours à la chaloupe. Mais la grande précipitation avec laquelle ils s'y jetèrent fut cause qu'ils ne prirent qu'une petite quantité de provisions & de boisson ; bientôt ils furent vivement pressés par la faim & par la soif. Le capitaine leur conseilla alors de ne point boire de l'eau de mer, parce que l'effet pourrait en être extrêmement nuisible : il les invita à imiter plutôt son exemple, & sur le champ il se plongea tout habillé dans la mer, ce qu'il fit constamment, & chaque fois qu'il sortait de l'eau lui & ceux qui suivirent son exemple, trouvaient que leur faim & leur soif étaient entièrement appaisées pour long-temps. Plusieurs personnes de l'équipage se moquèrent de lui & de tous ceux qui sui-

Onze jours après cette époque, le domestique de Quirini allant le long de la côte pour chercher des moules, la seule nourriture qu'ils avaient pu se procurer & qu'ils trouvaient sur la pointe la plus éloignée du rocher, trouva une petite maison bâtie en bois, dans laquelle, ainsi qu'aux environs, on voyait de la bouse de vache. Ils en conclurent avec raison, qu'il y avait, dans le voisinage, des hommes & des bestiaux. Cette idée fit renaître leur courage & leurs espérances. Cette maison leur offrit un bon abri; ils y trouvèrent une chambre, où ils se rendirent tous, excepté trois ou quatre d'entr'eux qui étaient trop faibles pour s'y transporter. Ils avaient porté avec eux les restes de leur bateau, & avaient été obligés de se traî-

virent ses conseils; mais enfin elles devinrent si faibles qu'elles périrent de faim & de soif; il y en eut qui cédant au désespoir se jetèrent à la mer. Quant au capitaine & à ceux qui comme lui se plongeaient plusieurs fois par jour dans la mer, ils conservèrent leur vie dix-neuf jours, au bout desquels ils furent pris par un vaisseau qui faisait voile de ce côté.

Ne pourrait-on pas présumer qu'ils absorbaient par les pores de la peau autant d'eau pure qu'il en fallait pour se soutenir, pendant que tout le sel était resté au passage? Et en effet, on me dit que le sel était déposé sur la surface de leurs corps en forme d'une pellicule mince, qu'ils étaient obligés de frotter fréquemment.

ner avec beaucoup de difficulté à travers la neige qui était très-haute, jusqu'à la maison éloignée d'environ un mille & demi. Deux jours après en allant le long du rivage pour chercher leur provision ordinaire de moules & d'autres coquillages, un d'entr'eux trouva un très-grand poiſſon que la mer avait jeté ſur le rivage ; il paraiſſait du poids d'environ deux cent livres, & devoir être d'un bon goût & frais. Ce poiſſon fut coupé en petites tranches qu'ils portèrent à leur demeure, où on le mit auſſi-tôt à bouillir & à griller : mais l'odeur en était ſi tentante qu'ils n'eurent pas la patience d'attendre qu'il fût cuit, ils le mangèrent à demi-cru. Ils ſe gorgèrent de ce poiſſon, pendant quatre jours conſécutifs ; mais enfin voyant que cette proviſion commençait à manquer, ils en devinrent plus économes, en ſorte qu'ils en eurent encore pour dix jours. Les trois perſonnes de l'équipage qui étaient reſtées dans une des premières cabanes envoyèrent pour chercher les autres, un de leurs compagnons qui, après s'être rempli de poiſſon, leur en porta une partie. Tant qu'ils vécurent de poiſſon, le temps fut extrêmement orageux, en ſorte qu'ils n'auraient certainement pas pu chercher des moules.

Lorſque le poiſſon fut conſommé, ils furent obligés de recourir à leur première reſſource & de prendre des moules par-tout où ils en pouvaient trouver. Cependant environ à huit milles de là, il y avait un roc habité par des pêcheurs; & il arriva heureusement qu'un homme avec ses deux fils vint à cet îlot plein de rochers, qui (comme nous apprend *Fioravante*) était appelé *Santi* (Sand-ey ou Sand-ee), pour chercher quelques bêtes de leur troupeau qui s'étaient égarées. Les fils furent droit à la cabane, où étaient les infortunés échappés au naufrage; mais la fumée qu'ils en virent sortir les étonna beaucoup, ce qui devint le sujet de leur conversation. Les gens qui étaient dans la maison entendirent bien leurs voix, mais ils supposèrent que c'était les cris des oiseaux de mer qui avaient dévoré les cadavres de leurs compagnons. Malgré cela Christophe Fioravante sortit; mais à la vue des deux jeunes gens il retourna bien vîte & appela à haute voix ses compagnons en leur disant que des hommes étaient venus pour les chercher. Aussi-tôt toute la compagnie sortit pour voir les jeunes gens qui, de leur côté, furent épouvantés à la vue d'un pareil nombre de malheureux affamés, qui en effet avaient délibéré s'ils ne retiendraient pas un ou deux de ces visiteurs dans la vue de se procurer un secours plus certain; mais *Quirini* les détourna de ce dessein si imprudent. Ils accompagnèrent tous les jeunes garçons jusqu'à leur bateau, & prièrent le père & ses fils de prendre avec eux deux de leurs gens, afin de procurer aux autres des secours plus promps. Dans ce dessein ils choisirent un nommé *Gerard* de Lyon, qui avait été trésorier du vaisseau, & un nommé *Cola* d'Otrente, matelot, parce qu'ils parlaient l'un & l'autre un peu français & allemand.

Le bateau conduisit les pêcheurs & les deux étrangers à l'île de *Rustene* (Rost ou Rostoe) un vendredi. Les habitans furent extrêmement étonnés à leur arrivée, mais ils ne purent comprendre ce qu'ils leur disaient, quoique ces derniers s'adressassent à eux en différentes langues; jusqu'à ce qu'enfin l'un des étrangers commença à parler un peu allemand avec un prêtre allemand de l'ordre des frères prêcheurs, & lui apprit qui ils étaient & d'où ils venaient. Le 2 de février, jour de la Purification qui se trouva être un dimanche, le prêtre ayant exhorté le peuple de Rustene à donner à ces infortunés les secours qu'ils réclamaient pour eux & pour leurs compagnons, & ayant représenté en même-temps les peines qu'ils avaient essuyées, montra les deux malheureux affamés qui étaient présens. Plusieurs personnes de l'auditoire furent attendries jusqu'aux larmes & se déterminèrent à aller chercher, le plutôt possible, le reste de ce malheureux équipage; ce qu'ils firent le jour suivant. Cependant les naufragés, qui étaient dans *Santi* à demi-morts de faim & de soif, trouvaient bien longue l'abſence de leurs compagnons ; auſſi n'eſt-il pas facile de décrire la joie qu'ils éprouvèrent à la vue des ſix bateaux qui venaient les chercher. Le prêtre dominicain demanda lequel d'entr'eux était le capitaine ; & Quirini s'étant annoncé pour tel, il en reçut, le premier, du pain de ſeigle qu'il regarda comme la manne des Iſraëlites, & de la bière. Le prêtre le prit enſuite par la main & le pria de choiſir, parmi ſes compagnons, les deux qu'il deſirait avoir auprès de lui : Quirini choiſit *François Quirini*, de Candie, & *Chriſtophe Fioravante*, vénitien, & ils allèrent tous les trois avec le prêtre dans le bateau d'un des principaux habitans de Ruſtene. Le reſte de l'équipage fut diſtribué dans cinq autres bateaux. Ces bons ſamaritains furent encore à la première demeure où s'étaient réfugiés ces navigateurs ; ils emmenèrent avec eux le ſeul qui ſurvécût des trois qui étaient reſtés derrière par faibleſſe, & ils enterrèrent les autres ; celui-ci, cependant mourut le jour ſuivant. Les bateaux étant arrivés à Ruſtene, le fils du principal perſonnage de l'île conduiſit chez ſon père, Quirini à qui il fut obligé de donner la main à cauſe de ſa trop grande faibleſſe. Lorſque la maîtreſſe de la maiſon, accompagnée de ſa ſervante, vint au-devant de lui, Quirini allait ſe jetter à ſes pieds, mais elle ne voulut pas le lui permettre, & elle envoya chercher un baſſin de lait à la maiſon pour lui redonner de l'appétit & des forces. Pendant trois mois & demi que Quirini paſſa dans cette maiſon, il reçut les plus grandes marques d'amitié & d'humanité de la part de ſes hôtes. Il eſt vrai que, de ſon côté, il fit ſes efforts pour s'attirer leur amitié & mériter leur bienveillance. Ses compagnons furent logés dans différentes maiſons, où l'on prit très-grand ſoin d'eux.

L'île de Roſt, pleine de rochers, eſt à ſoixante-dix milles d'Italie vers l'oueſt, du promontoire le plus au ſud de la Norwège qui, en leur langue, eſt appelée le derrière du monde (*culo mundi*), elle a trois milles de circonférence. Ce roc eſt habité par cent vingt perſonnes bons catholiques, dont ſoixante-douze reçurent avec beaucoup de dévotion la communion le jour de pâques. Ils vivent de leur pêche, aucune eſpèce de blé ne croît dans cette partie très-reculée du monde. Pendant les mois de juin, de juillet & d'août il y fait un jour continuel (*a*) ; le ſoleil ne ſe couchant jamais, à cette époque, pour les habitans de ces contrées. Pendant les trois mois d'hiver il y règne une nuit continuelle, mais ils

---

(*a*) Fioravante dit que depuis le 20 de novembre, juſqu'au 20 de février, la nuit était de vingt-une heures, &, qu'au contraire, depuis le 20 mai juſqu'au 20 août, ils voyaient conſtamment le ſoleil ou le crépuſcule.

jouissent toujours de la clarté de la lune. Ils prennent, toute l'année, une quantité incroyable de poissons, mais de deux différentes espèces seulement : l'une dont ils pêchent une quantité prodigieuse dans les bayes les plus grandes, est appelée *Stokfisch* (*Gadus-Morrhua*), & l'autre est une espèce de poisson plat, d'une grandeur étonnante, car on en a vu qui pesaient près de deux cents livres ; on fait sècher ces poissons sans sel à l'air & au soleil, & comme il a peu de graisse & d'humidité, il devient aussi sec que du bois. Pour pouvoir les manger on frappe dessus avec le dos d'une hache, & par ce moyen on les divise en filamens comme des nerfs : on les accommode ensuite avec du beurre & des épices pour leur donner du goût. Cette denrée, qui devient un objet considérable de commerce pour ce peuple, est transportée au-delà de la mer en Allemagne. Les turbots sont, parce qu'ils se trouvent trop grands, coupés par tranches qu'on sale ensuite. Dans cet état ils font un très-bon manger. On en charge, au mois de mai, un vaisseau d'environ cinquante tonneaux, qui est envoyé à *Bergen*, ville de Norwège, à environ mille milles de distance de l'île de Rost, & où l'on voit arriver, à cette même époque, un grand nombre de vaisseaux du port de trois cents à trois cents cinquante tonneaux. Ces vaisseaux sont chargés de toutes les productions de l'Allemagne, de l'Angleterre, de l'Ecoſſe & de la Pruſſe, & de tout ce qui concerne la nourriture, la boiſſon & le vêtement. Les gens de l'île de Roſt échangent leurs poiſſons contre ces marchandiſes utiles, parce que leur île étant entièrement ſtérile, on n'y fait aucun uſage de l'argent. Immédiatement après l'échange, ils reviennent chez eux, ne relâchant qu'à un ſeul endroit d'où ils rapportent du bois à brûler & autre pour toute l'année.

Les habitans de ce rocher ſont un peuple bien fait, & qui a des mœurs pures. Ils n'ont pas la moindre crainte d'être volés, conſéquemment, ils ne renferment & ne ſurveillent rien, tout eſt ouvert chez eux. Ils ne veillent pas ſur la conduite de leurs femmes. Leurs hôtes avaient leurs lits dans la même chambre que les maris, leurs femmes & leurs filles, qui, lorſqu'elles ſe couchaient, ſe mettaient entièrement à nud en leur préſence. Les lits des étrangers échappés au naufrage étaient auprès de ceux où couchaient les fils & les filles de la maiſon. De deux jours l'un le père & ſes fils allaient à la pêche dès la pointe du jour & ils y reſtaient pendant huit heures, ſans être aucunement en peine de la conduite de leurs femmes & de leurs filles. Au commencement du mois de mai ces femmes ont coutume de ſe baigner, & elles ſont dans l'uſage de ſe déshabiller entièrement chez elles, & d'aller toutes nues au bain, à la diſtance d'une portée d'arc de la maiſon. Elles tiennent à la main droite un paquet d'herbes pour s'eſſuyer; elles étendent leur main gauche vers le milieu du corps, comme ſi elles voulaient couvrir ce que la pudeur veut qu'on cache; ne paraiſſant cependant pas prendre beaucoup de peine pour cela. Elles ſont dans le bain pêle-mêle avec les hommes (*a*).

(*a*) L'uſage de ſe réunir, hommes & femmes dans les mêmes bains, eſt très-ancien. Il exiſtait chez les Romains; d'où il paſſa chez les Grecs, ſuivant le témoignage de *Plutarque :* voyez la vie de *Caton l'ancien*, pag. 348, édit. *Aubriana Francof.* 1620, *fol.*; mais dans la ſuite cet uſage donna lieu à des pratiques ſi diſſolues & ſi malhonnêtes, que les empereurs *Adrien* & *Marc Antoine* crurent néceſſaire de le prohiber par une loi. *Spartian in vita Adriani & Jul. Capitol. in Marco.* Héliogabale, au contraire, ſe baignait avec les femmes, & comme cette coutume était autoriſée par l'exemple de l'empereur, il eſt à préſumer qu'elle devint encore générale. *Æl. Lamprid. in Heliogabalo & Alexandro Severo.* Quant à ſon ſucceſſeur *Alexandre*, il la défendit de nouveau. Ces lois cependant paraiſſent être tombées par la ſuite dans l'oubli, puiſque les chrétiens mêmes retinrent cet uſage contraire aux bonnes mœurs; ce qui obligea pluſieurs Synodes à donner des décrets pour le prohiber. Le concile de Laodicée, dans le trentième canon, défend aux hommes de ſe baigner avec les femmes; mais ce décret, quoiqu'on veillât rigoureuſement à ſon obſervation, fut continuelle-

On n'a, dans ce pays, la moindre connaissance, ni de fornication, ni d'adultère; les mariages ne s'y font point par des motifs sensuels, mais uniquement afin de se conformer aux commandemens divins. On s'y abstient aussi de blasphemer & de jurer. A la mort de leurs parens, ces peuples montrent la plus grande résignation à la volonté de Dieu, & même ils rendent graces au tout-puissant, dans leurs églises, d'avoir conservé si long-temps leurs amis, d'avoir permis qu'ils aient vecu tant d'années

---

ment transgressé, même par les prêtres & les moines qui se baignaient en commun avec les femmes. Jusqu'à ce qu'enfin le concile tenu à Trullo en eût réitéré la défense dans le soixante-septième canon. L'empereur Justinien, dans sa cent dix-septième novelle, compte parmi les causes légitimes de divorce, que des femmes mariées se soient baignées dans un même lieu avec des hommes, sans la permission de leur mari. Il y a très-grande apparence que l'usage des bains fut introduit, de Constantinople en Russie, avec la religion chrétienne. Il paraît qu'on y adopta en même temps la coutume contraire aux bonnes mœurs dont nous avons fait mention ci-dessus; laquelle cependant ne subsiste actuellement guère que dans ce pays. Les personnes de distinction, à la vérité, y ont toujours leurs bains particuliers. Quant au frottoir dont il est question ici, consistant en herbes ou rameaux, on s'en sert aussi en Russie. Mais les Russes courent toujours, de leurs bains chauds, dans quelque étang voisin; & dans l'hiver, ils se roulent dans la neige.

avec

avec eux, & de les avoir appelés à lui pour les faire participer à ses dons célestes. Ils laissaient paraître aussi peu d'affliction & poussaient aussi peu de lamentations, que si le mort n'eût été couché que pour jouir d'un agréable sommeil. Si le défunt laissait une veuve, celle-ci, le jour de l'enterrement donnait aux voisins un superbe repas, où, ainsi que les autres convives, elle assistait parée de ses plus beaux vêtemens, & elle les invitait à bien manger & à bien boire en mémoire du défunt, pour son repos & pour son bonheur éternel. Ils allaient constamment à l'église où ils faisaient leurs prières avec beaucoup de dévotion, & à genoux, & ils observaient très-strictement les jours de jeûne.

Leurs maisons étaient de bois & de forme ronde, avec une ouverture au milieu du toît pour laisser entrer le jour. Cette ouverture était fermée en hiver par une peau transparente de poisson, à cause de l'excessive rigueur du froid. Leurs vêtemens étaient faits de gros drap fabriqué à Londres & dans quelqu'autre pays étranger. Quant aux fourrures, ils en portaient rarement; afin de s'accoutumer mieux au froid, ils mettaient leurs enfans quatre jours après leur naissance, au-dessous de l'abat-jour qu'ils ouvraient ensuite afin de laisser tomber sur eux la neige qui, suivant toute apparence, tombe tout l'hiver dans ce pays. Il neigea du moins continuellement durant le séjour que Quirini & ses gens y firent: c'est-à-dire, depuis le 5 février jusqu'au 14 mai. De cette manière leurs enfans sont si endurcis au froid & deviennent si robustes qu'ils n'en sont pas du tout affectés.

Les parages de l'île de Rost sont couverts d'une espèce d'oiseau de mer, que les habitans appellent en leur langue, *Muxi* (*a*). Ils aiment beaucoup à vivre près des hommes & sont aussi appri-

(*a*) Les Norvégiens appellent cet oiseau *Maase*. On peut donc présumer que c'est le *Larus-Candidus*, nouvelle espèce d'oiseau entièrement blanche, du genre des mouettes, qui dans la relation du voyage que le capitaine Philips (maintenant lord Mulgrave) fit vers le pôle-nord, imprimée à Londres, en 1774, pag. 187-188, est appelé *Larus Eburneus* ; & dans *Jean Miller*, planche XII, *Larus-Albus*. Mais dans le *Fauna Groenlandica* d'Othon Fabricius & dans *Muller Prodrom. Zool. Dan.* pag. VIII, il est nommé *Larus-Candidus*, & paraît être le même oiseau que celui qui dans le *voyage de Fréderic Marten au Spitzberg*, pag. 56, tom. I, est appelé *Raths-Herr*, & est désigné sous le nom de *Wald-Maase* dans la *Description de la Laponie de Leéms*. Les Groenlandais cependant l'appellent *Vagavarsuk*. C'est un oiseau très-courageux & qui ne se trouve que très-avant dans le nord ; en Finmark, Norwège, Islande, dans le Groenland & le Spisberg. Ce *Maave* ou mouette, est probablement l'oiseau de mer blanc, *Muxis*, décrit ci-dessus par Quirini.

voiſés que des pigeons ordinaires. Ils ne ceſſent de faire du bruit, excepté pendant l'été qu'il règne un jour continuel; ils gardent alors le ſilence pendant environ quatre heures ſur vingt-quatre, & c'eſt ce moment que les habitans regardent comme le plus propre pour ſe repoſer. Au commencement du printemps il arrive auſſi dans l'île un nombre prodigieux d'oies ſauvages qui y font leur nid quelquefois contre les murs des maiſons. Ces oies ſont auſſi très-apprivoiſées, de ſorte que lorſque la maîtreſſe de la maiſon va prendre quelques œufs dans un de leurs nids, la femelle en ſort ſans s'épouvanter & reſte tout auprès, juſqu'à ce que la ménagère ait pris autant d'œufs qu'il lui en faut; & auſſi-tôt qu'elle s'en eſt allée, l'oiſeau ſe remet dans le nid.

Au mois de mai les habitans commencèrent à ſe préparer pour leur voyage à *Bergen*, ſe diſpoſant à prendre les étrangers avec eux. Quelques jours avant leur départ, la nouvelle du ſéjour de ces étrangers à Ruſtene parvint aux oreilles de la femme du gouverneur de toutes ces îles; & comme ſon mari était alors abſent, elle envoya ſon aumônier à Quirini avec un préſent de ſoixante ſtockfish, trois grands pains plats de ſeigle & un gâteau; elle leur fit dire qu'elle avait été informée que leurs hôtes n'en avaient bien agi ni avec lui, ni avec ſes compagnons, & qu'elle desirerait savoir ce dont ils avaient à se plaindre, pour qu'elle leur en fît rendre promptement satisfaction. Il fut aussi recommandé aux habitans de les bien traiter, & de les emmener avec eux à Bergen. Nos voyageurs remercièrent cette dame, en rendant témoignage à l'honnêteté de leurs hôtes, & ils lui firent connaître combien ils étaient sensibles à la bonne réception qu'on leur avait faite; & comme Quirini avait encore un cordon garni de grains d'ambre, qu'il avait apporté de Saint-Jacques en Gallice, il prit la liberté de l'envoyer à la femme du gouverneur, en la suppliant de prier Dieu avec eux, pour leur heureux retour dans leur patrie.

Cependant lorsque le temps de leur départ fut arrivé, les insulaires, par le conseil du moine dominicain, les forcèrent à payer deux couronnes pour chaque mois de leur séjour chez eux, ce qui faisait sept couronnes pour chacun; & comme ils n'avaient pas assez d'argent sur eux, ils donnèrent, en outre six tasses d'argent, six fourchettes, six cuillers, avec quelques autres articles de peu de valeur, tels que des ceintures & des bagues. La plus grande partie de ces choses tomba entre les mains de ce prêtre, si peu honnête qu'il ne leur laissa rien de ce qu'ils avaient rapporté de leur malheureux voyage; & cela sous prétexte qu'il leur avait servi d'interprète. Le jour de leur départ, tous les habitans de Rost leur firent des présens de poissons, & en prenant congé d'eux, les femmes & les enfans versèrent des larmes, les étrangers ne purent retenir les leurs. Le prêtre dont les procédés avaient été si peu honnêtes, les accompagna, afin de faire une visite à son archevêque, & de lui donner une partie de son butin.

A leur départ de Rost, la saison était si avancée, qu'à la fin de mai, ils virent pendant leur route le soleil quarante-huit heures au-dessus de l'horizon; mais, comme ils continuèrent de faire voile vers le sud, ils le perdirent de vue pour un peu de temps, du moins pendant une heure, chaque vingt-quatre heures. Ils naviguèrent constamment entre des rochers, ne trouvant la mer navigable que près les pointes de terre avancées. Plusieurs de ces rochers étaient habités, & ils furent bien reçus des habitans, qui leur donnèrent de la viande & de la boisson sans vouloir rien accepter en échange. Les oiseaux de mer, qui lorsqu'ils étaient éveillés, ne cessaient de crier & de faire du bruit, avaient construit leurs nids sur ces rochers, & le silence de ces oiseaux était pour les gens de l'équipage un signal que l'heure de s'endormir était venue.

Dans le cours de leur voyage ils rencontrèrent l'évêque de *Trondon* (Drontheim); il faisait avec deux galères, la visite de son diocèse, dans lequel étaient compris tous ces pays & ces îles; il était accompagné de plus de deux cents personnes. Nos voyageurs furent présentés à ce prélat, qui, ayant appris leurs malheurs & quel était leur rang & leur famille, parut touché de leur sort. Il leur donna une lettre de recommandation pour *Trondon*, son siége épiscopal, où saint *Olave*, un des rois de Norwège, était enterré; ce qui leur procura une bonne réception. Dans cet endroit Quirini reçut un cheval en présent. Mais le roi de Norwège étant alors en guerre avec les Allemands, leur hôte, maître du vaisseau que montaient nos voyageurs, refusa de faire voile plus loin, seulement il les mit à terre dans une petite île habitée dans le voisinage de *Drontheim*; & après les avoir recommandés aux habitans, il retourna directement dans son pays. Le lendemain, jour de l'Ascension, Quirini & ses compagnons furent conduits à Drontheim, dans l'église de *Saint Olave*, qui était très-bien ornée, & où ils trouvèrent le vice-roi avec tous les habitans. Ils y entendirent la messe, après laquelle ils furent conduits devant le vice-roi, qui demanda aussi-tôt à Quirini s'il parlait latin; & celui-ci lui ayant répondu qu'oui, il l'invita, avec tous ses gens, à sa table, où ils furent amenés par un chanoine. Ce même chanoine les conduisit ensuite dans un bon & agréable logement, où ils trouvèrent tout ce qui leur était néceſſaire.

Quirini n'ayant rien tant à cœur que de retourner dans ſon pays, ſollicita des ſecours pour ſe mettre en état de remplir ce deſſein ; il demanda quelle route, de celle d'Allemagne ou d'Angleterre, il lui convenait de prendre ; parce qu'il voulait ſe diſpenſer, autant qu'il lui ſerait poſſible, de faire le voyage par mer, y ayant du danger à courir à cauſe de la guerre. On lui conſeilla de s'adreſſer à un de ſes compatriotes, *Giovanne-Franco*, que le roi de Danemarck avait créé chevalier & qui réſidait dans ſon château de *Stichimborg* (Stegeborg, dans *Eaſt Gothland*) dans le royaume de Suède, à cinquante journées de chemin de Drontheim. Huit jours après l'arrivée de nos voyageurs dans cette ville, le vice-roi leur donna deux chevaux & un guide, pour les conduire à Stichimborg. Quirini qui avait préſenté au vice-roi ſa portion de ſtocfisk, un cachet d'argent & une ceinture d'argent, en reçut à ſon tour un chapeau, une paire de bottes, une paire d'éperons, une valiſe de cuir, une petite hache, avec l'image de ſaint Olave & les armes du vice-roi, un paquet de harengs, du pain, & quatre florins du Rhin. L'archevêque de Drontheim donna en outre un troiſième cheval à ces étrangers qui ſe mirent en route tous enſemble.

au nombre de douze, avec leur guide & leurs trois chevaux. Ils voyagèrent pendant cinquante-trois jours, en tirant fur-tout vers le fud-oueft (fud-eft) & rencontrèrent de fi miférables auberges fur leur route, qu'ils ne pouvaient fe procurer de pain. Dans quelques endroits ils broyèrent des écorces d'arbres, qu'ils mêlèrent avec du lait & du beurre, & ils en firent des gâteaux, qu'ils mangèrent au lieu de pain. On leur donnait d'ailleurs du lait, du beurre & du fromage; ils avaient du petit lait pour boiffon. Ils continuaient cependant toujours leur voyage, & trouvaient quelquefois de meilleures auberges, où ils avaient de la viande & de la bière; mais ce qui ne leur manqua jamais, ce fut le bon accueil qu'on s'empreffa partout de leur faire.

Il y a peu d'habitatious en Norwège, & ils y arrivèrent fouvent pendant la nuit, ou plutôt à l'heure du repos, car la nuit n'était pas obfcure, quelquefois même il faifait alors grand jour. Le guide qui connaiffait l'ufage du pays, ouvrait la porte de la première maifon où ils voulaient entrer, & dans laquelle il y avait une table environnée de bancs couverts de couffins rembourrés de plumes & qui fervaient de matelats; comme rien n'était enfermé, ils prenaient la nourriture qu'ils trouvaient & ils allaient enfuite fe repofer. Quelquefois le maître de la maifon arrivait & paraiffait fort ſurpris de les trouver endormis chez lui ; mais auſſi-tôt que le guide lui avait appris les particularités de leur voyage, la compaſſion ſe mêlait à la ſurpriſe, & le nouvel hôte leur donnait tout ce qui leur était néceſſaire, ſans prendre aucune récompenſe. De cette manière ces douze perſonnes ne dépensèrent, pour eux & leurs trois chevaux dans un voyage de cinquante-trois jours, que les quatre florins qu'ils avaient reçus à Drontheim.

Sur la route ils rencontrèrent des montagnes affreuſes, des vallées ſtériles, & un grand nombre d'animaux, tels que des daims, (des rennes, *cervus-tarandus*), ainſi que des oiſeaux, tels que des eſpèces de poules & des coqs de bruyère, auſſi blancs que la neige, (probablement des gelinottes, *tetrao lagopus*) & des faiſans de la groſſeur d'une oie, (ſuivant toute apparence le *tetrao uragallus*). Dans l'égliſe de Saint Olave ils virent une peau d'ours blanc, qui avait quatorze pieds & demi de long, ils virent encore dans leur route des gerfauts (*falco-gyrfalcus*), des autours (*falco-aſtur-briſſ*), & diverſes autres eſpèces de faucons qui ſont dans ce pays-là plus blancs que les faucons ordinaires à cauſe du grand froid qu'il y fait.

Quatre jours avant d'être à *Stichimborg* (Stegeborg), ils arrivèrent à une ville appelée *Vas-*

thena (Wadſtena), lieu de la naiſſance de ſainte Brigite, & où elle avait fondé un couvent de religieuſes, ayant des chapelains du même ordre. Les rois & les princes du Nord ont fait bâtir dans cette ville une égliſe très-belle, couverte en cuivre, dans laquelle nos voyageurs comptèrent ſoixante-deux autels. Les religieuſes & les chapelains les reçurent très-honnêtement. Après avoir ſéjourné deux jours dans cet endroit, ils en partirent pour aller voir le chevalier *Jean Franco*, qui fit tout ce qu'il put pour les conſoler dans leur adverſité, & leur procura toute ſorte de ſoulagemens d'une manière qui fait honneur à ſa généroſité. Quinze jours après, il y eut à l'égliſe de ſainte Brigite à *Wadſtena*, indulgence plénière, les peuples de Danemarck, de Norwège, de Suède, d'Allemagne, de Hollande & d'Ecoſſe ſe rendirent à cette égliſe pour y participer. Quelques-uns vinrent de ſix cents milles de diſtance.

Quirini & ſes compagnons furent avec le chevalier *Jean Franco* à Wadſtena, où il y avait, pendant le temps de l'indulgence, un grand concours de monde; ils voulaient ſavoir s'ils ne pourraient pas s'y procurer des nouvelles de quelques vaiſſeaux deſtinés pour l'Allemagne ou l'Angleterre; le chevalier fut cinq jours en route, & avait plus de cent chevaux à ſa ſuite. Là ils prirent congé de leur bienfaiſant compatriote, qui leur avait fourni abondamment des vêtemens & de l'argent pour leur voyage, & avait ordonné à son fils Mathieu, jeune homme très-aimable, de les accompagner à Lodèse (sur le Gotha-Elf), à huit journées de distance de Wadstena; ils y furent logés dans sa propre maison, parce que le vaisseau sur lequel ils devaient s'embarquer, ne mit pas à la voile sur le champ. Il leur avait prêté ses chevaux depuis *Stichimborg*; & comme Quirini avait la fièvre, il le fit monter sur un cheval dont le pas était plus doux que celui d'aucun de ces animaux qu'il eût rencontré jusqu'à ce moment. De Lodèse trois personnes de l'équipage allèrent dans leur patrie sur un vaisseau destiné pour *Rostok*, les huit autres accompagnèrent Quirini en Angleterre, où ils furent chez leurs amis à *Londres*, par le chemin d'*Ely* & de *Cambridge*; après deux mois de séjour dans cette capitale, ils continuèrent leur route par l'Allemagne & *Bâle*, & enfin, dans l'espace de vingt-quatre jours ils arrivèrent en bonne santé à Venise.

Nous voyons en premier lieu dans le voyage si désastreux de Quirini, un concours de malheurs qui paraissent excéder la mesure des forces humaines. Mais un grand courage, des efforts vigoureux, la persévérance, & l'emploi des moyens les plus raisonnables que l'imagination puisse suggérer, font que l'on met souvent à fin des entreprises, dont la réussite aurait, dans toute autre circonstance, été regardée comme absolument impossible. Ce qui fait voir d'une manière évidente, combien de difficultés & de dangers on parvient à surmonter avec de la raison & de la fermeté.

Quirini a fait une observation qui ayant été souvent confirmée depuis, me paraît mériter attention. Au moment où le vaisseau paraissait sur le point de périr, ceux qui avaient cru tout perdu & avaient pris sans modération, & jusqu'à l'ivresse de bon vin de Malvoisie, qui était à bord, moururent subitement aussi-tôt que la disette de vivres commença à se faire sentir en même temps que le scorbut; tandis que ceux qui avaient vécu modérément résistèrent plus long-temps, & conservèrent pour la plupart leur vie. Ceux qui s'étaient approchés trop près du feu pour se réchauffer, payèrent également de leur vie cette action imprudente, tandis que, d'un autre côté, ceux qui purent se résoudre à boire de leur propre urine, malgré la répugnance que des hommes même brûlans de soif ont pour cette liqueur, échappèrent à la mort. Il est encore à remarquer, que l'eau de mer prise en boisson devint très-pernicieuse à ces voyageurs, & que la grande quantité de neige qu'ils avalèrent en arrivant à terre ne leur fut aucunement nuisible. Les différentes espèces de coquillages & la chair d'un dauphin, dont ils se nourrirent, servirent sans doute à leur conserver la vie.

La description du royaume de Norwège, & de son commerce, ainsi que la peinture des mœurs & des usages de ses habitans, sont des fragmens très-intéressans de l'histoire du genre humain. Les trois royaumes du Nord étaient alors gouvernés par le roi Erich, de Poméranie, & eu égard à ce temps-là, leur état n'était pas absolument mauvais. Nous voyons que le bétail faisait la principale nourriture des habitans, que le blé était très-rare, & que, sur les montagnes & dans les années stériles, ils faisaient leur nourriture de l'écorce des arbres, mêlée avec une certaine quantité de fleur de farine, de lait & de beurre. L'argent, d'un autre côté, était rare; puisqu'un petit plat de ce métal & de petits colifichets, furent des présens très-agréables. Quant à Quirini, comme il était Italien, la longueur des jours en été (*a*), celle des

(*a*) Quoique les jours fussent très-longs, ou plutôt, quoiqu'il fît un jour continuel, lorsque Quirini alla de l'île de Rostoe à Drontheim, ses conducteurs avaient coutume de s'aller coucher, lorsque le repos & le silence des oiseaux leur donnaient le signal que l'heure était venue de se reposer. Cette circonstance éclaircit d'une manière nouvelle autant que décisive, le passage d'*Other* dans la Description de son voyage au *Sciringes-Heal*,

nuits en hiver, la grande quantité d'oiseaux de mer, & la singulière chasteté & la pureté des mœurs des nations du nord, durent nécessairement lui paraître bien surprenantes. Nous voyons ensuite que le commerce de stockfish & des harengs était dès-lors dans un état florissant. Pour terminer enfin, le voyage de Quirini me paraît un des plus intéressans, des plus instructifs & des plus généralement utiles.

COUP D'ŒIL GÉNÉRAL

Sur l'état des affaires de ce temps.

Dès le quatrième & le cinquième siècle, les nations barbares du nord avaient, dans l'Espagne,

(Vid. supra p. 11) lorsqu'il dit, « on ne pourrait faire voile jusqu'à ce pays dans l'espace d'un mois quand on marcherait la nuit, & qu'on aurait bon vent tous les jours » ; il s'en suit qu'on n'était pas dans l'usage de faire marcher aux heures de nuit les vaisseaux, même dans le cas de jour continuel ; & cela dès le temps d'Other, & même cinq cents trente-trois ans après, lors du voyage de Quirini. Il est donc évident, que cette expression équivoque en apparence, n'a pas été mise sans dessein, mais qu'elle a été employée d'après une coutume en usage dans le pays.

les Gaules, l'Angleterre, & dans l'Italie elle-même, érigé une seconde fois en royaumes, les provinces qu'ils avaient prises sur les Romains. Mais la forme de leurs gouvernemens, les guerres qu'ils avaient soutenues, & les ravages qui en avaient été la suite; en même temps que la barbarie affreuse avec laquelle ces nouveaux possesseurs traitaient ces pays, lorsqu'ils s'en emparaient, massacrant par milliers leurs malheureux habitans; toutes ces circonstances réunies affaiblirent extrêmement ces royaumes nouvellement fondés. Le pays dépouillé de ses laboureurs, restait inculte; il était couvert de buissons qui dans la suite des temps formèrent d'épaisses & sombres forêts devenues le repaire des bêtes sauvages, & l'asyle des voleurs. Les ruisseaux & les rivières, retenus autrefois dans de justes bornes par des élévations de terre & par des digues, ayant rompu ces limites que l'industrie des hommes leur avaient assignées, débordèrent dans les prairies, qui, par le long séjour des eaux, furent converties alors en des marais putrides & exhalant des vapeurs nuisibles. Enfin, la terre qu'une grande population, que la culture & le luxe, porté peut-être à un degré trop haut, avaient concouru à embellir, redevint un pays sauvage & une solitude affreuse, inutile & même nuisible à l'homme. Les villes autrefois le siége de l'industrie, des arts & du commerce, furent ravagées, ou détruites par le feu, & le peu d'habitans qui avaient furvécu à ces dévaftations verfaient des larmes fur les triftes ruines de leur patrie & fur la perte de leur récente profpérité; l'efprit accablé & le courage abattu, ils devinrent les vaffaux de leurs infolens vainqueurs. Toute loi, toute juftice, furent, à cette époque, entièrement bannies de l'Europe. Tout homme courageux, fort, adroit à manier les armes, & à conduire un cheval, qui parvenait à raffembler une bande de vagabonds, devenait leur chef & faifait confifter fa gloire à impofer de tous côtés, un joug de fer, & à faire tout gémir fous l'efclavage & l'oppreffion. Ces petits tyrans (dont le nombre était grand) fe tenaient dans leurs châteaux forts, & rendaient, quand ils le trouvaient bon, hommage à un fouverain qui n'avait prefque fur eux ni pouvoir, ni autorité. Cependant chacun des bandits que le chef avait fous fes ordres, n'obéiffant à aucune loi, exerçait les plus grandes cruautés fur la portion du peuple, que la fatigue & la tyrannie avaient déjà épuifée. Des cérémonies ridicules avaient fuccédé aux pratiques fimples dont les premiers chrétiens avaient donné l'exemple. La liberté de penfer avait été entièrement détruite par l'influence des apôtres de la fuperftition infpirés par une orgueilleufe & jaloufe hiérarchie. Une infinité de miracles prétendus & de controverfes de l'école complétaient

complétaient ce misérable système de barbarie. En un mot, la corruption des mœurs avait pénétré dans tous les rangs & parmi toutes les classes de citoyens; depuis le trône jusqu'à la cellule; les abus les plus criants s'étaient introduits dans le sanctuaire de la religion, qui fut profanée par la persécution, la trahison, le meurtre & par d'autres crimes, dont les plus élevés en dignité ne craignaient pas de se rendre coupables. Il n'y eut pendant long-temps dans toute la chrétienté pas la moindre étincelle de connaissance ou d'instruction; les grands vassaux savaient rarement lire & à peine écrire. Comment le goût, la décence & l'honnêteté, auraient-ils pu se soutenir au milieu de la désolation, des ténèbres, & de la barbarie dans lesquelles toute l'Europe était plongée. L'esclave opprimé déplorant son malheureux état, vivait comme la brute, ou plutôt, il ne faisait que végéter. Dans le peu de villes qui restait, les habitans privés pareillement de leur liberté, se trouvaient exposés à toutes les oppressions des grands feudataires de la couronne & de leurs vassaux, que le caprice, l'insolence & l'orgueil d'un barbare pouvaient suggérer en tout temps. Tout ce que l'avarice, la cruauté, la barbarie, l'impudicité, l'ivrognerie, la vengeance & la superstition peuvent inspirer de crimes, se trouve renfermé dans le petit nombre d'annales

& de mémoires groſſiers qui nous reſtent de ces ſiècles infortunés. Le philoſophe, tous les amis de l'humanité, ſont ſaiſis d'horreur, lorſque, parcourant l'hiſtoire de ces malheureux ſiècles, ils voyent juſqu'à quel point de misère & de dégradation, l'homme peut tomber, par la corruption morale & politique. Mais on ne peut en même-temps s'empêcher d'admirer les moyens qu'une providence toute ſage, avec une bonté plus que paternelle, a employés pour ramener les hommes au bonheur qu'ils doivent trouver dans la vie ſociale, & auquel ils ont été originairement deſtinés. En effet, ce ſont ces deſirs déréglés, ces paſſions inſatiables, cet enthouſiaſme ſauvage, & cette ſuperſtition fanatique, que l'auteur de notre exiſtence a fait ſervir à nous ramener dans le ſentier de la vertu, de l'inſtruction & de la ſuprême félicité.

Les mêmes cauſes qui avaient amené la corruption des mœurs en Europe, l'amenèrent auſſi dans l'Orient. A Conſtantinople, on vit les mêmes abus des choſes ſacrées, la même ambition, la même ignorance groſſière & la même corruption des mœurs s'introduire dans tous les rangs & dans tous les états. On vit dans les autres parties de l'Aſie, les Califes arabes, ſucceſſeurs de Mahomet, attirer les mêmes fléaux ſur leurs provinces par leurs voluptés, leur nonchalance, & par l'imprudence qu'ils eurent d'appeler dans leurs royaumes un trop grand nombre de généraux de race turque. La Syrie & la Paleſtine avaient été long-temps ſujettes aux princes arabes, qui, dans l'état de raffinement auquel ils étaient parvenus à cette époque, ſe comportaient envers les chrétiens de ces provinces avec beaucoup de modération ; & ſoit par des motifs politiques, ſoit par l'amour du gain, les pélerins d'Occident, que des opinions particulières amenaient en foule dans ces pays pour viſiter le ſaint Sépulchre, étaient reçus très-favorablement. Mais les Turcs, (*Seldſchukidiens*) tant par ſuperſtition, que par défiance de ces pélerinages, qui, en effet, étaient trop fréquens & trop nombreux pour qu'ils n'en priſſent pas ombrage, commencèrent à opprimer les chrétiens & à en uſer très-mal envers les pélerins. Ces mauvais traitemens, qui allaient toujours en augmentant, parurent à Hildebrand, évêque de Rome, aſſez importans pour le porter à engager toute la chrétienté à faire la guerre à ces oppreſſeurs des chrétiens. Mais les diſputes dans leſquelles Grégoire VII, par ſon orgueil & ſon ambition avait plongé l'Europe entière, l'empêchèrent de commander lui-même en chef les armées qui furent levées dans ce deſſein. Bientôt après un prêtre enthouſiaſte connu ſous le nom de *Pierre l'Hermite*, l'imagination exaltée par les injuſtices & les oppreſſions ſous leſquelles gémiſſaient les chrétiens & les pélerins dans l'Orient, & dont il avait été témoin oculaire; ſoutenu d'ailleurs par les ſollicitations du patriarche de Jéruſalem, & l'approbation du pape Urbain, parcourut tous les pays de l'Europe, les larmes aux yeux, excitant les peuples à faire éclater leur vengeance contre les ennemis, comme il les appelait, du chriſtianiſme. Chaque homme, chaque enfant même fut animé d'un ſaint enthouſiaſme, & les peuples accoururent en foule pour prendre part à cette expédition méritoire. Des milliers d'entr'eux périrent miſérablement; & après avoir ſouffert beaucoup, les chrétiens prirent enfin poſſeſſion d'un pays vaſte, ſauvage, ſans culture & privé d'habitans; mais dans lequel, il y avait Jéruſalem, Bethléem, Nazareth, & quelques autres villes du même ordre; Conſtantinople, ainſi que Chypre & la Grèce tombèrent entre leurs mains. Ces grands voyages, qu'un zèle outré avait fait entreprendre à des enthouſiaſtes, pour la plupart le rebut des nations, furent marqués par les crimes les plus atroces, & les actions les plus infâmes; mais ils occaſionnèrent dans toute l'Europe une révolution dont les conſéquences ont été trop grandes pour ne pas intéreſſer la curioſité de tout lecteur.

La nobleſſe était riche en fonds de terre,

mais la plûpart des seigneurs manquait d'argent pour s'équiper & se soutenir dans les longues expéditions dont nous venons parler. Ils furent en conséquence forcés de vendre les privileges dont ils avaient jusqu'alors fait un si mauvais usage au détriment de leurs malheureux sujets. Un grand nombre de ces derniers obtint la liberté pou de l'argent; & une infinité de villes reçurent en présent de grands privileges, entr'autres le pouvoir de se choisir des magistrats parmi leurs propres citoyens, celui de se gouverner par leurs propres lois, & de lever des impôts de la manière qu'elles le jugeraient à propos. Les villes obtinrent aussi le privilege de pourvoir elles-mêmes à leur défense. Chaque citoyen, fut alors le maître de léguer après sa mort la fortune qu'il avait acquise, à qui il le jugeait à propos. Il lui fut libre de se marier sans en demander préalablement la permission à son seigneur, il lui fut permis de choisir le tuteur de ses enfans; & après avoir commencé un procès juridique, il lui fut permis de s'accommoder avec son adversaire, sans payer des droits dans la cour de son seigneur pour une adjudication qui n'était presque jamais faite. Les marchands & les artisans furent déliés de l'obligation où ils étaient de faire des présens, & délivrés de plusieurs autres vexations qu'ils avaient ci-devant éprouvées. Avant cette époque les grands tenanciers, ou les grands feudataires seulement paraissaient aux assemblées de la nation, comme représentans de l'état; mais à l'époque dont nous parlons, ce privilege fut accordé à plusieurs villes & cités afin de contrebalancer le pouvoir trop prépondérant des grands feudataires & des nobles. Toutes ces innovations eurent l'influence la plus marquée & la plus avantageuse sur la félicité des peuples.

Le citoyen, sûr que les fruits de son industrie seraient recueillis par lui-même & par ses enfans, redoubla d'ardeur pour le travail, & porta un esprit inventif dans les arts & le commerce. Le marchand osa braver le danger avec un nouveau courage, & animé par l'espoir du gain, il se livra à la merci des vents & des vagues. Chaque homme, de quelque profession qu'il fût, ne négligea rien pour se procurer une vie aisée, par son industrie, ses talens & sa persévérance. Enfin, au grand avantage du peuple, les disputes perpétuelles & les querelles des grands vassaux entre eux prirent fin, & la paix fut établie par-tout. On jugea nécessaire, pour remplir ces vues, d'établir des magistrats pour administrer la justice. De nouvelles lois furent promulguées pour les cas qui n'avaient jamais été bien déterminés auparavant; on eut recours au code des lois romaines entièrement oublié, pour y puiser les principes d'équité & de justice, qui avaient été si long-temps négligés. On emprunta en partie, des lois ecclésiastiques les réglemens & les formes des procès ; outre un grand nombre de règles & de coutumes particulières, le clergé possédait exclusivement le peu de connaissances & de savoir qui était resté dans le monde. La honteuse coutume des duels judiciaires, qu'on appelait communément, mais non sans impiété, *le jugement de Dieu*, fut abolie, & on y substitua l'usage d'appeler aux cours souveraines.

L'Europe commença, enfin, à jouir des heureux fruits de ces bienfaisans rayons de liberté qui avaient tant tardé à paraître. Par le moyen même des croisades nous reçumes une seconde fois de l'Orient, l'ancienne pépinière des sciences & des arts, de nouvelles branches d'industrie & de nouvelles manufactures propres à occuper les habitans des villes & des campagnes ; on rapporta du Levant des plantes & des animaux inconnus en Europe qui contribuèrent à l'avancement de l'économie rurale. En Italie, les Génois, les Vénitiens & les citoyens de Pise, soit en prêtant leurs vaisseaux aux croisés, soit en partageant avec eux le butin, amassèrent de grandes richesses, & eurent conséquemment une occasion favorable, non-seulement d'augmenter le nombre de leurs vaisseaux, mais de connaître les endroits d'où ils pourraient transporter la soie, le coton, les épices & toutes les marchandises précieuses de l'Inde, plus facilement que par la voie de Constantinople. Aussi furent-ils bientôt, ainsi que les citoyens des autres états libres de l'Italie, en possession de tout le commerce, non-seulement de la Méditerranée, mais aussi de la mer Noire. Les villes d'Allemagne dispersées de côté & d'autre le long des côtes de la mer Baltique & de l'Océan germanique, s'unirent pour étendre leur commerce par une confédération qu'elles désignèrent sous le nom de *Hanse*. Les Grecs & les Arabes fournirent aussi aux Européens une occasion favorable d'acquérir de nouvelles connaissances; & quoique la philosophie adoptée dans ce temps-là par ceux-ci ne fût qu'un mélange bisarre de philosophie spéculative & de religion, cependant la science commença dès-lors à devenir une occupation régulière parmi les peuples d'Occident. On fonda des écoles publiques, & les savans, outre plusieurs autres avantages, eurent le rang & la préséance qu'ils méritaient, en sorte que l'aurore des sciences se répandit peu-à-peu en tous lieux. Ainsi les peuples d'Occident, ignorans & grossiers, furent préparés long-temps à l'avance, à la réforme qu'ils étaient obligés de subir pour que les lumières parvinssent chez eux à l'état de perfection où elles s'y trouvent portées actuellement; pour faire naître parmi eux & croître jusqu'à nos jours, l'esprit de tolérance & de recherche qui caractérise notre siècle.

Dans la Palestine & l'Espagne les farouches guerriers parmi les chrétiens eurent fréquemment occasion d'éprouver la magnanimité, le courage, la galanterie des chevaliers Sarrasins. Toutes ces qualités donnaient à ces derniers un tel caractère de grandeur & de magnificence, que les chrétiens se firent honneur non-seulement de les imiter, mais même de les surpasser en tout, & particulièrement dans leur attachement à la religion, dans leur empressement à défendre les opprimés, dans leur respect pour la vérité, & dans la douceur de leurs mœurs. Les vrais principes de l'honneur, l'humanité qui règne actuellement plus que jamais dans la guerre, la politesse & la générosité réciproque qui subsistent même entre les ennemis, & dont nous avons eu souvent de nos jours des exemples au milieu des horreurs qui suivent nécessairement la guerre, sont les fruits purs & naturels de la chevalerie de ces temps.

Toutes ces causes concoururent sans doute à délivrer l'esprit humain de l'esclavage dans leque la superstition, l'ignorance & l'oisive indolence l'avaient tenu jusqu'alors enchaîné. On put enfin sans avoir à redouter ni le fer, ni le feu, courir la carrière des sciences. Un desir extrême d'acquérir des connaissances se répandit dans toute l'Europe, & il se manifesta une ardeur particulière pour les récits & les relations concernant les pays étrangers éloignés, & pour les voyages de long cours. L'assurance d'une possession paisible excita le marchand à tenter les entreprises les plus périlleuses, & poussé par l'espoir du gain, à naviguer sur les mers inconnues & à braver tout danger. Le desir, inspiré par l'enthousiasme religieux, de répandre le christianisme, & d'assujettir toutes les nations & tous les pays à Jesus-Christ & au pontife romain, fut encore un grand motif pour faire entreprendre de nouveaux voyages dans des pays éloignés. L'esprit de chevalerie & le desir de se distinguer à la guerre par des actions héroïques pour vivre dans la postérité, engagèrent aussi plusieurs personnes à parcourir les régions les plus lointaines. Le commerce des Italiens qui devenait tous les jours plus considérable, les grands progrès dans les arts, les profits considérables qu'avaient faits dans le nord les marchands qui s'étaient unis dans la *Hanse*, ou ligue anséatique, excitèrent plusieurs personnes à chercher une occasion favorable d'entreprendre des voyages, qui, à cause de l'ignorance où l'on se trouvait encore à l'égard des nations & des pays étrangers, étaient alors beaucoup plus dangereux qu'ils ne le sont actuellement. La découverte de l'aiguille aimantée en favorisant les progrès de la navigation, facilita singulièrement les moyens de faire au loin de nouvelles découvertes. Les hommes qui, avant de connaître la boussole, s'étaient à peine hasardés à perdre de vue le rivage, traversèrent alors hardiment les mers les plus vastes. En supposant que cette invention date de l'année 1200, nous trouvons la boussole généralement connue 180 ans après, puisque les pêcheurs des Orcades en faisaient usage dès l'an 1380.

Les immenses richesses que les Vénitiens avaient acquises par le commerce du Levant & de l'Inde, leur expérience & leurs progrès dans l'art de la navigation, qui les avaient mis à portée de connaître les nations & les climats éloignés, préparèrent les grandes découvertes qui furent faites depuis, ainsi que les révolutions qui en furent la suite, & qui changèrent entièrement la face de l'Europe.

Les Turcs s'étant emparés de Constantinople sous Mahomet II, les Grecs furent dispersés dans les différentes parties du monde. Quelques-uns se retirèrent en Italie, où ils portèrent les sciences & les arts, & contribuèrent ainsi à répandre des connaissances dans les différens pays où ils s'établirent, rafinant le goût, perfectionnant les manufactures, & conséquemment la navigation. Cependant les peuples d'Occident, qui, par les armes & le commerce étendaient toujours plus loin leurs conquêtes, arrêtés du côté de l'Orient par les Turcs, furent obligés de diriger leurs courses & leur navigation du côté de l'Occident, du Nord & du Midi, où n'étant point arrêtés par un pareil obstacle, ils tentèrent des entreprises qui furent enfin couronnées par les plus grands succès.

REMARQUES

SUR LE LIVRE II.

I. De l'*Andanicum* ou Acier.

Page 219 : suivant la relation donnée ici par Marco Polo, de la province de *Chinchintalas*, il y a dans ce district une montagne qui a des mines d'acier & d'*andanicum*. Lorsque je transcrivis ce passage, je n'étais pas encore en état de donner l'explication du mot *Andanicum*. Mais Ramusio, dans la seconde partie de sa Collection des Voyages, a mis un *Dichiarazione d'alcuni luoghi ne libri de Marco Polo*, dans lequel (page 14) il assure que le mot *Andanicum* (*a*)

(*a*) J'ai eu beaucoup de peine à trouver l'origine du mot *Andanieum* ; Ramusio dit qu'il en a appris la signification de *Messer Michele Mambre*, interprète turc

ſignifie le meilleur acier ; & plus loin, il ajoute que lorſque quelqu'un des Orientaux avait une

---

auprès de la république de Veniſe ; & comme Chinchintalas n'eſt pas à une grande diſtance de l'ancien Turkeſtan, j'ai cru pour m'éclaircir ſur ce point, qu'il me ſuffirait de chercher dans la langue turque l'origine de cette expreſſion ; mais je n'ai trouvé que le mot dschenk, qui ſignifie *guerre*. J'ai conjecturé alors qu'une nation auſſi belliqueuſe que les Turcs l'ont été pendant long-temps, a pu appeler la meilleure eſpèce d'acier, dont ils faiſaient leurs lances & leurs ſabres, *dſchenkſehi*, c'eſt-à-dire, le guerrier, conformément au langage figuré dont l'uſage eſt ſi ordinaire chez les nations orientales ; faiſant en même-temps attention qu'un italien peut avoir prononcé ce mot *Daniko* ou *Al-Daniko*, ou, en élidant le *L*, *Ad-Daniki*, ce qui approche à-peu-près d'*Andanicum* ou *Andanico*, j'ai adopté cette explication. Cependant, comme il me reſtait encore quelque doute relativement à cette étymologie, j'ai eu recours à la langue perſanne, où j'ai trouvé deux autres mots qui ſignifient *acier*, & en particulier celui de *Dſchenk* ou *Dſcheanck*, qui a le plus grand rapport avec *Ad-Danck* ou *Al-Danck*, d'où peut être dérivé *Andaniko*.

Notre ſavant profeſſeur, le docteur *Knapp*, ſuppoſe que cet *Andanicum* peut avoir été auſſi appelé *Andalicum* du mot arabe qui ſignifie *tirer l'épée*, ou d'un autre dont ſont formés pluſieurs ſubſtantifs, qui veulent dire *tranchant*, *pointe*, *poliſſure*, &c. J'obſerve encore comme une nouvelle préſomption en faveur de l'explication que j'ai adoptée, que les mots arabes ſignifiant *acumi-*

lance ou un ſabre d'*andanicum*, il l'évaluait autant que le bijou le plus précieux.

II. De la *Rhubarbe*, & de l'endroit appelé *Suckuk*.

A la *page* 220, *Marco Polo* nous apprend que la meilleure rhubarbe croît ſur les montagnes dans le pays de *Suchur*, en grande quantité, d'où les marchands la portent chez les différentes nations. Ramuſio avait pris d'un certain *Hadſchi-Mehemet*, marchand perſan de *Tabas* en *Ghilan*, des renſeignemens ſur le *Rawend*, ou *Rewend-Tſchin*, c'eſt-à-dire, la rhubarbe, ſur les lieux où croiſſait cette plante & ſur le commerce qu'on en faiſait : objets ſur leſquels ce marchand pouvait d'autant mieux l'inſtruire, qu'il avait, quelques mois auparavant, apporté une grande quantité de rhubarbe à Veniſe.

Hadſchi-Mehemet (appelé ici Chaggi-Meemet) avait été lui-même à *Succuir* & *Campion*,

---

natus, *mucronatus*, *politus*, ont une grande reſſemblance avec l'expreſſion dont nous cherchons l'origine. Je ne ſuis point en état de décider cette queſtion, j'en laiſſe l'explication à d'autres, qui, plus verſés que je ne le ſuis dans ce genre de ſcience, doivent être regardés comme de meilleurs juges que moi ſur cette matière.

dans le pays du grand Kan ; & , en effet , les ambaſſadeurs envoyés au grand Kan, peuvent ſeuls pénétrer plus avant dans le Cathai, que juſqu'à *Succuir* & *Campion*. On ne ſouffre pas que les marchands aillent plus loin. Ces deux villes ſont bâties en briques & en pierres de taille. Le grand Kan y envoie un vice-roi pour les gouverner. Elles ne ſont habitées que par des idolâtres, on ne trouve des mahométans qu'à *Camul*. Le grand Kan qui règnait ſur le Cathai lorſque *Hadſchi-Mehemet* y fit ſon voyage, s'appelait *Daimir-Kan* (*a*).

(*a*) *Daimir-Kan* pourrait être pris pour *Timur-Kan*, le ſucceſſeur immédiat de *Kublai-Kan ;* mais le premier ſouverain règna dans la Chine & le Cathai, depuis l'an 1294 juſqu'en 1307 ; mais Ramuſio écrivait vers l'an 1553 ; ainſi le premier de ces Kans ne peut être pris ici pour l'autre. D'ailleurs ſi l'empereur mogol avait alors occupé le trône, on n'aurait pas empêché les marchands perſans & bulgariens de pénétrer au loin dans le Cathai : car cette défenſe n'eut lieu que ſous le règne de la nouvelle race de la famille de *Mim*, qui avait expulſé les Mogols de la Chine. Il eſt probable, qu'à cette même époque, la Chine était gouvernée par *Tſchi-Tſong* ou *Kiat-Sing*, qui règna quarante-cinq ans accomplis, depuis l'an 1521 juſqu'en 1566, & ſous les auſpices duquel les jéſuites s'établirent dans cet empire. Mais pourquoi *Hadſchi-Mehemet* l'appelle *Daimir-Kan* ? j'avoue que je ne puis le comprendre.

La ville de *Succuir*, dans la province de *Tanguth*, eſt grande & bien peuplée, elle eſt ſituée dans une plaine, à travers laquelle coule un grand nombre de petits ruiſſeaux. Elle abonde en proviſions de toute eſpèce; on y élève une grande quantité de vers à ſoie qu'on nourrit avec des feuilles de mûrier noir. On n'y recueille point de vin, mais les habitans font avec le miel une boiſſon qui a quelque rapport avec notre bière. La froideur du climat eſt cauſe qu'il n'y vient d'autres fruits que des poires, des pommes, des abricots, des pêches, des melons & des melons d'eau.

La rhubarbe croît dans toute cette province, mais elle ne réuſſit nulle part mieux que ſur quelques montagnes voiſines, pleines de rochers, (Saſſoſe - Montagne), ſur leſquelles il y a un grand nombre de ſources & de forêts compoſées de différentes eſpèces d'arbres très - grands. Le ſol cependant eſt rouge (roſſo), & preſque toujours plein de marres, à cauſe de la grande quantité de pluie qui tombe, & du grand nombre de ruiſſeaux dont le pays eſt coupé. Les feuilles de la rhubarbe ont communément deux palmes de longueur, elles ſont plus étroites vers le bas & plus larges au ſommet. Le bord de la feuille eſt recouvert d'une matière laineuſe. Les tiges qui ſupportent les feuilles ſont vertes & ont environ une palme & quatre pouces de longueur; les feuilles

feuilles elles-mêmes sont d'abord vertes, mais elles deviennent ensuite jaunes, & s'étendent beaucoup sur le sol. Au milieu croît une tige tout autour de laquelle il vient des fleurs de la forme d'une giroflée (*viole mammole*), elles sont d'un blanc de lait & ont une légère teinte de bleu; l'odeur en est forte & désagréable, en sorte que ces fleurs ne plaisent ni à l'odorat, ni à la vue. La racine a une ou deux & même quelquefois trois palmes de long; la couleur de l'écorce est un brun châtain. Ces racines sont grosses comme le bas de la jambe, & quelques-unes comme le corps d'un homme. De la racine principale il part un nombre considérable de très-petites racines, qui s'étendent beaucoup dans la terre. On les enlève, lorsqu'on veut couper en plusieurs morceaux la grande racine. Celle-ci est jaune intérieurement, avec beaucoup de veines rouges, & elle est pleine d'un suc jaune qui laisse sur les doigts & les mains, des taches de cette couleur. Si la racine était suspendue immédiatement après avoir été arrachée, tout le jus en découlerait, & elle deviendrait légère & sans vertu. C'est pour éviter cela que les morceaux sont d'abord placés sur des tables longues, & qu'on les retourne trois ou quatre fois par jour, afin que le suc puisse s'incorporer avec le corps de la racine, & pour ainsi dire, se coaguler dans son parenchyme. Au bout de quatre, cinq ou six jours on fait des trous à travers chaque morceau qui est suspendu à des cordons, & qu'on expose à l'air, ayant soin en même-temps de les mettre à l'abri des rayons du soleil. Les racines séchent fort bien de cette manière & acquièrent leur entière perfection dans l'espace de deux mois. On les enlève de terre dans l'hiver, avant que la plante ait poussé ses feuilles, parce que le suc & toute la vertu sont alors enfermés dans la racine. Le printemps, cependant, ne commence pas dans les provinces de *Campion* & *Succuir* avant la fin de mai. Les racines qui ont été enlevées pendant l'été, & lorsque les feuilles ont poussé, sont légères, spongieuses, pleines de trous, & sans consistance; elles n'ont pas d'ailleurs la couleur jaune de celles qui ont été arrachées en hiver, elles ne laissent pas d'être rouges, mais elles ne sont pas aussi bonnes que celles qui ont été enlevées de terre avant le printemps. Ceux qui arrachent les racines sur les montagnes, les portent, ou sur des charriots ou sur des chevaux, dans la plaine & à *Succuir*, où la charretée se vend seize petits poids d'argent (*saggio*), valant chacun vingt sols de Venise.

Pour faire la charge d'un petit cheval, de rhubarbe parfaitement séche, il faut sept charges de racines fraîches, nouvellement récoltées. La rhubarbe fraîche est si amère, que personne n'ose en goûter. Si les racines n'ont été nettoyées & coupées en morceaux que cinq ou six jours après qu'elles ont été enlevées de terre, elles deviennent molles & pourrissent bientôt. Dans le Cathai cette racine n'est pas estimée, & dans quelques endroits, on ne s'en sert que pour le chauffage, ou, tout au plus pour les maladies des chevaux; Il est du moins certain qu'on ne recueille que celles qui sont demandées. Il y a dans ce même pays une autre racine beaucoup plus estimée que la rhubarbe, elle croît sur les mêmes montagnes que celle-ci, dans le *Succuir*: on l'appelle *Mambroni Sschin*, elle est aussi très-chère dans le pays. On a coutume d'y moudre cette racine sur une pierre avec de l'eau de rose, & d'oindre les yeux avec ce mêlange, ce qui fait le plus grand bien. Dans tout le Cathai, on fait encore usage des feuilles d'une autre plante, appellée *Tschiai Tschin* (Thé); elle croît sur-tout dans la province appellée *Katschianfu*. Les feuilles séches de cette plante sont mises à bouillir dans l'eau, ce qui forme une décoction dont on prend à jeûn une tasse ou deux aussi chaude qu'il est possible; elle est regardée comme très-utile dans les maux de tête, les fièvres, les maux d'estomac, les rhumatismes, & plusieurs autres maladies; mais particulièrement dans la goutte.

A l'égard de la route qui conduit de *Succuir*

& *Campion* à Constantinople, *Mehemet-Hadschi* rapporte qu'il prit pour s'en retourner, un chemin entièrement différent de celui qu'il avait suivi pour se rendre à *Succuir;* parce qu'au moment de suivre, pour revenir chez lui, la caravanne comme il avait fait en allant, il apprit que les Tartares appellés *Jeschil-Basch* (*a*), à cause des bonnets verts qu'ils portent, avaient résolu d'envoyer à Constantinople auprès du Grand-Turc, par la partie du désert de Tartarie vers le nord de la mer Caspienne, un ambassadeur avec un nombreux cortége pour conclure un traité d'alliance avec la Turquie, contre le Sophi, leur ennemi commun. En conséquence Mehemet-Hadschi, voyant quelques avantages à prendre cette route, & n'étant point retenu par la longueur du chemin, entreprit le voyage avec l'ambassadeur tartare, & fut jusqu'à Kaffa (en Crimée). En même-temps il remarqua, que la longueur du chemin fut mesurée par journées, consistant en huit *farsengs* (parasanges) chacune, & chaque parasange fut encore calculée être égale à trois

(*a*) Les Usbecks sont appellés *Jeschil-Basch*, (c'est-à-dire, têtes vertes) à cause des bonnets vers qu'ils portent à leurs turbans, de même que les Persans, à cause des bonnets rouges à leurs turbans, sont appellés *Kisil-basch* (ou têtes rouges).

milles de Venise (ces dernières sont de cinquante-huit ou cinquante-neuf au degré).

Kampion (Kampition, Kampicion ou Kantscheu, dans la province de Schensi, sur la rivière Etziné-Moren) est une grande ville, entourée d'un double mur très-épais, dont l'intervalle est rempli de terre; cette ville est située dans une plaine fertile & bien cultivée. Les maisons sont de brique, elles ont deux ou trois étages, & sont peintes avec élégance; les temples sont magnifiques, étant bâtis en pierre de taille, & ornés d'idoles gigantesques, dorées par-tout; quelques-unes sont plus petites que les autres, & elles ont six ou sept têtes & dix mains, chaque main tenant un serpent, un oiseau, une fleur, ou autres pareils emblêmes. Les habitans sont nombreux & extrêmement habiles dans la maçonnerie; ils ont de très-grands blocs de pierre qu'ils portent de leurs carrières, sur des charriots à quarante roues, traînés chacun par cinq ou six cents chevaux ou mulets. Leurs longs vêtemens sont faits de coton noir; en hiver, ils sont doublés de fourrures de peau de loup ou de mouton. Mais les personnes de condition font usage dans les mêmes vues, de fourrures de marte & de zibeline; leurs chapeaux, qui sont noirs, sont pointus au sommet en forme de pain de sucre. Le blanc est pour eux la couleur de deuil. Ils sont d'une petite stature. Ils se servent de presses pour imprimer leurs livres. De *Kampion* à *Gauta* (Ganta, Kenta) il y a six journées de chemin, & seulement cinq de *Gauta* à *Succuir* (*a*) (suivant Marco Polo, Suckur). De Succuir on va en quinze jours à *Kamul* (autrement Khamul, Kamil, Hamil, Hami, Khami, Camexu). Ici commencent les habitations des mahométans & celles des idolâtres finissent. De *Kamul* à *Turfon* (Turfan) il y a treize journées de marche. De *Turfon* les ambassadeurs & leur suite passèrent par trois villes, la première nommée *Chialis*, (Goez l'appelle Chalis, elle est aussi appelée Cialis) est à dix journées de là; la seconde appelée *Chuchi*, (suivant Goez, Kuscha), est à dix journées plus loin; & enfin, *Acsu* (Aksu, la rivière Blanche) qui est encore

(*a*) Ce *Succuir* est le même dont il a été fait aussi mention ci-dessus, *pag.* 170, dans la relation des voyages de Marco Polo. J'ai dit dans cet endroit que la ville de *Souck* ou *Suik*, était sur la rivière de *Suck*, qui se décharge dans celle de *Pégu*, vers le nord de Libet, & vers le sud de *Kohonor* : mais d'après ce que rapporte ici *Mehemet-Hadschi*, je suis actuellement convaincu que cette ville se trouve plus loin vers le nord, sur la rivière Etzine-Moren, peut-être sur le lac *Sohuk*, *Suhuk* ou *Sukuk*, dans lequel se jete la rivière de *Such*. Il y a dans cet endroit de hautes montagnes & plusieurs pièces d'eau, ce qui rend ces contrées très-favorables à la rhubarbe, ainsi que celles qu'a écrites *Mehemet-Hadschi*.

vingt journées au-delà. D'*Acſu* à *Caſcar* (Chaſcar, Caſſar, Kaſchar, Haſicar) on met vingt journées à traverſer un vaſte déſert. Il eſt vrai que juſqu'alors ils avaient paſſé par des pays habités. De *Caſcar* à *Samarkand* il y a vingt-cinq journées; de Samarkand à *Bochara* (Bokkara) en *Coraſſam* (Khoraſan), on en compte cinq; & vingt de Bochara à *Eri* (Heri, Herat). On peut aller en quinze jours d'*Eri* à *Veremi* (Varami au ſud-eſt de Kaſbin, dans Irakadſchemi); de là, pour ſe rendre à *Caſibin* (Kaſbin), il en faut ſix; de *Caſibin* à *Soltania* (Sultania) quatre; & enfin, de *Soltania* à *Tauris* (Tevris, Tebriz) qui eſt une grande ville, il y a ſix jours de chemin.

Cette relation circonſtanciée de *Mehemet-Hadſchi*, nous apprend que la vraie plante de rhubarbe n'eſt pas le *rheum palmatum*, comme pluſieurs perſonnes le prétendent encore actuellement; elle ajoute un nouveau poids au ſentiment de M. Pallas à ce ſujet. Nous trouvons auſſi que pour cultiver la rhubarbe en Europe avec avantage, il faudrait choiſir un pays montagneux, arroſé par un grand nombre de ruiſſeaux, dont le ſol porterait ſur un lit de pierre, & même contiendrait du fer. Un pareil terrain ſe trouverait facilement, ſuivant toute apparence, dans les hautes montagnes de Mansfield,

Halberstadt, & de Silésie, ainsi que dans la haute Silésie. Enfin, nous apprenons encore dans la relation précédente, combien il est essentiel pour avoir de bonne rhubarbe, que les racines soient arrachées précisément au temps convenable, & qu'on apporte la plus grande attention dans la manière de les nettoyer & de les sécher. Peut-être aussi que les renseignemens qu'on trouve ici sur cette plante pourront servir à en étendre la culture en Europe, sur-tout en Allemagne & particulièrement dans la Prusse. Enfin, ces relations servent à fixer, avec plus de précision qu'auparavant, la position des villes situées entre la mer Caspienne & le mur des Chinois.

III. De la *Langue Gothique*.

Dans les narrations de *Rubruquis* & de *Josaphat Barbaro*, *pages* 27 & 259, il est dit que quelques Goths dans la Crimée, parlaient une langue qui avait du rapport avec l'allemand. Ceci a été confirmé par *Busbeck* & le père *Mohndorf*; le premier nous a même donné une très-longue liste de mots gothiques. En 1779, le savant professeur *Semmler* donna dans un *programme* l'explication & les détails d'une fête célébrée à la cour de Bysance, & appelée ΤΟ ΓΟΤΘΙΚΟΝ. Dans les douze jours qui se trouvent entre la fête de Noël & celle de l'Epiphanie, dit le professeur

Semmler, un certain nombre de perſonnes, habillées d'une façon ſingulière & à la manière des Goths, s'avançaient en deux bandes & marchaient en proceſſion devant l'empereur, elles étaient accompagnées du pandure, & chantaient une chanſon en la langue de leur propre pays (οικειον μελος). A ce ſujet Conſtantin Porphyrogenète, dans ſon livre *de Ceremoniis aulæ Byſantinæ*, *pag.* 223, cite quelques mots étrangers ſonores qui ſuivant toute apparence, conſtituaient une partie de l'οικειον μελος. A la *pag.* 224 & 225, on a ajouté un Λεξικον, &c. (ou un dictionnaire des mots chantés dans le gothique), & en même-temps une autre explication de ces mots. Ce dictionnaire eſt certainement d'une main plus moderne; on y donne l'explication de ces mots gothiques du latin en grec & même en hébreu. C'eſt pourquoi nous ne pouvons ajouter beaucoup de foi à ces explications. Le docteur Semmler, dans le programme mentionné ci-deſſus, prétend que tous ces mots ſans aucune diſtinction, ſont latins. Quoique j'aie la plus haute idée de l'érudition de ce ſavant & que je reſpecte ſes opinions, je ne puis regarder comme concluantes les raiſons qu'il apporte pour prouver que cette compoſition eſt entièrement en latin; ſur-tout d'après le titre d'οικειον μελος, chanſon domeſtique (c'eſt-à-dire, gothique), que Conſtantin lui donne expreſſément. Kodinus dit que de ſon temps, à la cour de Byſance, les Wœringers, à Noël, avaient rendu leur devoir à l'empereur, & lui avaient ſouhaité ſanté & bonheur dans leur propre langue, c'eſt-à-dire, en *anglais* (Ιγκλιστι). Les Wardariotiens haranguèrent en leur langue, ſavoir, en langue *perſanne* (περσιστι). Nous pouvons, je penſe, en conclure qu'on regardait comme un ſurcroît de magnificence dans les fêtes qui étaient données au peuple, que les nations étrangères complimentaſſent l'empereur dans leurs propres langues. Ce qui fait ſoupçonner, que les mots cités par Conſtantin, ſont gothiques; & comme ces mots ſont chantés par deux chœurs, j'ai préſumé qu'il était poſſible que les mots gothiques ſe trouvaſſent dans ce fragment traduit en une autre langue. De plus, il m'a paru que, conformément à ce que le profeſſeur Semmler nous a déjà fait voir, il y a actuellement un grand nombre de mots latins dans cette langue; ou plutôt, comme je l'avais déjà conjecturé, que le ſecond interprète des mots en queſtion, les a placés ſur deux colonnes, comme s'ils avaient été en effet chantés par deux chœurs. C'eſt pourquoi j'ai penſé qu'il ſerait bon d'en faire un examen plus approfondi pour éclaircir cette queſtion. Il nous reſte ſi peu d'écrits gothiques que tout ce qu'on en peut recueilir nous devient extrêmement précieux. Il paraît qu'à la cour impériale de Conſtantinople, la cérémonie dont nous venons de parler, était en usage parmi les gardes du corps qui étaient Goths, & qu'elle eut lieu aussi long-temps qu'ils formèrent la garde de l'empereur ; mais dans la suite, la difficulté de se procurer des Goths devenant tous les jours plus grande, & d'un autre côté l'idée qu'on s'était faite de leur valeur s'étant affaiblie, la garde du corps impériale fut composée de Francs, de Wœringiens, de Sarrasins, de Persans, de Farganiens, de Chazariens, ou d'autres nations, comme le professeur Reiske l'a déjà fait voir dans ses notes sur Constantin Porphyrogenète. D'ailleurs il est vraisemblable qu'en copiant un si grand nombre de mots de langues étrangères, il se sera glissé quelques erreurs. Nous examinerons donc en premier lieu tous les mots séparément, & ensuite nous entreprendrons de les expliquer & de les arranger de la manière dans laquelle il paraît qu'ils étaient chantés par les deux chœurs.

Γαυζας· Βονας· Βηκηδιας· αγια· γαυδεντες· ελκηϐονιδες· ενκερτυς· αγια· ϐονα· ωρα· τȣτȣ· ϐαντες· βονα· αμορε· επισκυαντες· ιδεσαλϐαντȣς· νανα· δεȣς· δεȣς· ςεϐακιϐα· νανα· γυϐιλȣς· γυϐελαρες νανα· τȣ γεγδεμα· δε τȣλϐελε· νικατω τȣλδο·νανα· ιϐερ· ιϐεριεμ· τȣ ιγγερȣα· γεργερεδρω· νανα· σικαδιας· περετȣρες·

Nous suivrons dans les explications que nous allons donner le même ordre que celui dans lequel les mots ſont placés ici, à quelques petites erreurs près, que nous rectifierons.

Γαυζας, eſt ſuivant moi un mot gothique; il ſe rend en latin par celui de Βονας *Gods* ou *Goda*, en langue gothique, a la même ſignification que Gaut en allemand, & Good en anglais. En certains dialectes de cette langue l'o eſt prononcé comme *au* en allemand (*a*), (ou *ou* en anglais), qui ſe prononce comme dans *Gauds*; monoſyllable qu'un grec écrirait ainſi : *Gauzas* avec un *z*, & qui eſt très-bien traduite en latin par *Bonas* ou *Bonæ*.

Βικη, eſt auſſi écrit Ϭικη. *Week* (ſemaine), dans l'anglo-ſaxon ſe prononce *Weoe* ou *Wic*; il vient du mot gothique *Wik*, il ſignifie une ſérie ou ordre de choſes ſoumiſes à une révolution périodique & conſtante : Βικη eſt donc la même choſe que Wike ou Week (ſemaine). Le mot latin correſpondant à celui-ci eſt ſeulement Dias, ou probablement Dies; & ſuivant mon ſentiment, la lettre z aurait dû être miſe avant ce dernier mot; tellement que *Wike* eſt rendu en latin par *ſeptem Dies*.

(*a*) Le mot *Waurd* eſt en anglais *Word*, en allemand *Wort*; de plus, le mot gothique *Daur* eſt en anglais *Door*, & en allemand *Thor*; & *Dauds*, ſignifiant *Mort* dans le gothique, ſe dit en hollandais *Dood*, & en allemand *Todt*.

Αγιαγαυδειτες doit être lu ainsi, Αιγουγαυδεν τεγ ou ταγ, & signifie de *bons jours remarquables*, ελεκτη βονι διες, *Electi boni dies*.

ενκιρτυς. En langue gothique, aussi bien qu'en anglais & allemand moderne, la syllabe *un*, mise devant un mot, lui communique comme le monosyllabe *in* en français, comme dans le mot *incapable* & *capable*, une signification opposée à celle qu'il aurait autrement; par exemple, *unable*, *unfeeling* en anglais, en gothique, nous avons *unagein*, sans crainte; *unbairaud*, stérile; *unbarnahes*, qui n'a point d'enfant; *unbrukja*, inutile; *ungalaubjand*, incrédule, &c. Et dans le cas présent, *unkauridas*, ενκορτας, *sans peine ou chagrin*, *heureusement*; en bon temps βονα ωρα, *bona hora*.—N. B. Le αγαι mis ici après ενκερτυς ne se trouve pas dans le premier interprète, & est probablement rédondant.

Τυτυ βαντες serait peut-être ΤΟΔΑ ΒΑΝΣΤΑΝΣ, *Godabanstans* ou *banstins*, *bonne maison*, ou *grange*; *bona horrea*, Βονα ωρρεα au lieu de βονα αμορε.

Σπισκυαντες. Les mots latins suivant immédiatement ceci, savoir, ιδε σαλβατυς, doivent selon le professeur Semmler & avec raison être lus de cette manière : *vide salvatos*; il faut que ces mots aient été mis ici à dessein de persuader que c'était du gothique. Quoique ceci exige un changement considérable dans les lettres, nous ne pouvons pas lire autrement dans le gothique que ϛαικ, voyez, vide; & comme les Grecs ne pourraient exprimer le *q* ou *qu* gothique, autrement que par leur κ; & si après ϛαικ, on met λαυσιτς ou λαυσιτεσι, cela fera, ϛαικ λαυϐιτες, qui signifie, voici le sauvé, ϐιδε ϐαλϐατȣς.

Ναγα δεους. J'explique d'abord ceci par le latin comme dans la notice que j'ai sous les yeux, où on a rendu ceci par δεȣσ σεϐα, qui doit certainement être écrit ainsi : δεȣς ϐερϐα, deus serva, *dieu sauve ou conserve.* Or, ceci dans le gothique pourrait être, Γανα Λαυσει, *Fana lausei*, le copiste probablement ne connaissant pas bien l'ancien digamma, l'aura pris pour un Ν; & le Λ dans Λαυσει pour un Δ. De cette manière nous aurons *Fana lausei* qui signifie *Seigneur* ou *Dieu conserve.*

κιϐα ναγα. Dans l'expression δзυμονογυγγυ suivant immédiatement, le professeur Semmler trouve ici le mot *domino*, ou plutôt comme il me le paraît, *dominum ;* & la phrase κι ϐα ναγα est problablement en gothique *quivaiz Fana*, qui signifie *Seigneur vivant.* δομινον νιον Dominum vivum, (*se. Deus serva*).

Βελε γυϐιλȣς. Le latin suivant ceci serait γυϐε ιλορες, jube hilares ; conséquemment ce mot gothique devrait peut-être s'écrire Βιλια γυϐυλους, wilja jubilons, comme si on ordonnait d'être joyeux; ou comme les Italiens diraient, *giubilare*.

Cet essai, j'espère, servira à convaincre plusieurs de mes lecteurs que les mots étrangers cités ci-dessus, doivent être considérés comme une collection des acclamations gothiques & latines telles qu'elles étaient à l'époque citée, en usage à la cour de Bysance.

Je suis porté à croire qu'avec du temps & s'il y avait un grand avantage dans cette recherche, on parviendrait à rétablir & à expliquer le peu de mots gothiques restans. Cependant ce fragment montre assez clairement, que même dans le dixième siècle, les mots gothiques de cette fête n'étaient pas entièrement tombés dans l'oubli, quoique depuis long-temps ils ne fussent guère connus parmi les Goths dans la Crimée. Ces peuples cependant existent encore de nos jours, & ce qui doit encourager ceux qui se livreront au desir d'aller en Crimée faire des recherches sur la langue & sur les anciens monumens de cette nation célèbre, c'est la protection à laquelle doivent s'attendre les savans dans un pays actuellement sous la domination de Catherine II.

Fin du Tome premier.

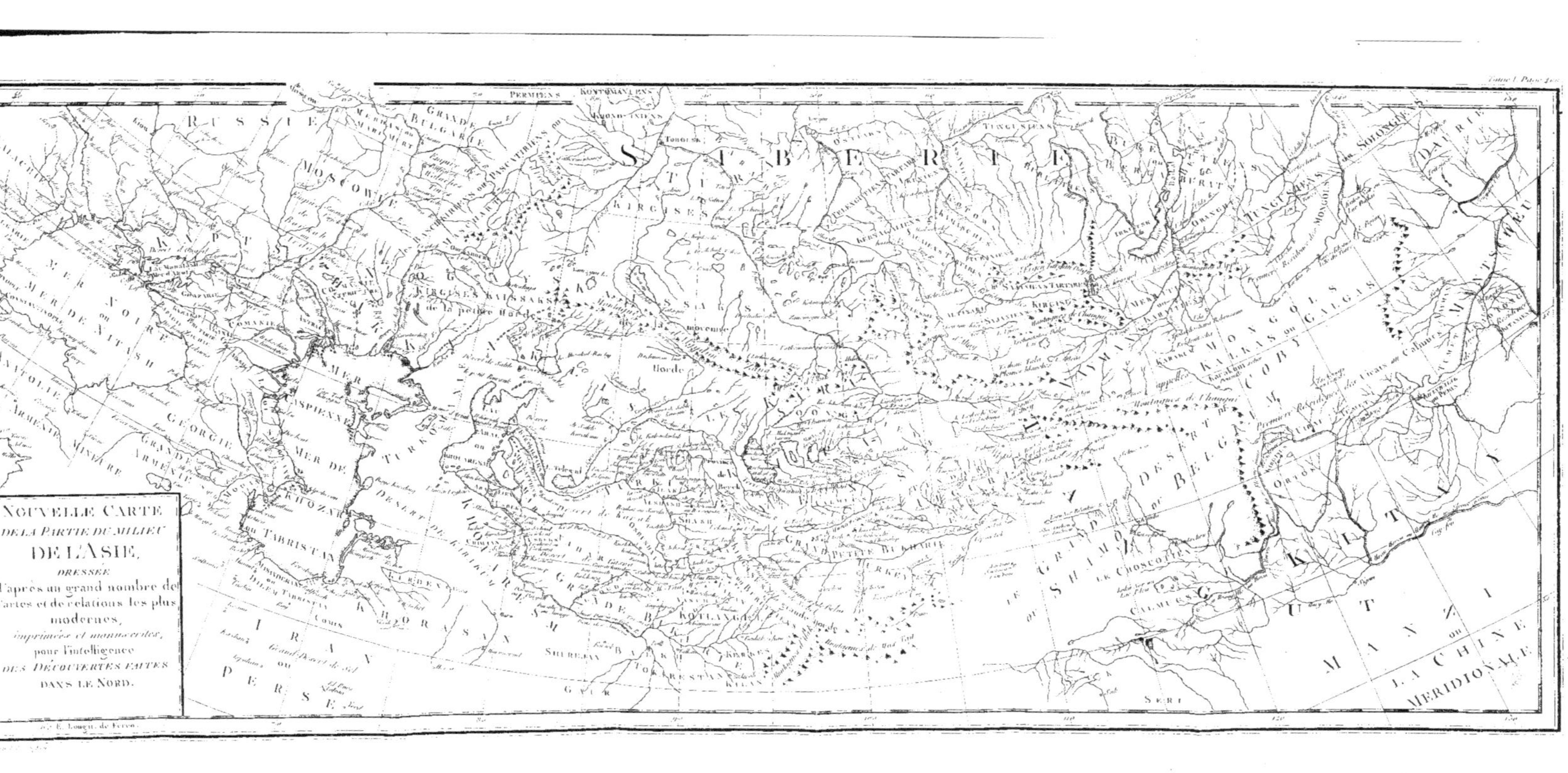
Tome I. Page 408
NOUVELLE CARTE
DE LA PARTIE DU MILIEU
DE L'ASIE,
DRESSÉE
d'après un grand nombre de
Cartes et de relations les plus
modernes,
imprimées et manuscrites,
pour l'intelligence
DES DÉCOUVERTES FAITES
DANS LE NORD.
RUSSIE
MOSCOVIE
SIBERIE
MER NOIRE ou MER DE NITASH
MER CASPIENNE
MER DE KHOZAR
GEORGIE
GRANDE ARMENIE
ANATOLIE
PERSE
KHORASAN
MONGOLS KALKAS ou CALCAS
COBY
DESERT DE BELGIAM
LA CHINE MERIDIONALE
MANZI
KITAY
DAURIE
SOLONGUE
PERMIENS
KONTOMANIENS
KIRGISES
TUNGUSIENS
GRANDE BULGARIE
GRANDE BUKHARIE
PETITE BUKHARIE
TURKESTAN
SERI

www.ingramcontent.com/pod-product-compliance
Ingram Content Group UK Ltd.
Pitfield, Milton Keynes, MK11 3LW, UK
UKHW021842190726
13855UKWH00001B/102